企业级 Linux 核心技术应用

主　编　熊　建　王　钰　熊培志
副主编　林健胜　韩丽君　林安瑞
参　编　李　姗　莫邦荣　唐先宇
　　　　张现甲　王梓鸣　刘　昉
　　　　黄　祥　袁雪梦　代　丽
　　　　金礼模
主　审　吴　荣

U0234471

北京理工大学出版社
BEIJING INSTITUTE OF TECHNOLOGY PRESS

图书在版编目（ＣＩＰ）数据

企业级 Linux 核心技术应用／熊建，王钰，熊培志主

编．－－北京：北京理工大学出版社，2023.3

ISBN 978－7－5763－2178－4

Ⅰ．①企… Ⅱ．①熊… ②王… ③熊… Ⅲ．①

Linux 操作系统 Ⅳ．①TP316.85

中国国家版本馆 CIP 数据核字（2023）第 039361 号

责任编辑：王玲玲　　**文案编辑**：王玲玲

责任校对：刘亚男　　**责任印制**：施胜娟

出版发行／北京理工大学出版社有限责任公司

社　　址／北京市丰台区四合庄路 6 号

邮　　编／100070

电　　话／（010）68914026（教材售后服务热线）

　　　　　　（010）68944437（课件资源服务热线）

网　　址／http://www.bitpress.com.cn

版 印 次／2023 年 3 月第 1 版第 1 次印刷

印　　刷／河北盛世彩捷印刷有限公司

开　　本／787 mm×1092 mm　1/16

印　　张／21.75

字　　数／484 千字

定　　价／89.00 元

前 言

　　随着互联网产业的迅速发展，基于云计算、大数据、人工智能的应用服务已经成为全球高科技产业发展和应用的热点。

　　Linux 是涉及云计算、大数据、人工智能领域最基础的一项技术，在我国已经成功地应用于政府、金融、电信、教育、交通等领域，各行各业都在扩大招聘 Linux 系统人才，目前 Linux 系统已经成为全球应用发展增速最快的操作系统，应用范围广泛，达到了很高的认可度。

　　目前，多数高等院校的云计算技术、大数据技术应用、人工智能、计算机科学与技术、软件工程、物联网技术、计算机网络等专业，都将 Linux 操作系统作为计算机类专业课程纳入人才培养方案中，要求学生对 Linux 操作系统有基本的认识，能够比较熟练地应用该操作系统进行各种简单配置与开发。随着 Linux 在相应领域广泛、深入的应用，相关行业的企业对人才的需求也很大。

　　作为中国首个国家级大数据综合试验区的核心，中国国际大数据产业博览会的举办地，贵州省会贵阳以"中国数谷"为目标，以推进大数据与实体经济深度融合为主攻方向，大数据发展风生水起、落地生根，数字经济蓬勃发展、持续壮大。随着贵阳大数据发展迅速，按照 2019 年国务院《关于印发国家职业教育改革实施方案》以及全国教育大会的精神，落实推动校企全面加强深度合作，实现学习成果的认定、积累和转换，促进产教融合校企"双元"育人。贵州工业职业技术学院联合贵阳观山湖投资（集团）有限公司下属贵州翼云大数据服务有限公司、贵州电子信息职业技术学院、贵州电子科技职业学院等进行深入校、政、企合作。

　　当前，国内 Linux 操作系统的书籍以 Red Hat 6.5 和 Red Hat 7 版本为主，开源系统更新较快，版本较多，为了更好地使用、学习开源技术，本书主要以在企业工作过程系统中出现的错误分析、工作任务驱动、工作案例为主，将开源 Linux 系统版本升级到目前最新版本 8.0，通过工作任务去繁用简的方法来解决工作过程中的任务，让本书成为较好用的工具用书，更是一本授课的好书，于是我们组织政、校、企三方合作成立教材编审委员会，建立大数据共享工作室、Intel 智能创新中心、Red Hat 学院等推进开源技术发展。编审委员会成员为：贵州工业职业技术学院熊建、王钰、林健胜、黄祥、金礼模，贵州民族大学熊培志，贵州电子信息职业技术学院刘昉，贵州电子科技职业学院袁雪梦、代丽，原贵州翼云大数据服务有限公司韩丽君、林安瑞、李姗、莫邦荣、唐先宇、张现甲、王梓鸣，在编审委员会的指导下策划编写本书。书中首先介绍 Linux 系统的发展、基本概念、版本等情况，书中的项目是基于企业真实工作过程系统化的任务和工作中解决错误分析思路的基本理论与实践操作，最后加入大量的工作过程中的实际案例。贵州工业职业技术学院教务处处长吴荣教授负责本书的审稿工作。

在政、校、企的共同合作下，启动产教深入融合模式，积极推动开源事业发展，为云计算、大数据等领域的发展输送人才，在此，向为本书的撰写提供大力支持的校企教师、工程师表示诚挚的谢意。

鉴于作者水平有限，书中难免存在不足之处，恳请读者提出宝贵意见和建议。

作 者

目 录

工作项目 1

Linux系统概述

学习知识技能点

1. Linux 系统的起源和发展
2. GNU 与开源软件的关系
3. Linux 的历史、现状和未来发展
4. Linux 系统的特点和组成
5. Linux 的内核版本与发行版本
6. Red Hat 及其产品

任务 1.1　Linux 系统简介

任务描述

　　Linux 操作系统是一种基于开源免费的操作系统，该系统应用的领域广泛，随着云计算、大数据、人工智能技术的迅猛发展，要想学习这些前沿技术，需要先掌握以 Linux 操作系统为基础的技术。了解 Linux 操作系统的起源、发展是第一步。

1.1.1　什么是 Linux 操作系统

　　Linux 操作系统是一套免费的多用户、多任务支持多线程和多 CPU 的操作系统，其运行方式、功能与 UNIX 系统很相似，但 Linux 系统的稳定性、安全性与网络功能是许多商业操作系统无法相比的。Linux 系统的特色是源代码完全公开，在符合 GNU/GPL（通用公共许可证）的原则下，任何人都可以自由取得、发布甚至是修改系统源代码。

　　越来越多的大中型企业的服务器选择 Linux 作为其操作系统。近几年来，Linux 系统以其友好的图形界面、丰富的应用程序及低廉的价格，在桌面领域得到了较好的发展，受到了广大用户的喜爱。

1.1.2　Linux 操作系统的产生

　　Linux 系统的内核最早由芬兰大学生 Linus Torvalds 开发，并于 1991 年 8 月发布。当时由于 UNIX 系统的商业化，Andrew Tannebaum 教授开发了 Minix 操作系统，该系统不受 AT&T 许可协议的约束，可以发布在 Internet 上免费给全世界的学生使用，这为教学科研提供了一个操作系统。

1991 年 10 月 5 日，Linus Torvalds（图 1 – 1）在 comp. os. minix 新闻组上发布消息，正式向外宣布 Linux 内核的诞生，Linus Torvalds 为了给 Minix 系统用户设计一个比较有效的 UNIX PC 版本，自己动手写了一个类 Minix 的操作系统，这就是 Linux 的雏形。Linux 的兴起可以说是 Internet 创造的一个奇迹。到 1992 年 1 月为止，全世界大约只有 1 000 人在使用 Linux 系统，但由于它发布在 Internet 上，互联网上的任何人在任何地方都可以得到它。在这众多热

图 1 –1

心人的努力下，Linux 系统在不到 3 年的时间里成为一个功能完善、稳定可靠的操作系统。

Linux 内核的标志——企鹅 Tux，取自芬兰的吉祥物，官方网站为 http://www.kernel.org。

1.1.3　Linux 系统应用的领域及地位

Linux 系统的应用主要涉及基于 Linux 操作系统的服务器、工作站、个人计算机等；嵌入式 Linux 系统；软件开发平台；桌面应用；数据库、ERP、决策支持；电子商务软件、网络管理；可靠、可用、可服务性计算；计算机辅助设计制造；云计算、大数据、人工智能领域；电影特技模拟等。在桌面应用方面，Windows 系统占有绝对优势；Linux 系统在服务器端和嵌入式等领域有着突出表现。

Linux 运行在超过 99.6% 的 TOP 500 超级计算机上，这并不会让人感到惊讶。2015 年，Linux 正运行在超过 97% 的 TOP 500 超级计算机上，2016 年 Linux 表现得更好，并且前 10 名都是 Linux 计算机，TOP 500 超级计算机只有 2 台运行了 Windows 操作系统。Linux 操作使用增长情况如图 1 –2 所示。

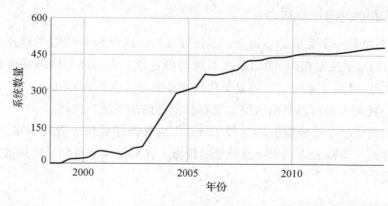

图 1 –2

任务 1.2 Linux 操作系统的组成和特点

任务描述

Linux 系统在近几年得到了飞速发展，只有了解 Linux 操作系统的构成及其优点，才能更好地使用、贴近、喜爱上该操作系统，同学们开启深入了解 Linux 操作系统的旅程吧。

1.2.1 Linux 操作系统的组成

Linux 操作系统由 Linux 内核、Shell、文件管理系统、应用程序等部分构成。

①Linux 内核是操作系统的核心，主要模块分为 CPU 和进程管理、文件系统管理、存储管理、设备驱动管理、网络管理、系统初始化及调用等。

②Shell 是系统的用户界面，提供用户与内核进行交互操作的接口，将用户输入的命令送入内核执行，Shell 也是一个命令的解析器，解析用户输入的命令并且将它们送到内核。

③文件管理系统是一种管理磁盘、存储设备中的文件系统，Linux 系统支持多种文件系统，例如：xfs、ext4、ext3、ext2、vfat、iso9660 等。

④应用程序是 Linux 系统的一套程序集，包括文件编辑器、汇编语言、办公软件、Internet 工具、数据库等。

1.2.2 Linux 系统的特点

Linux 系统的特点主要有：

①开放性是指系统遵循 OSI 国际标准。只要遵循 OSI 国际标准，就能对开发的硬件、软件具有较好的兼容性。

②多用户是系统资源可以被不同的用户拥有及使用，每个用户对自己的资源有特定的访问权限，互不干扰。

③多任务是计算机执行多个程序，各个程序之间运行相互独立。

④Linux 系统提供了友好的图形界面和文本界面。图形界面给用户呈现出易操作、交互性好的界面，文本界面为编程者及用户扩展系统功能提供了手段。

⑤设备独立性是操作系统将全部外设用文件进行管理，用户可以像使用文件一样使用、操作该外设。

⑥Linux 系统的网络功能优于其他操作系统，其他操作系统不包含紧密地和内核结合一起的连接网络的能力，没有内置联网的灵活性，然而 Linux 系统却在这方面更胜一筹。

⑦Linux 系统的安全技术和手段，包括读写权限控制、带保护的子系统、审计跟踪、核心授权等，为用户提供了安全体系保障。

⑧良好的可移植性是 Linux 系统从一个平台转移到另外一个平台，运行情况稳定、兼容性强，能够在微型计算机到大型机的任何环境、平台中运行。

任务 1.3 Linux 操作系统的版本

任务描述

在工作过程中，当使用 Linux 的不同版本时，使用稳定的版本可事半功倍。每个平台使用不同的版本，会导致各领域兼容性受到影响，因此，同学们在以后的工作中要选择稳定、高效的对应版本型号，如 Red Hat、CentOS、Ubuntu 等。

1.3.1 Linux 的内核版本

内核是用来与硬件交互，为用户程序提供软件支持，是操作系统中最核心的功能架构。计算机系统是一个硬件和软件的共生体，相互依赖，不可分割。计算机的硬件是由外围设备、处理器、内存、硬盘和其他设备组成的计算机的发动机。但是如果没有软件来操作和控制它，则自身是不能工作的。完成这个控制工作的软件就称为操作系统，即"内核"，也可以称为"核心"。

内核的版本是 Linux 系统内核经过多次修改、升级、优化后得到的。内核的版本号由"."分隔 3 段数字组成（三部分"A. B. C"，A 代表主版本号，B 代表次主版本号，C 代表较小的末版本号）。

1.3.2 Linux 系统发行版

1. Linux 系统的发行版本介绍

Linux 的发行版在市面上有几百种，部分公司和企业将 Linux 系统的内核、应用软件和文档包装起来，并提供一些系统安装界面、系统配置设定管理工具，这就构成了 Linux 发行版本。对于发行版本的版本号，每一个发布厂商都不一样，其与 Linux 系统内核的版本号是相对独立的。根据 GPL 准则，这些发行版本虽然都源自一个内核，但都没有自己的版权。

2. 各种 Linux 发行版的历史

Linux 已经存在近 30 年了，这里简单介绍一下各种 Linux 发行版的历史，比如 Ubuntu、Fedora、REHL、LinuxMint、Slackware 等；然后简要地讨论它们创作的原因。

1）Linux 的历史

在讲述各种发行版之前，快速了解一下 Linux 本身的历史是有意义的。这一切始于 1991 年，当时来自赫尔辛基的计算机科学学生 Linus Torvalds 创建了一个操作系统内核，他说，"只是为了好玩"。最初，Linus 称它为"Freax"（从"free"和"x"开始，表示它属于 UNIX 家族），但后来它被改成了"Linux"。

第一个版本只是一个内核。为了有一个工作系统，还需要一个 shell、编译器、库等。这些全部来自其他 GNU 软件。一年后，第一个 Linux 发行版诞生了。

2）Debian Linux

Debian 是最早的 Linux 发行版之一。1993 年 8 月 16 日，Ian Murdock 首次宣布了这一消息，不过第一个稳定版本在 1996 年才发布。基本上，他的目的是创建一个任何人都可以免费下载和使用的稳定的发行版，而不是让用户一个一个地收集应用程序并自己编译。

Debian 使用 deb 包系统——dpkg 包管理器及其前端（如 apt – get 或 synaptic）。它有一个巨大的应用程序库，用户可以自行下载和安装。Debian 也是最早开始提供 livecd 的 Linux 发行版之一，这使得 Linux 新手几乎不存在进入门槛。

3）Ubuntu

Debian 是一个非常有野心的项目，对 Linux 来说非常重要，但它是一个非常大的发行版，有许多用户不需要的应用程序。为了实现一个更加轻量级和用户友好的发行版，Ubuntu 出现了。

Ubuntu 的第一个版本——Ubuntu 4.10（Warty Warthog）于 2004 年由南非互联网巨头 Mark Shuttleworth 发布。在古老的祖鲁语和科萨语中，"Ubuntu"是"人性"的意思。Ubuntu 基于最新的 Debian 发行版，使用相同的 deb 包系统，但并不是所有的 Debian 包都可以安装在 Ubuntu 上。新版本每六个月发布一次，长期版本每两年发布一次。

4）Linux Mint

Linux Mint 是 Debian 家族中另一个相对较新的发行版。它于 2006 年由 Clement Lefebvre 创立，以 Ubuntu 为基础。它的目的是实现一个非常友好的用户界面，特别适合初学者。Linux Mint 附带了很多应用程序和多媒体功能，不过在最近的发行版中，默认的多媒体/编解码器支持已经被移除。

Linux Mint 的主要区别之一是它还包含专有软件。这样做是因为它的开发人员想要提供一个易于使用的发行版，用户无须自己安装所有这些应用程序。与 Ubuntu 类似，在 Linux Mint 上，如果需要，可以安装额外的 Debian 软件。

5）Red Hat Enterprise Linux（RHEL）和 Fedora

Red Hat Enterprise Linux 是 Red Hat Linux 的继承者，Red Hat Linux 是最古老的 Linux 发行版之一。最初的版本发布于 1995 年，2003 年被 Red Hat Enterprise Linux 取代。这是一个付费的发行版，你可以从它的名字猜出来，它是针对商业用户的。

Fedora 是家庭用户的免费替代品。它包含了 RHEL 的许多特性，以及一些在 RHEL 中尚未实现的实验性特性。两者都使用 rpm 包格式，因此其他发行版（如 Debian）的软件不能直接运行。

6）CentOS

CentOS（Community Enterprise Operating System）是一个基于 Red Hat Linux 提供的可自由使用源代码的企业级 Linux 发行版本。每个版本的 CentOS 都会获得十年的支持（通过安全更新方式）。新版本的 CentOS 大约每两年发行一次，而每个版本的 CentOS 会定期（大概每六个月）更新一次，以便支持新的硬件，从而建立一个安全、低维护、稳定、高预测性、高重复性的 Linux 环境。

7）SUSE Linux

简称"SUSE"，发音为/zuz/，意思为"Software – und System – Entwicklung"，这是一句德文，英文为"Software and system development"。现在这家公司的名字再度更改成 SUSE Linux。它原是德国的 SUSE Linux AG 公司发行维护的 Linux 发行版，是此公司的注册商标。2004 年，这家公司被 Novell 公司收购。广义上 SUSE Linux 是一系列 Linux 发行版，第一个版本出现在 1994 年年初，SUSE 是现存的最古老的商业发行版之一，起源于德国，而 SUSE Linux 针对个人用户。SUSE Linux 原是以 Slackware Linux 为基础，并提供完整德文使用界面的产品。1992 年，Peter McDonald 成立了 Softlanding Linux System（SLS）这个发行版。这套发行版包含的软件非常多，更首次收录了 X Window 及 TCP/IP 等套件。Slackware 就是一个基于 SLS 的发行版。

任务 1.4　Red Hat Linux 操作系统介绍

任务描述

在开始学习 Linux 前，首先来了解一下新版的 Red Hat Linux。

1.4.1　Red Hat Linux 系统介绍及特点

1. Red Hat Linux 系统介绍

Red Hat 是一家开源解决方案供应商，也是标准普尔 500 指数成员。其总部位于美国北卡罗来纳州的罗利市。2018 年 10 月 29 日，IBM 宣布以 340 亿美元的价格收购 Red Hat。Red Hat 公司为诸多重要 IT 技术如操作系统、存储、中间件、虚拟化和云计算提供关键任务的软件与服务。Red Hat 的开放源码模式提供跨物理、虚拟和云端环境的企业运算解决方案，以帮助企业降低成本并提升效能、稳定性与安全性。Red Hat 公司同时也为全球客户或通过领先合作伙伴为客户提供技术支持、培训和咨询服务。

2. Red Hat Linux 系统的特点

Red Hat 应该算得上是这个世界上开源解决方案的"领头羊"，而且也是第一家拥有亿万资产的开源软件公司。Red Hat 通过社区提供动力的方法为客户提供可靠、高性能的云，虚拟化技术，存储技术，Linux 和中间件技术。

1）利用开源技术来提升创新的空间

- 开放的客户关系。
- 分享你的创新。
- 安全第一。
- 企业间强强联手。
- 改进数据和分析能力。

开源的效果是相当明显的，这也就为开源技术提供了一个巨大的机会和需求，因为掌握开源技术就能让事情变得简单许多。新客户现在所面临的挑战是如何让他们公司内部真正掌握这些技能，当然，不仅仅是掌握技术技能，还要理解开源模型和它的意思。

"You don't build an open source business; open source is not your business value but the path. You need to understand what problem you are solving for customers, and by and large the problem will determine that you use an open source platform to achieve it."

你可以不建立一个开源业务，因为开源不是你的商业价值，但开源是一种路径。你需要了解为客户解决什么样的问题。总的来说，最终你会使用开源平台来处理这个问题。

——Brian Stevens

2）Red Hat Linux 系统的优点

- 支持的硬件平台较多。
- 优秀的安装界面。
- 独特的 RPM 升级方式。
- 丰富的软件包。
- 安全性能好。
- 方便的系统管理界面。
- 详细而完整的在线文档。

1.4.2　Red Hat Linux 8.0 系统的特性

以下讲述 RHEL 8 的主要特点和变化。

1. 安装和部署

安装更改概述：

- 将频道重组为"BaseOS"和"AppStream"。
- "系统目的"表示权利和支持级别的计划目的。
- Kickstart 指令的增强功能。
- 可以从 NVDIMM 设备安装和启动（使用 Anaconda 和 Kickstart）。

2. 系统启动和管理

对引导加载程序管理的更改：

1）BOOM 启动管理器

- 简化创建启动条目的过程。
- 添加条目，不会修改它们。
- 简化的 CLI 和 API。

2）启用安全启动 guest 虚拟机

- RHEL 8 支持使用加密签名镜像的方式安全启动客户机。
- 镜像由受信任的第三方组织签署，以确保完整性。

3. 内核

当前内核支持 64 位 ARM 体系结构的 52 位物理寻址、5 级分页、Control Group v2 机制、早期 kdump、截止日期进程调度程序，以及单独时间命名空间的配置。

1）包装变更

- 提供核心内核。
- 额外包含与内核核心软件包版本匹配的内核模块。
- 内核现在是一个元数据包，可确保安装内核和内核模块。
- kernel – doc 被删除，改用内核源 RPM。

2）内存管理

- 新的 5 级分页模型。
- 57 位虚拟内存寻址（128 PB 可用地址空间）。
- 52 位物理内存寻址（理论上最多 4 个 PB RAM）。
- 实际物理支持限制可能因硬件而异。

3）启动时启用早期 kdump

- 对于 RHEL 7 和以前的 RHEL 版本，kdump. service 作为启动过程的 multi – user. target 的一部分，在启动之前，可能无法捕获此服务事件之前发生的问题。
- RHEL 8 通过在启动内核的 initramfs 中存储崩溃内核的 vmlinuz 和 initramfs 来提供早期的 kdump。这些组件在早期 initramfs 阶段直接加载到保留内存（crashkernel）中，允许在引导的所有阶段捕获内核崩溃转储。

4）增强进程调度程序

- CFS 进程调度程序仍然是 RHEL 8 中的默认进程调度程序。
- RHEL 8 支持新的截止日期进程调度程序，该调度程序为 SCHED_DEADLINE 调度类提供新属性截止日期、周期和运行时。
- SCHED_DEADLINE 基于最早期限优先（EDF）和恒定带宽服务器（CBS）算法。
- SCHED_DEADLINE 适用于多媒体或工业控制等实时应用，并在具有 NUMA 功能的机器上提供改进的性能。
- 开发人员使用 sched_setattr( ) 和 sched_getattr( ) 系统调用来管理计划属性。

5）启用时间命名空间

- RHEL 8 支持具有不同时钟的命名空间，作为系统当前时间视图的偏移量。
- 启用时间命名空间，允许在不同时间点运行测试。

4. 网络

RHEL 8 中网络功能的增强和更改包括：

1）防火墙更改

- nftables 是默认的防火墙后端。
- nftables 是 iptables、ip6tables、arptables、ebtables 和 IPSET 的继承者。
- 仍然建议使用防火墙 – CMD 来管理防火墙；仅将 NFT 直接用于复杂配置。
- iptables 的兼容性工具可用。

2）NetworkManager 和网络脚本

- nmcli 是通过网络管理器管理网络配置的首选工具。
- 新版本中执行 ifup 和 ifdown 命令，需要先安装 NetworkManager 软件。

- 旧的网络脚本（如 ifup – local 脚本）已弃用，默认情况下不可用。

3）NTP 时间同步

- chrony（chronyd）替换了 NTPD，作为 NTP 的默认服务实现。
- chrony 在各种条件下表现更好，同步更快，精度更高。
- 迁移工具位于/usr/share/doc/chrony/中。

4）TCP 的增强功能

- TCP 堆栈更新到 4.16 版。
- 改进了具有高入口连接速率的 TCP 服务器的性能。
- 新的 BBR 和 NV 拥塞控制算法。

5）删除了网络驱动程序

- 某些过时的网络驱动程序已从 RHEL 8 中删除。
- E1000 驱动程序已删除，但仍支持 E1000E。
- 郁金香驱动程序被删除，这将影响 Microsoft Hyper – V 上的"第 1 代"虚拟机。

5. 软件管理

新的 yum 功能是称为模块的包分组方法。

1）模块

- 模块的安装独立于底层操作系统主要版本。
- 模块系统同时支持多个版本的应用程序。
- 模块绑定到应用程序流。

2）RPM 和 yum 的更新

- DNF 是 yum 的技术改进，是 RHEL 8 中 RPM 软件包的新标准软件包管理功能。
- yum 命令（v4）保留为推荐的命令行实用程序，符号链接到 DNF，以便向后兼容脚本和相关的操作命令。
- yum v4 支持支持软件模块化的模块。
- yum v4 现在能理解弱布尔依赖性。
- yum v4 提供了大量插件和附加工具。

6. 存储

新的本地存储管理器是使用共享存储池来提供卷管理的文件系统。

1）Stratis Storage Manager

- 能够创建一个或多个块设备的池。
- 在这些池中创建动态且灵活的文件系统。
- Stratis 支持文件系统快照。快照独立于源文件系统。

2）虚拟数据优化器（VDO）

- VDO 在三个阶段减少了存储上的数据占用空间：零块消除、冗余块的重复数据删除和数据压缩。
- VDO 删除仅包含零的块，并保留其元数据。
- 虚拟机的虚拟磁盘是 VDO 卷的一个很好的用例。

3）XFS 复制写入范围

- 创建文件系统时，默认情况下启用写时复制（CoW）。
- 添加对 XFS 的支持，以允许两个或多个文件共享相同的数据块。
- 如果一个文件发生更改，则会中断共享并跟踪单独的块。
- 高效的文件克隆，每个文件的快照以及 NFS 和 Overlayfs 的操作。
- RHEL 7 只能以只读模式安装带有 CoW 扩展区的 XFS。

4）使用 Virtio – SCSI 支持 SCSI – 3 持久保留

- 在 RHEL 8 上，qemu 和 libvirt 都支持存储设备上的 SCSI – 3 持久保留，这些持久保留通过直接连接的 LUN 所支持的 Virtio – SCSI 向 VM 呈现。
- 虚拟机可以共享 Virtio – SCSI 存储设备，并使用 SCSI – 3 PR 来控制访问。
- 使用 device – mapper – multipath 管理的存储设备可以传递给 VM，以使用 SCSI – 3 PR，主机可以管理所有路径上的 PR 操作。

5）其他存储功能

- 用于加密存储的新 LUKS2 磁盘格式取代了 LUKS1。
- 块设备现在使用多队列调度，默认情况下启用 SCSI – MQ 驱动程序，以获得更好的 SSD 性能。

6）删除了存储功能

- 已删除许多旧的存储驱动程序和对过时适配器的支持。
- BTRFS 文件系统已被删除。
- 软件管理的以太网光纤通道（FCoE）的支持已被删除。

工作项目2

使用Linux系统

学习知识技能点

1. 安装与初识 Linux 系统
2. 文件系统和目录管理
3. Linux 常用命令
4. Linux 常用操作

任务 2.1 安装与初识 Linux 系统

任务描述

    本任务内容详细讲解虚拟机软件与 Red Hat Linux 系统的安装，完整演示了 VirtualBox 虚拟机的安装与配置过程，以及 Red Hat RHEL 8 系统的安装、配置过程、初始化、导入导出的方法。通过虚拟机软件安装的系统不仅可以模拟出硬件资源，把实验环境与真机文件分离，以保证数据安全，更为重要的是，当操作失误或配置有误导致系统异常的时候，可以快速地把操作系统还原至出错前的环境状态，进而减少重装系统的等待时间。

2.1.1 安装 VirtualBox

    VirtualBox 是一款开源的桌面计算机虚拟机软件，它可以支持多种操作系统如 Solaris、Windows、DOS、Linux、OS/2 Warp、BSD 等系统作为客户端操作系统，并且还支持 Android 系统，让用户能够在单一主机上同时运行多个不同的操作系统。每个虚拟操作系统的硬盘分区、数据配置都是独立的，而且多台虚拟机可以构建为一个局域网。Linux 系统对硬件设备的要求很低，没有必要再配置一台计算机，课程实验用虚拟机完全可行，而且 VirtualBox 还支持实时快照、虚拟网络等方便、实用的功能，更大程度地给予使用者们便利。它的功能十分强大且易用，相对其他虚拟机软件来说占用内存较小。

    VirtualBox 虚拟系统软件被 Sun 收购后，性能有很大的提高。不同于 VMware，VirtualBox 是开源的，而且功能强大，可以在 Linux/Mac 和 Windows 主机中运行，并支持在其中安装 Windows（NT 4.0、2000、XP、Server 2003、Vista、Win7）、DOS/Windows 3.x、Linux（2.4

和 2.6）、OpenBSD 等系列的操作系统。

下载 VirtualBox，本书使用的是 VirtualBox 5.2.20 版本，如果需要其他版本，可以自行选择，这里只介绍 VirtualBox 5.2.20 版本的下载和安装。

软件下载地址 https://www.virtualbox.org/wiki/Download_Old_Builds_5_2，如图 2 - 1 所示。

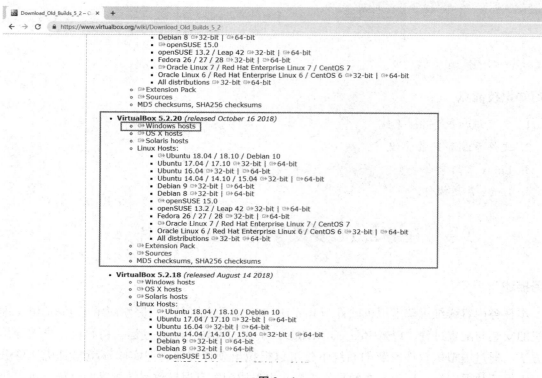

图 2 - 1

其他版本请参考 https://www.virtualbox.org/wiki/Downloads 页面。

根据所使用功能的操作系统的不同，选择相应操作系统的安装包，本次演示使用的操作系统为 Windows 操作系统。

运行下载完成的 VirtualBox 虚拟机软件包，将会看到虚拟机程序安装向导初始界面，如图 2 - 2 所示。

单击"下一步"按钮进入 VirtualBox 虚拟机软件安装的设置页面，如图 2 - 3 所示。

进行安装组件选择、安装位置定义，确认之后单击"下一步"按钮，如图 2 - 4 所示。

对安装选项进行选择，确认之后，单击"下一步"按钮，出现警告网络页面，确认安装则单击"是"按钮，如图 2 - 5 所示。

出现提示安装页面，单击"安装"按钮进行安装，如图 2 - 6 所示。

进入安装进度显示页面，大约 5 分钟后，虚拟机软件便会安装完成，如图 2 - 7 所示。

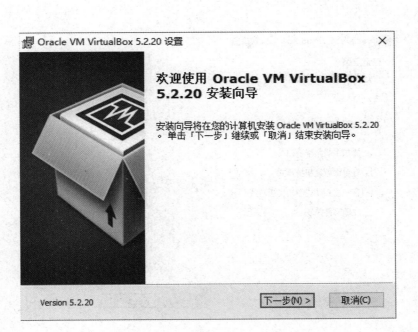

图 2 – 2

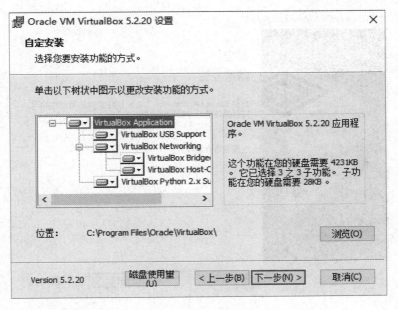

图 2 – 3

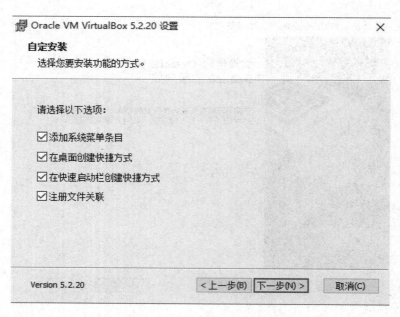

图 2 − 4

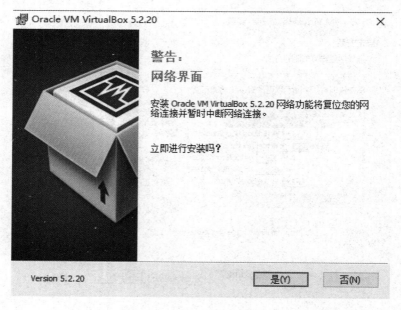

图 2 − 5

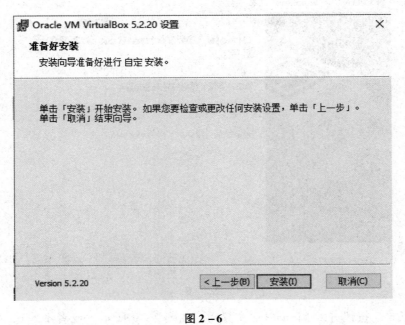

图 2 – 6

图 2 – 7

安装完成之后提示安装完成，如图 2 – 8 所示。

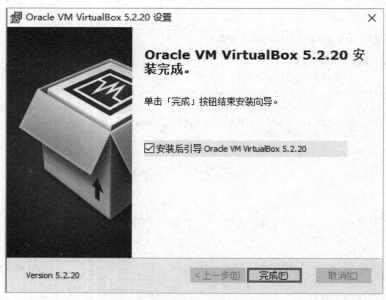

图 2 – 8

单击"完成"按钮进入 VirtualBox 主界面，如图 2 – 9 所示。或者不勾选"安装后引导 Oralce VM VirtualBox 5. 2. 20"选项直接完成安装，如图 2 – 9 所示。

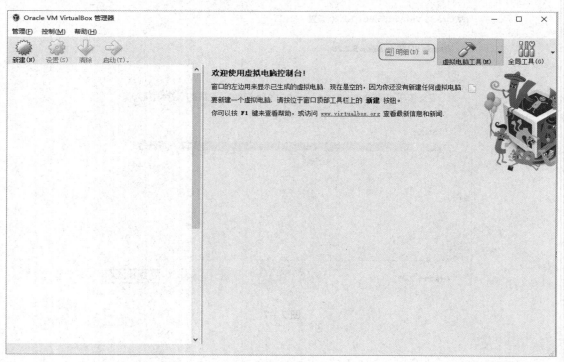

图 2 – 9

2.1.2　导入 RHEL 8 系统

在导入 RHEL 8 系统之前，首先要安装 Linux 操作系统，大家会在本节的附录中了解到详细的安装 Linux 操作系统的过程，在这里就直接为大家讲解如何将已经安装好的导出的 Linux 操作系统导入虚拟机中。导出的 Linux 操作系统可从 https://pan.baidu.com/s/18JVKX2oJNkVm7RivBZ89tw 下载。

在完成安装 VirtualBox 之后，双击桌面上的 "Oracle VM VirtualBox" 快捷方式，如图 2 – 10 所示。

进入 "Oracle VM VirtualBox 管理器"，此时便看到了虚拟机软件的管理界面，在该界面中单击 "管理" → "导入虚拟电脑"，如图 2 – 11 所示。

弹出 "导入虚拟电脑" 界面，首先选择要导入的虚拟电脑的位置，如图 2 – 12 所示。

确认之后，单击 "下一步" 按钮，如图 2 – 13 所示。

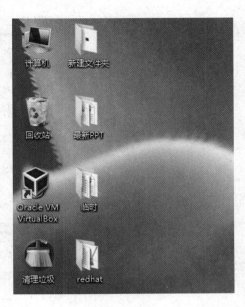

图 2 – 10

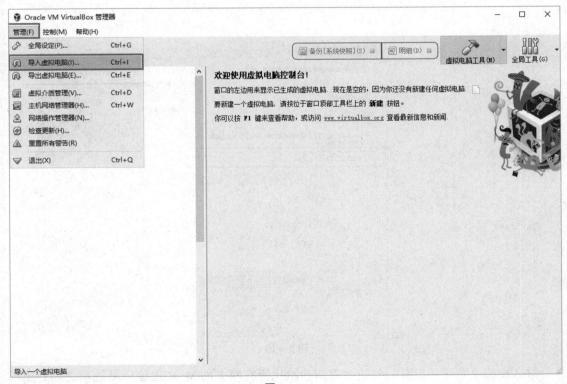

图 2 – 11

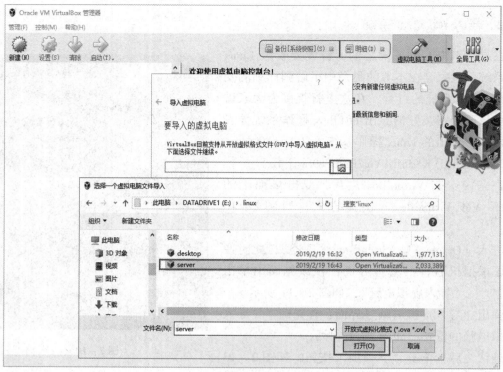

图 2 - 12

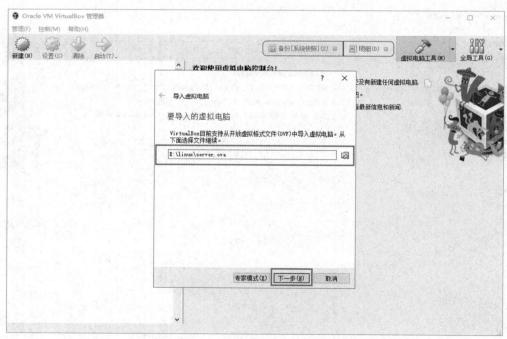

图 2 - 13

　　进入虚拟电脑导入设置，勾选"重新初始化所有网卡的 MAC 地址"复选项之后，单击"导入"按钮，如图 2 - 14 所示。

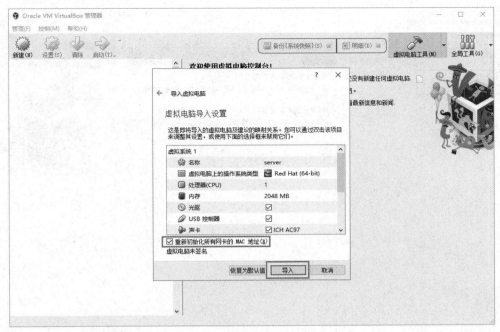

图 2 – 14

　　重新初始化所有网卡的 MAC 地址是为了防止新的系统中网卡及 MAC 地址与原来的系统不一样。

　　导入的时间为 20 秒左右，如图 2 – 15 所示。导入成功后，会在 "Oracle VM VirtualBox 管理器" 的管理界面看到已经导入的 Linux 系统，但现在它处于关闭状态，如图 2 – 16 所示。

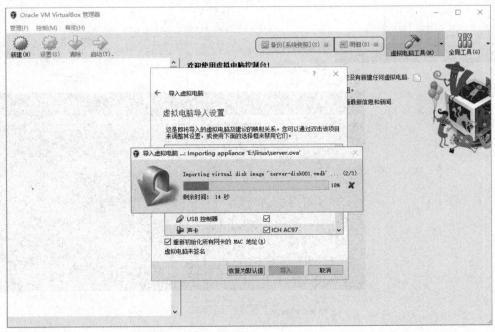

图 2 – 15

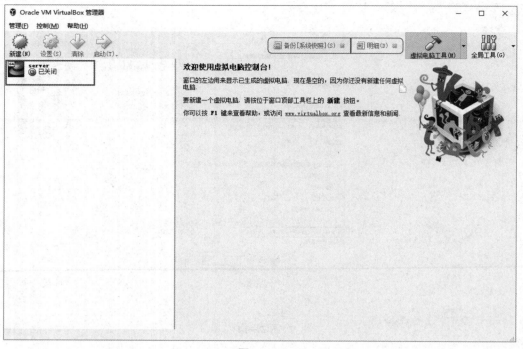

图 2-16

单击已导入的 Linux 操作系统，之后单击"启动"按钮，启动该 Linux 操作系统，在启动过程中，"启动"按钮会变为"显示"按钮，如图 2-17 所示。

图 2-17

等待 10 秒左右，系统会进入登录界面，如图 2 – 18 所示。

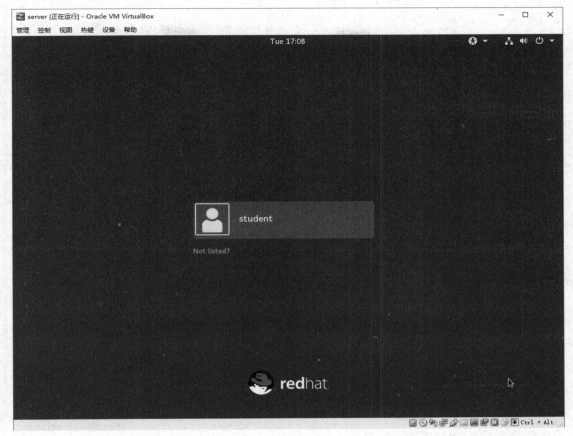

图 2 – 18

可以通过用户 student、密码 student 登录系统。

在这里掌握了如何导入 RHEL 8 系统，在安装 Linux 之后，也可以在 VritualBox 中轻松导出 RHEL 8。在导出 RHEL 8 之前，首先要确保 Linux 系统处于关闭状态。进入 "Oracle VM VirtualBox 管理器" 界面，在该界面中单击 "管理" → "导出虚拟电脑"，如图 2 – 19 所示。

会弹出 "导出虚拟电脑" 界面，首先选择要导出的虚拟电脑，如果有多台虚拟电脑，选择自己想要导出来的那台即可，在这里选择虚拟电脑 "server" 之后单击 "下一步" 按钮，如图 2 – 20 所示。

进入 "导出虚拟电脑" 的 "存储设置" 页面，首先选择要导出的虚拟电脑存放的位置，其中格式有两种：如果选择 ovf 格式，会将虚拟机分别存放成多个独立的文件；如果选择 ova 格式，会将虚拟机文件合并成一个开放式的虚拟化格式包，默认使用 ova 格式。勾选 "写入 Manifest 文件"，单击 "下一步" 按钮，如图 2 – 21 所示。

进入虚拟电脑导出的附加说明信息页面，如果需要修改，则双击进行修改，确认之后单击 "导出" 按钮即可导出虚拟电脑，如图 2 – 22 所示。

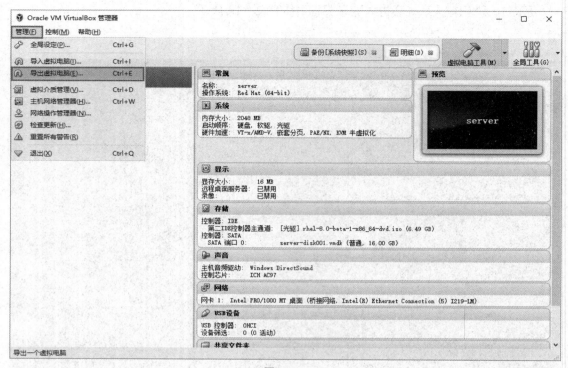

图 2 - 19

图 2 - 20

图 2 – 21

图 2 – 22

导出的过程一般需要 6~7 分钟，如图 2-23 所示。

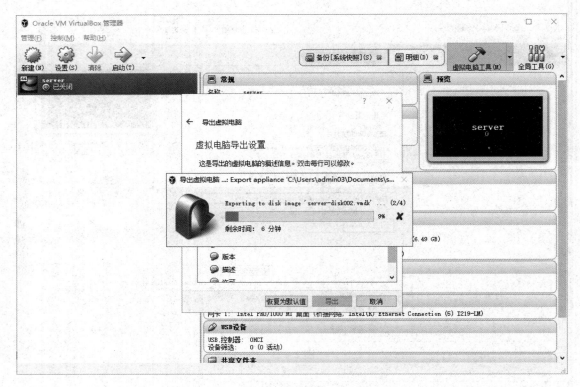

图 2-23

导出成功之后，就可以在之前选择的路径下看到已经导出成功的 RHEL 8 系统了，如图 2-24 所示。

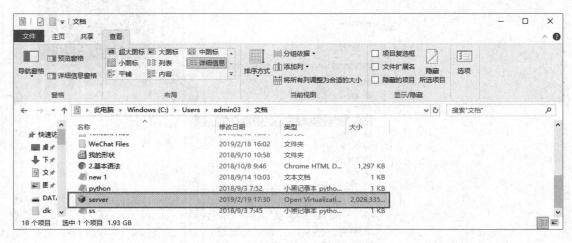

图 2-24

该文件就可以用来导入时使用了。

2.1.3 命令行简介

通常来讲，计算机硬件是由运算器、控制器、存储器、输入/输出设备等共同组成的，而让各种硬件设备各司其职且又能协同运行的核心软件就是系统内核。Linux 系统的内核负责完成对硬件资源的分配、调度等管理任务。由此可见，系统内核对计算机的正常运行来讲太重要了，因此，一般不建议直接去编辑内核中的参数，而是让用户通过基于系统调用接口开发出的程序或服务来管理计算机，以满足日常工作的需要。

必须肯定的是，Linux 系统中有些图形化工具（比如逻辑卷管理器（Logical Volume Manager，LVM））确实非常好用，极大地降低了运维人员操作出错的概率。但是很多图形化工具其实是调用了脚本来完成相应的工作，往往只是为了完成某种工作而设计的，缺乏 Linux 命令原有的灵活性及可控性。再者，图形化工具相较于 Linux 命令行界面会更加消耗系统资源，因此，经验丰富的运维人员甚至都不会给 Linux 系统安装图形界面，需要开始运维工作时，直接通过命令行模式远程连接过去，不得不说这样做确实挺高效的。

Linux 命令行由一个程序提供，它称为 shell。shell（也称为终端或壳）充当的是人与内核（硬件）之间的翻译官，用户把一些命令"告诉"终端，它就会调用相应的程序服务去完成某些工作。在与 UNIX 类似的漫长历史中，许多 shell 得以开发，现在包括 Red Hat 系统在内的许多主流 Linux 系统默认使用的终端是 bash（Bourne – Again Shell）解释器。主流 Linux 系统选择 bash 解释器作为命令行终端主要有以下 4 项优势：

- 通过上下方向键来调取过往执行过的 Linux 命令。
- 命令或参数仅需输入前几位就可以用 Tab 键补全。
- 具有强大的批处理脚本。
- 具有实用的环境变量功能。

如果以交互方式使用 shell，它在等待用户输入命令时显示一个字符串，这称为 shell 提示符。普通用户启动 shell 时，默认提示符的结尾是 $ 字符。

```
[student@localhost ~]$
```

- student　　　　　//表示 shell 的运行人
- localhost　　　　//shell 开启主机的主机名称
- ~　　　　　　　//当前所在文件夹的名字，~ 为当前登录用户的主目录

如果以超级用户 root 运行 shell，则 $ 替换为#。这可以更加显著地表明这是超级用户 shell，帮助避免在特权账户中出现意外和错误。

```
[root@localhost ~]#
```

超级用户具有管理系统的所有权限，普通用户的权限比较小，只能进行基本的系统信息查看等操作，无法更改系统配置和管理服务。

shell 是指"提供给使用者使用界面"的软件（命令解析器），类似于 DOS 下的 command（命令行）和后来的 cmd.exe。但 bash 具有更加复杂的脚本语言，使用 Macintosh 的终端实用工具的 Mac OS X 管理员可能发现，bash 是 Mac OS X 中默认的 shell。

1. shell 基础知识

在 shell 提示符下输入的命令由三个基本部分组成：

命令名[命令参数][命令对象]

- 命令名，需要运行的程序名称。
- 命令参数，用于调整命令的行为。
- 命令对象，通常是命令的目标。

注意，命令名、命令参数、命令对象之间用空格键分隔。命令对象一般是指要处理的文件、目录、用户等资源，而命令参数可以用长格式开头（完整的选项名称，如"-- all"），也可以用短格式开头（单个字母的缩写，如"- a"）。Linux 新手不会执行命令大多是因为参数比较复杂，参数值需要随不同的命令和需求情况而发生改变。因此，要想灵活搭配各种参数，执行自己想要的功能，则需要长时间的经验积累了。

2. 使用 bash shell 执行命令

用户准备好执行命令后，按下 Enter 键，每一命令在单独的一行中键入，系统会显示各个命令的输出，然后再显示 shell 提示符。如果用户希望在一行中键入多个命令，则可以使用分号";"作为命令分隔符。分号是元字符的成员，对于 bash 具有特殊意义。

3. 进入 Linux 界面

要进入 Linux 系统的字符界面，可以通过字符界面、图形界面下的终端以及虚拟控制台等多种方式进入。安装 Linux 系统之后，系统启动时，默认进入的是图形化界面，对于初学者来说，图形界面是很友好的。在 Linux 系统图形化桌面环境中提供了打开终端命令行界面的方式，终端方式允许用户通过输入命令来管理计算机。

登录 RHEL 8 之后，单击"Activities"→"Show Applications"→"Utilities"→"Terminal"打开终端，如图 2-25 所示。

打开终端后显示如图 2-26 所示界面。

如果经常使用，可以通过单击"Activities"→"Show Applications"→"Frequent"→"Terminal"打开终端，如图 2-27 所示。

如果要退出终端界面，可以单击终端界面右上角的"×"按钮，或在终端界面中输入命令"exit"，或者按 Ctrl + D 组合键。

4. 虚拟控制台

Linux 系统可以同时接受多个用户登录，还允许用户在同一时间进行多次登录，这是因为 Linux 系统提供了虚拟控制台的访问方式。在字符界面下，虚拟控制台的选择可以通过按下 Alt 键和一个功能键来实现，通常使用 F1、F6 键。比如用户登录后，按 Alt + F2 组合键，可以看到"login："提示符，说明用户进入了第二个虚拟控制台。然后只需按 Alt + F1 组合键，就可以回到第一个虚拟控制台。如果用户在图形界面下，那么可以使用 Ctrl + Alt + F2、Ctrl + Alt + F6 组合键切换字符虚拟控制台，使用 Ctrl + Alt + F1 组合键可以切换到图形界面。虚拟控制台可使用户同时在多个控制台上工作，真正体现 Linux 系统多用户的特性。在某一虚拟控制台上进行的工作尚未结束时，用户可以切换到另一虚拟控制台开始另一项工作。

图 2 – 25

图 2 – 26

图 2 – 27

5. 在命令行终端的几个简单命令

1）uname：显示计算机及操作系统相关信息

使用 umame 命令可以显示计算机以及操作系统的相关信息，比如内核发行号（ – r 选项）、计算机硬件架构（ – m 选项）、操作系统名称（ – s 选项）、计算机主机名（ – n 选项）等。

示例：

显示操作系统的内核发行号。

```
[student@localhost ~] $ uname - r
4.18.0 - 32.el8.x86_64
[student@localhost ~] $
```

显示计算机硬件架构名称。

```
[student@localhost ~] $ uname - m
x86_64
[student@localhost ~] $
```

显示操作系统的全部信息。

```
[student@localhost ~] $ uname -a
Linux localhost.localdomain 4.18.0 -32.el8.x86_64 #1 SMP Sat Oct 27 19:26:37 UTC
2018 x86_64 x86_64 x86_64 GNU/Linux
[student@localhost ~] $
```

2）passwd 命令

passwd 命令更改用户自己的密码。必须指定该账户的原始密码，之后才允许进行更改。默认情况下，passwd 配置需要强密码，其包含小写字母、大写字母、数字和符号，并且不以字典中的单词为基础。passwd 作为普通用户和超级权限用户都可以运行，但作为普通用户时，只能更改自己的用户密码，前提是没有被 root 用户锁定；如果 root 用户运行 passwd，可以设置或修改任何用户的密码；passwd 命令后面不接任何参数或用户名，则表示修改当前用户的密码。

示例：

修改当前用户 student 的密码。

```
[student@localhost ~] $ passwd
Changing password for user student.
Current password:
New password:
Retype new password:
passwd:all authentication tokens updated successfully.
```

常见错误信息：修改密码时，密码的长度要多于 8 个字符。

```
[student@localhost ~] $ passwd
Changing password for user student.
Current password:
New password:
BAD PASSWORD:The password is shorter than 8 characters
passwd:Authentication token manipulation error
```

修改密码时，密码中不能包含用户名。

```
[student@localhost ~] $ passwd
Changing password for user student.
Current password:
New password:
BAD PASSWORD:The password contains the user name in some form
passwd:Authentication token manipulation error
```

修改时密码不以明文显示。

```
[student@localhost ~] $ passwd
Changing password for user student.
Current password:
New password:
```

```
BAD PASSWORD:The password fails the dictionary check - it is based on a dictionary
word
passwd:Authentication token manipulation error
```

3）file 命令

Linux 不需要根据文件扩展名来分类文件。file 命令可以扫描文件内容的开头，显示该文件的类型。要分类的文件作为参数传递至该命令。

```
[student@localhost ~] $ file /etc/
/etc/:directory
[student@localhost ~] $ file /etc/passwd
/etc/Vpasswd:ASCII text
[student@localhost ~] $ file /bin/passwd
/bin/passwd:setuid ELF 64 - bit LSB shared object,x86 - 64,version 1 (SYSV),
dynamically linked,interpreter /lib64/ld-linux-x86-64.so.2,for GNU/Linux 3.2.0,
BuildID[sha1] = a3637110e27e9a48dced9f38b4ae43388d32d0e4,stripped
```

4）exit 命令

exit 命令用于退出当前终端，用户登录终端之后，如果想关闭当前终端，可以在命令行中输入 exit 命令。

```
[student@localhost ~] $ exit
```

退出当前终端也可以按 Ctrl + D 组合键。

附录：安装 Linux 的操作过程

在安装 Linux 时，选择在虚拟机中安装 Linux 系统，所以首先要安装好 VirtualBox，在 2.1.1 节中已经有介绍，大家参照其中的步骤即可。其次，要提前下载好 RHEL 8 的镜像文件。

前提：必须至少有一个活动的 Red Hat 订阅才能从 Red Hat 客户门户下载"Red Hat Enterprise Linux 8.0 ISO"映像文件。可以从 Red Hat 商店购买 Red Hat Enterprise Linux 订阅，网址为 https://www.redhat.com/store。可以使用 https://www.redhat.com 上的时间限制评估权利来评估环境中的 Red Hat Enterprise Linux。

1. 下载 RHEL 8.0 安装映像

①在下载 Red Hat Enterprise Linux 8.0 之前，处理 Red Hat Enterprise Linux 订阅状态。

先决条件：

- 您有一个活跃的，未评估的 Red Hat Enterprise Linux 订阅。
- 您之前没有收到过 Red Hat Enterprise Linux 8.0 订阅。
- 您已通过 https://access.redhat.com/home 登录 Red Hat 客户门户。

程序：

访问 https://access.redhat.com/products/red-hat-enterprise-linux，单击"DOWNLOAD LATEST"按钮，如图 2-28 所示。

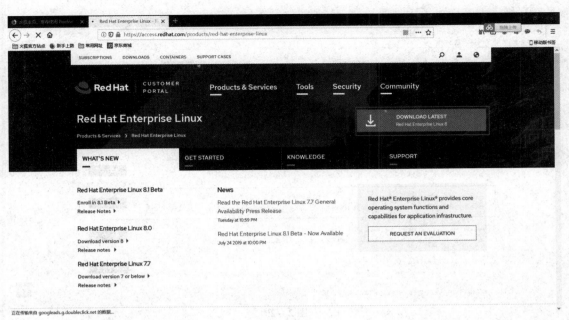

图 2 – 28

根据提示信息完成相关操作，可参考表 2 – 1。

表 2 – 1

订阅状态	通知消息包含	下一步
您没有 Red Hat Enterprise Linux 订阅	有关如何购买 Red Hat Enterprise Linux 订阅的说明	完成订购购买说明，然后完成"处理订阅请求"中的步骤
您之前购买过 Red Hat Enterprise Linux 订阅，但它已不再有效	正在处理您的请求信息。完成后，会将包含更多详细信息的消息发送到您的电子邮件地址	完成订购购买或续订说明，然后完成"处理订购请求"中的步骤
您有一个活跃的 Red Hat Enterprise Linux 订阅	正在处理您的请求信息。完成后，会将包含更多详细信息的消息发送到您的电子邮件地址	您的订阅已经过验证。继续"下载 ISO 映像"以下载 Red Hat Enterprise Linux 8.0 ISO 映像

②下载 ISO 映像。

完成上面的步骤之后，进行 RHEL 8 系统的下载：

访问 https：//access. redhat. com/downloads/content/479/ver ＝/rhel ――― 8/8.0/x86 _64/ product – software，选择"Red Hat Enterprise Linux 8.0 Binary DVD"进行镜像的下载，如图 2 –29 所示。将下载的镜像文件放在自定义的目录中，该过程需要大约 1 小时 30 分钟。可以提前进行下载。

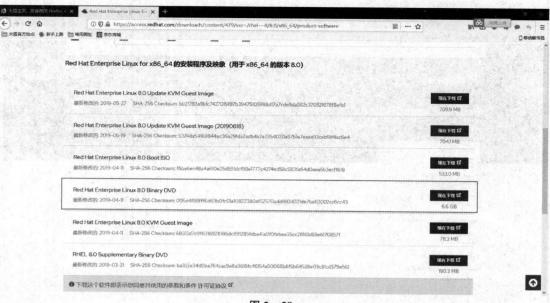

图 2 – 29

2. 创建 RHEL 8.0 虚拟机

双击桌面上的 "Oracle VM VirtualBox" 快捷方式，进入 "Oracle VM VirtualBox 管理器"，此时便看到了虚拟机软件的管理界面，如图 2 – 30 所示。

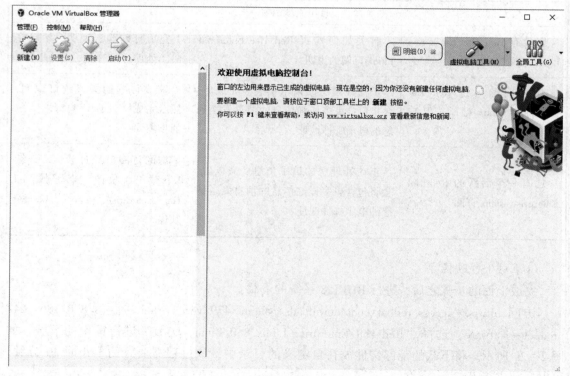

图 2 – 30

在安装完虚拟机之后，不能立即安装 Linux 系统，因为还要在虚拟机内设置操作系统的硬件标准。只有把虚拟机内系统的硬件资源模拟出来后，才可以正式步入 Linux 系统安装之旅。VirtualBox 虚拟机的强大之处在于不仅可以调取真实的物理设备资源，还可以模拟出多网卡或硬盘等资源，因此完全可以满足大家对学习环境的需求。

单击"新建"按钮，进入"新建虚拟电脑"界面，进行虚拟电脑的名称、类型、版本的设置和选择，如图 2-31 所示。

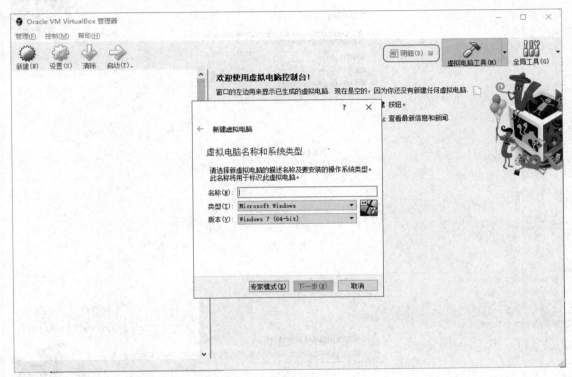

图 2-31

虚拟电脑的名称可以设置为"server"，文件夹所在的位置可以自行定义，虚拟电脑的类型要选择"Linux"，版本选择"Red Hat（64-bit）"（由于本书中使用的是 RHEL 8 系统，如果想安装的是其他系统，也可以选择符合条件的版本进行设置），如图 2-32 所示。

设置完成之后，单击"下一步"按钮指定虚拟机内存大小，一般保持默认。若要安装图形化界面，可以适当选择更大的内存，确认好内存大小之后，单击"下一步"按钮，如图 2-33 所示。

选择是否创建新的虚拟磁盘，可以选择"不添加虚拟硬盘"，以后再进行添加，或者选择"现在创建虚拟硬盘"选项，如图 2-34 所示。

进入"创建虚拟硬盘"界面，选择虚拟硬盘的文件类型，默认使用 VDI 类型，单击"下一步"按钮，如图 2-35 所示。

进入创建虚拟硬盘的大小的分配设置界面，默认为"动态分配"，单击"下一步"按钮，如图 2-36 所示。

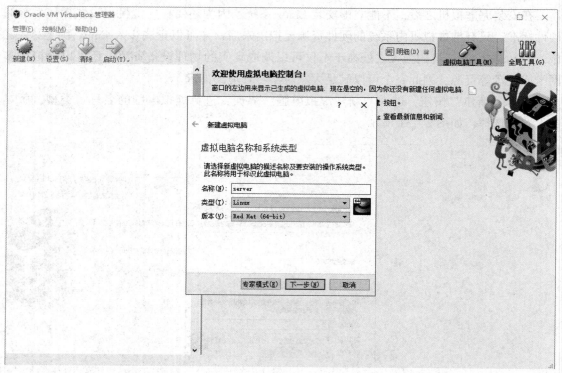

图 2 – 32

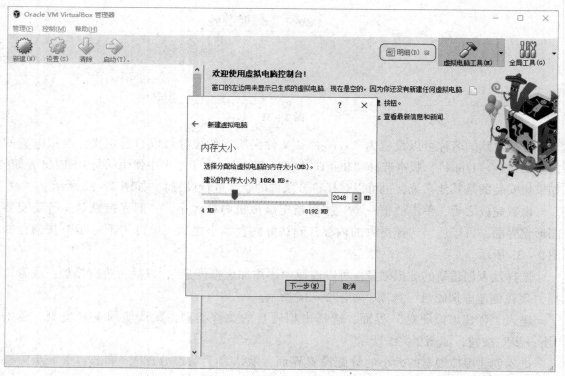

图 2 – 33

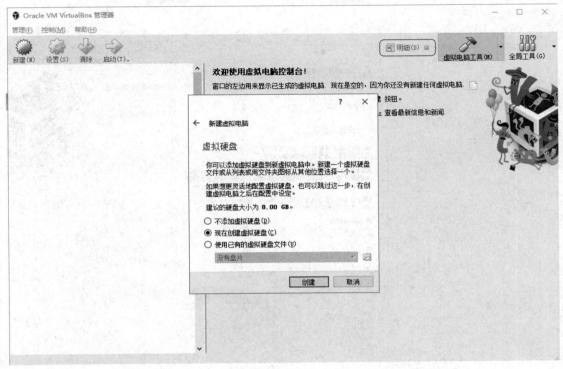

图 2 - 34

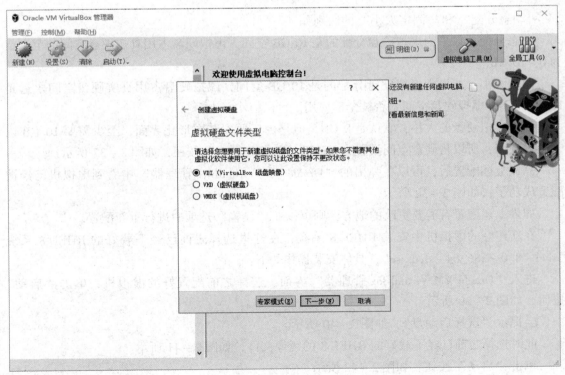

图 2 - 35

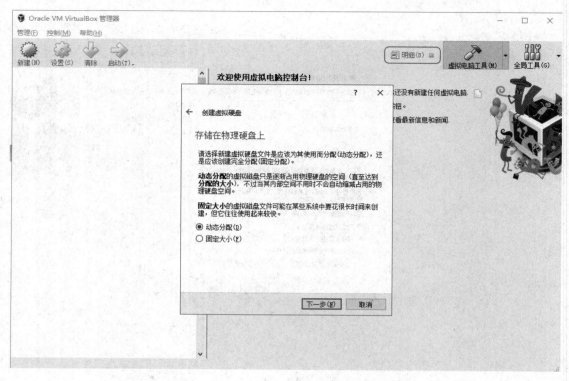

图 2-36

"动态分配"和"固定大小"的区别如下。

动态分配：如果为虚拟硬盘分配的是 10 GB 空间，虚拟硬盘占用真实硬盘空间的范围就为 0 ~ 10 GB。

固定大小：如果为虚拟硬盘分配的是 10 GB 空间，虚拟硬盘占用真实硬盘空间永远是 10 GB，不管虚拟硬盘空间是否被全部使用。

设置虚拟硬盘的大小，默认是 8 GB，但是由于要安装图形化界面，至少需要 10 GB 以上硬盘空间，所以将硬盘空间设置为 16 GB，单击"创建"按钮，如图 2-37 所示。

完成上述配置后，可以在弹出的"Oracle VM VirtualBox 管理器"中看到虚拟机已经被配置成功了，如图 2-38 所示。

如果上述配置有需要更改的地方，则可以在"设置"选项中进行重新配置。

在新建好的虚拟机中安装 RHEL 8 系统，在这里选择之前已经下载好的 RHEL 8 系统"rhel - 8.0 - x86_64 - dvd. iso"，具体安装操作如下：

进入"Oracle VM VirtualBox 管理器"界面，选择之前配置好的虚拟机，单击"启动"按钮，如图 2-39 所示。

会提示"选择启动盘"，如图 2-40 所示。

此时选择之前已经下载好的 RHEL 8 的镜像文件，如图 2-41 所示。

单击"启动"按钮，如图 2-42 所示。

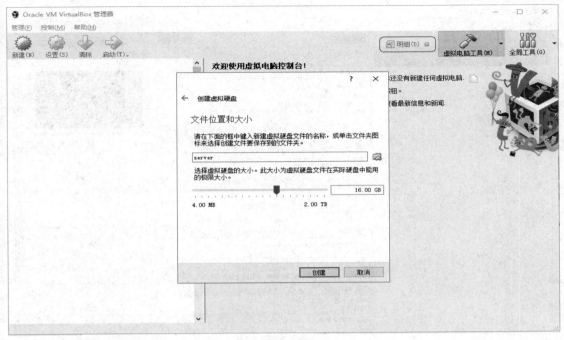

图 2 - 37

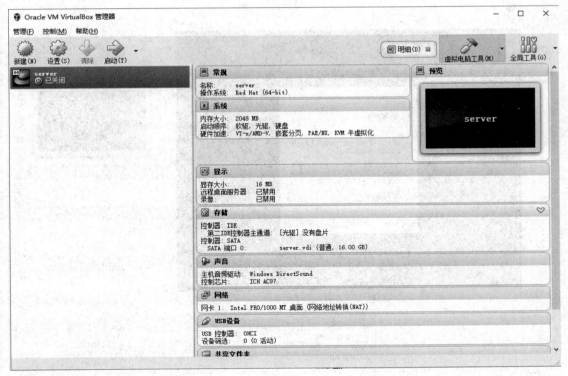

图 2 - 38

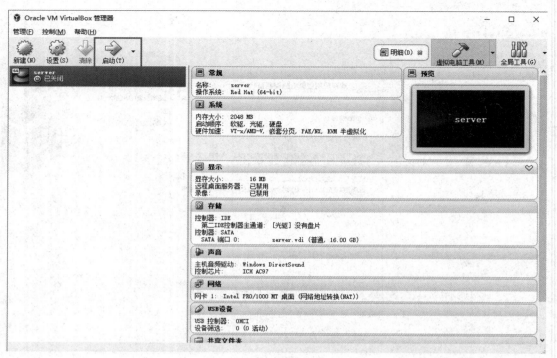

图 2－39

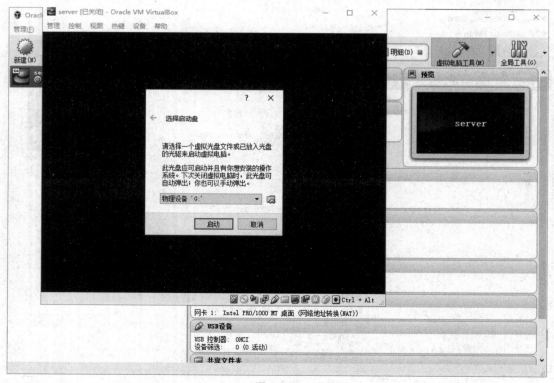

图 2－40

进入设置语言界面，选择"English"即可，单击"Continue"按钮，如图 2 – 45 所示。

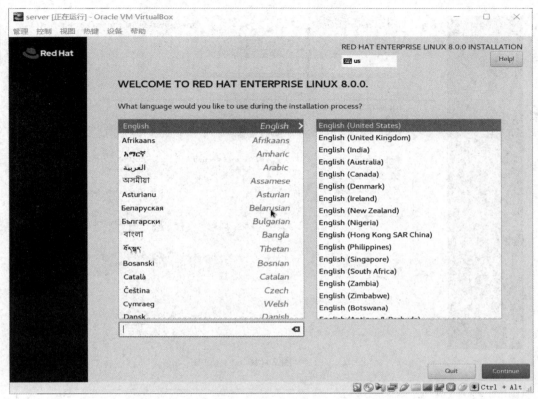

图 2 – 45

进入安装设置界面，其中包含语言、时间日期、安装源等，逐一进行设置。

设置日期和时间：单击"Time & Date"，用户可以手动配置计算机系统的日期和时间，也可以通过连接到互联网上的网络时间服务器（NTP 服务器）为本机传输日期和时间信息，并且可以和 NTP 服务器的时间同步。如图 2 – 46 所示。

在此选择计算机所在的地区（时区）为亚洲 Asia，城市为上海 Shanghai 的时间。

确定之后单击"Done"按钮。

进行安装的环境选择：RHEL 8 系统的软件定制界面可以根据用户的需求来调整系统的基本环境，例如把 Linux 系统用作基础服务器、文件服务器、Web 服务器或工作站等，如图 2 – 47 所示。

默认为最小化安装，本书安装用户友好的"Workstation"环境，如图 2 – 48 所示。

返回安装主界面，单击"Installation Destination"选项来选择安装媒介并设置分区，如图 2 – 49 所示。

此时不需要进行任何修改，单击左上角的"Done"按钮即可，如图 2 – 50 所示。

其他均可使用默认的设置，例如：

键盘布局"Keyboard"：在此使用默认的选项即可，然后单击"Done"按钮，如图 2 – 51 和图 2 – 52 所示。

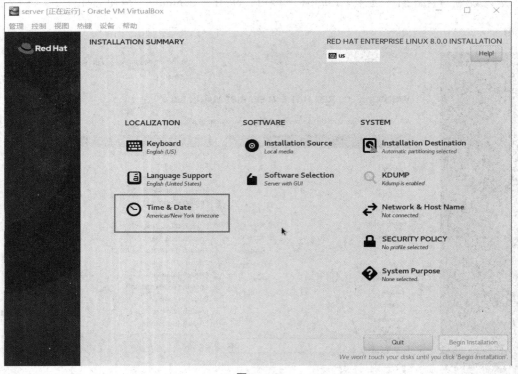

图 2 – 46

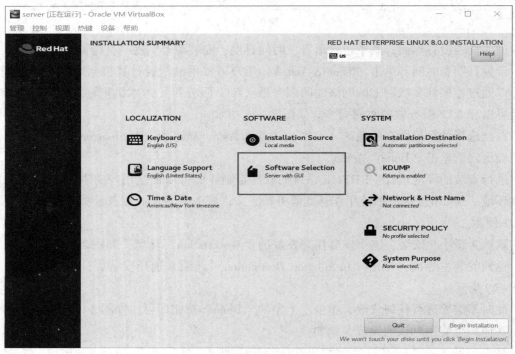

图 2 – 47

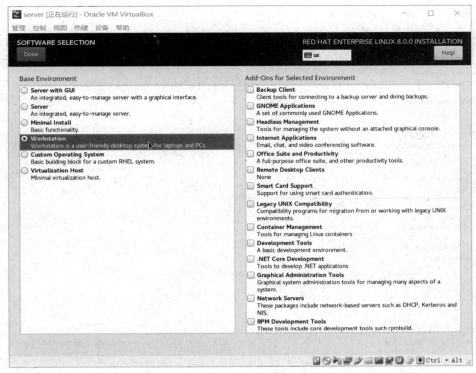

图 2－48

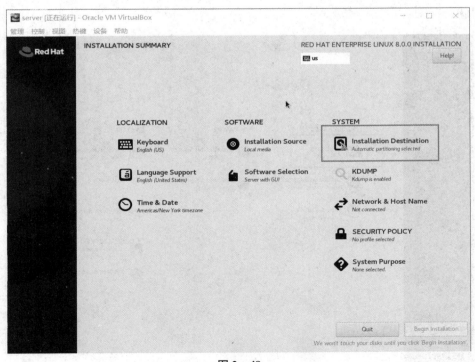

图 2－49

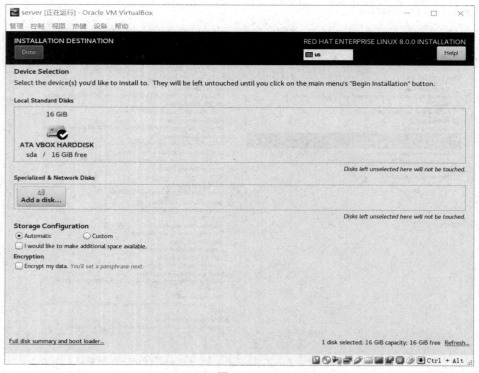

图 2-50

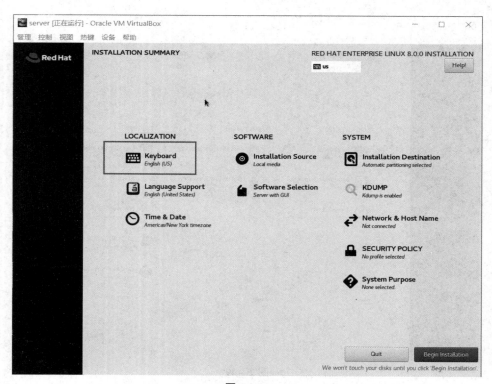

图 2-51

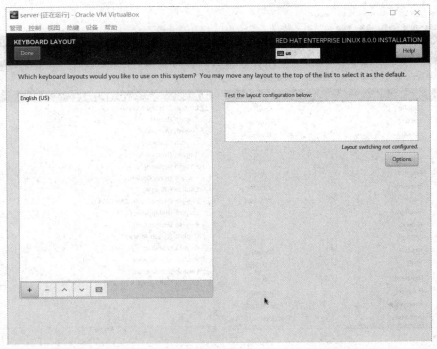

图 2 - 52

语言支持"Language Support"：之前已经设置为"English"，在这里单击进入后，保持默认选项，单击"Done"按钮完成即可，如图 2 - 53 和图 2 - 54 所示。

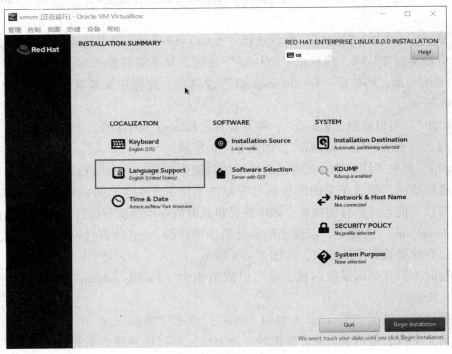

图 2 - 53

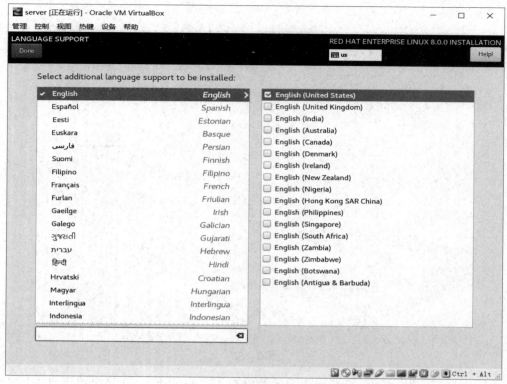

图 2 – 54

如果之前没有在该界面选择"English – English（United States）"，单击"Done"按钮即可。

安装源"Installation Source"：默认选择"Auto – detected installation media"单选项，显示在光盘中检测到安装源，然后单击"Done"按钮。如果安装源来自 Web 服务器、FTP 服务器或 NFS 服务器，则选择"On the network"单选项，并指定安装源的位置，如图 2 – 55 和图 2 – 56 所示。

"KDUMP"：可以启用"Kdump"，并且设置"Kdump"内存的大小。如果系统内存设置得太小，那么将无法启用"Kdump"，如图 2 – 57 所示。

"Kdump"是在系统崩溃、死锁或者死机的时候用来转储内存运行参数的一个工具和服务。如果系统崩溃，那么正常的内核就没有办法工作了，在这个时候将由"Kdump"产生一个用于捕获当前运行信息的内核，该内核会将此时内存中的所有运行状态和数据信息收集到一个"dump core"文件中，以便于用来分析崩溃原因，一旦内存信息收集完成，系统将自动重启。在这里选择默认即可，如图 2 – 58 所示。

如果暂时不打算调试系统内核，也可以取消选中"Enable kdump"复选项，然后单击"Forward"按钮。

指定网络和主机名"Network & Host Name"：单击"Network & Host Name"，指定计算机的主机名，主机名是用来识别计算机的一种方法，所以在网络内不允许出现同名的主机，在此选择默认的即可，如图 2 – 59 所示。

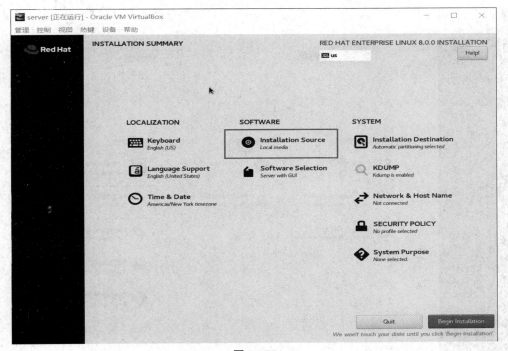

图 2-55

图 2-56

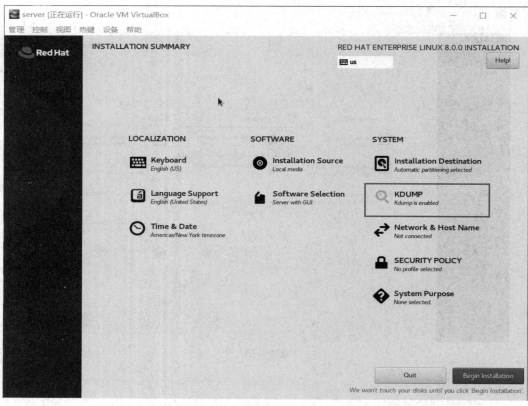

图 2 - 57

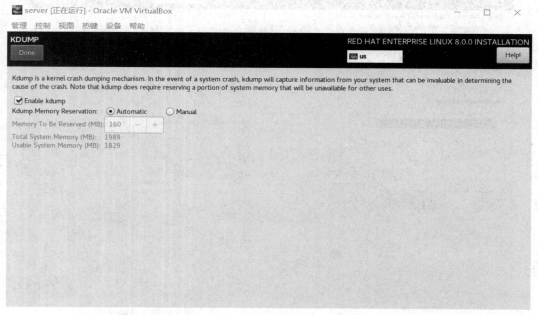

图 2 - 58

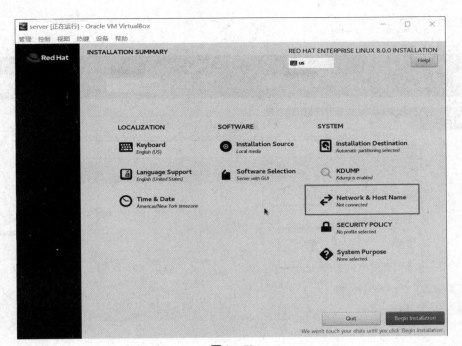

图 2 - 59

在界面中单击"Configure"按钮，将打开配置界面，安装程序会自动检测系统中的网络设备，这里已经搜索到一块网卡，如图 2 - 60 和图 2 - 61 所示。

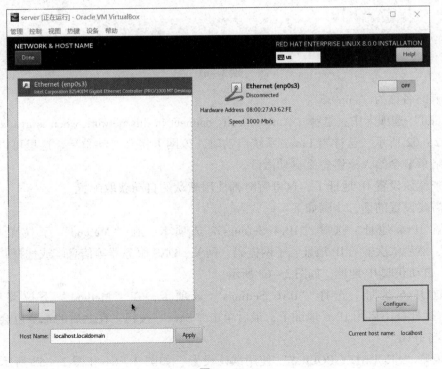

图 2 - 60

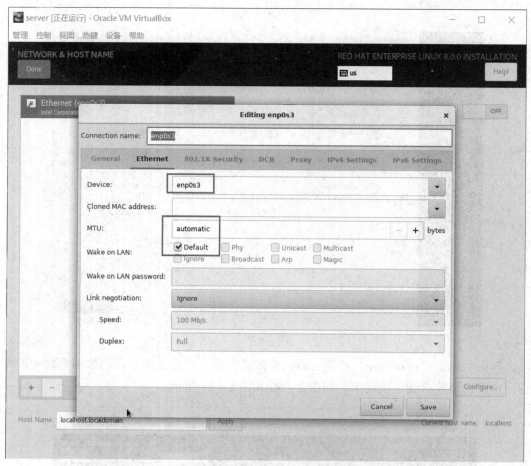

图 2 – 61

该网卡的名称为"enp0s3"。

"General"选项卡中，选择"Automatically connect to this network when is available"复选项，如图 2 – 62 所示。这样当 Linux 系统启动时，该网卡将会自动激活。这里可以先不用选择，到网络章节会给大家讲怎么自动激活。

接下来就该设置 IP 地址了，这里暂时都使用默认的自动获取配置。

如果需要设置的话，步骤如下：

①设置 IPv4 地址。选择"IPv4 Settings"选项卡，在"Method"下拉菜单中选择"Manual"，然后依次输入 IP 地址、子网掩码、网关、DNS 服务器等信息。或选择"Automatic（DHCP）"自动获取 IP 地址，如图 2 – 63 所示。

②设置 IPv6 地址。选择"IPv6 Settings"选项卡，在"Method"下拉菜单中选择"Ignore"，这样就不启用 IPv6 地址了，最后单击"Save"按钮。在之后的章节也会讲到怎样设置 IPv4 与 IPv6。

安全策略"SECURITY POLICY"使用默认设置，如图 2 – 64 和图 2 – 65 所示。如果需要设置，则启用安全策略并选择策略类型。

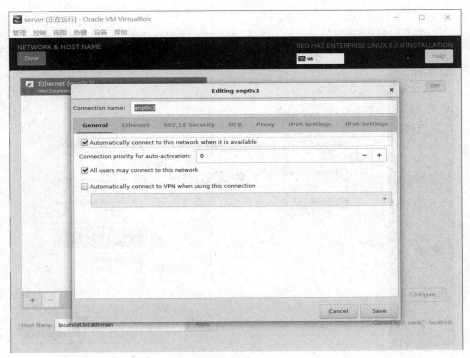

图 2 – 62

图 2 – 63

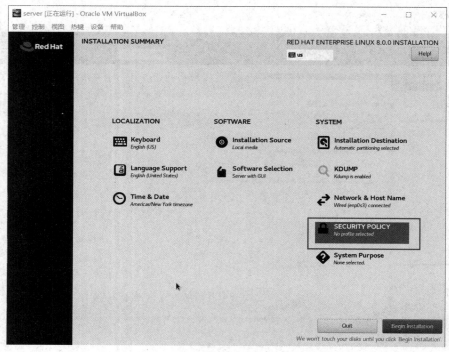

图 2 – 64

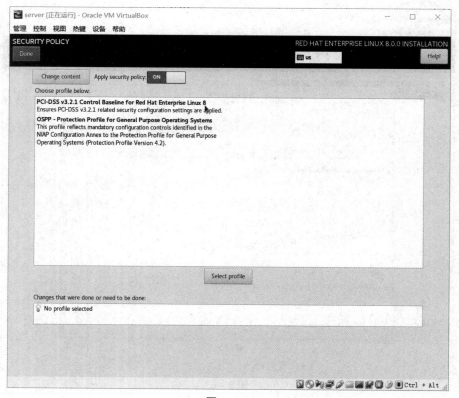

图 2 – 65

上述所有设置成功之后，单击 "Begin Installation" 按钮开始安装，如图 2 – 66 所示。

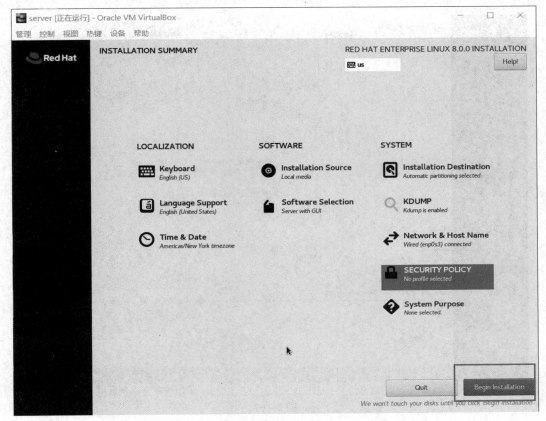

图 2 – 66

安装过程中会显示每一个正在安装的软件包名称。在此需要设置 root 用户密码和创建用户。

提示设置 root 密码和创建用户的界面如图 2 – 67 所示。

分别单击进入进行设置：

设置 root 密码：单击 "Root Password" 进入 root 密码设置界面，root 用户是 Linux 系统中的超级管理员账户。root 密码必须至少包含 6 个字符，输入的密码不会在屏幕上显示，而且密码是区分大小写的。为了教学统一，建议在此设置为 redhat，密码设置好后，单击 "Done" 按钮，如图 2 – 68 所示。

这里需要多说一句，当在虚拟机中做实验时，密码无所谓强弱，但在生产环境中一定要让 root 管理员的密码足够复杂，否则系统将面临严重的安全问题。

创建用户：单击 "User Creation" 按钮进入创建用户界面，在这里可以通过输入全名、用户名和密码创建一个普通用户的账号，也可以将此用户设置为管理员账户。如果不需要创建新的用户账户，可以直接跳过该步骤。

设置用户 student，密码为 student，设置成功之后，单击 "Done" 按钮，如图 2 – 69 所示。

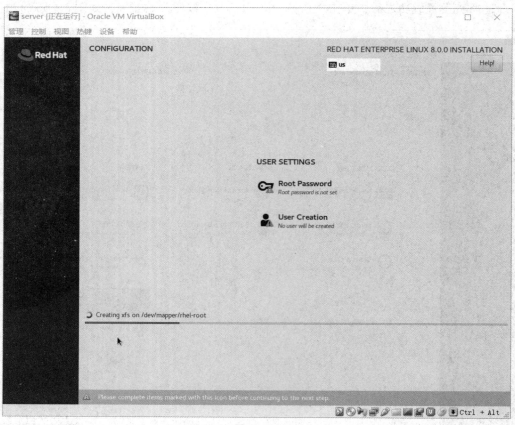

图 2 - 67

图 2 - 68

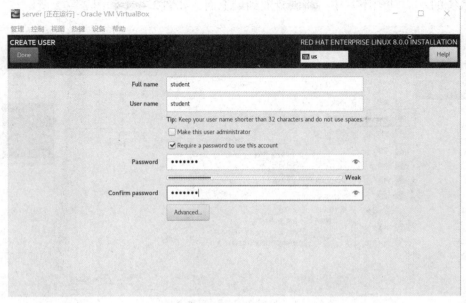

图 2－69

Linux 系统安装过程一般在 30～60 分钟，在安装过程期间耐心等待即可。安装完成后，单击"Reboot"按钮进行重启。

重启时还会进入刚才的安装界面，需要关闭虚拟机之后在 VirtualBox 管理器中对其进行设置，如图 2－70 所示。

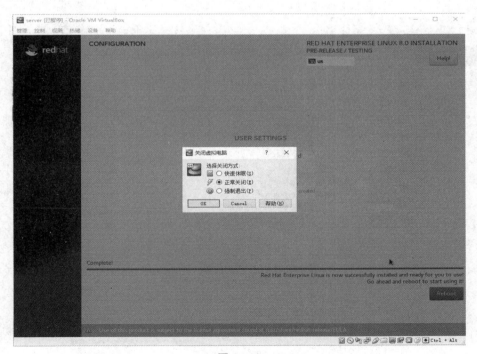

图 2－70

在系统的"启动顺序"中，将硬盘放到最上面，如图 2 – 71 和图 2 – 72 所示。

图 2 – 71

图 2 – 72

　　确认之后单击 "OK" 按钮，再次启动该虚拟机，如图 2 - 73 所示。

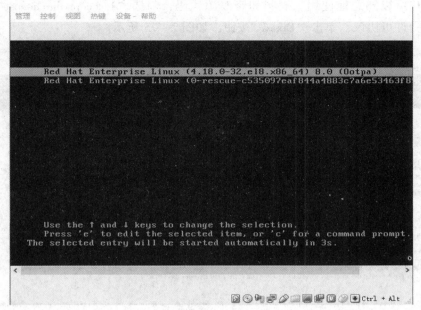

图 2 - 73

　　等待系统启动。首次启动 Linux 系统时，会进入初始化设置 "INITIAL SETUP" 界面，在该界面，用户可以进行一些基本配置，如图 2 - 74 所示。

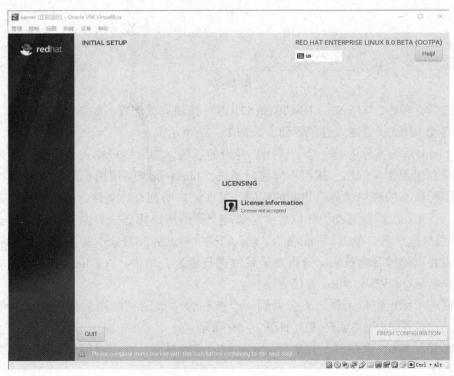

图 2 - 74

单击"License Information",会显示 Linux 系统的许可协议,Linux 中集成的软件包都有许可证,用户可以随意地使用、复制和修改源代码,勾选"I accept the license agreement"复选项,接受许可协议,单击"Done"按钮,如图 2-75 所示。

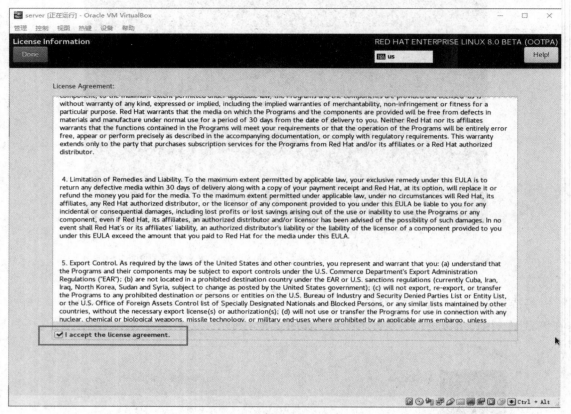

图 2-75

确认之后,单击"FINISH CONFIGURATION"按钮完成配置,如图 2-76 所示。

开始启动 RHEL 8,进入登录界面,如图 2-77 所示。

登录 Linux 系统实际上是一个验证用户身份的过程,如果用户输入了错误的用户账户名或密码,就会出现错误信息,从而不能登录系统。Linux 系统使用用户账户来管理特权和维护安全,不是所有的账户都具有相同的权限,某些账户所拥有的文件访问权限和服务要比其他账户少。当 Linux 系统启动引导以后,会出现上面的图形化登录界面,在该界面会直接显示 student 用户账户名,单击"student",输入密码"student"登录,如图 2-78 所示。

如果需要以超级管理员 root 身份登录系统进行管理,单击"Not listed",在文本框中输入用户账户名 root、密码 redhat 直接登录。

一旦启动了图形窗口系统,就会看到一个被称为"桌面"的图形化界面,登录后的界面为默认的"GNOME"桌面环境,如图 2-79 所示。

第一次登录 Linux 系统时,会出现 gnome 初始设置界面,在该界面中基本不需要进行任何设置。

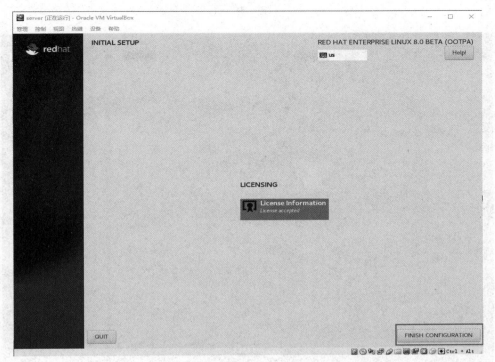

图 2 – 76

图 2 – 77

图 2 – 78

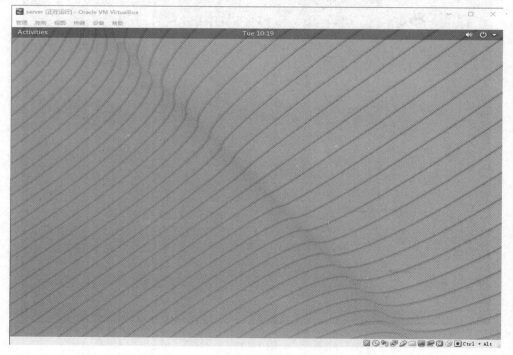

图 2 – 79

登录之后，单击"Activities"→"Show Applications"→"Utilities"→"Terminal"打开终端，如图 2 - 80 和图 2 - 81 所示。

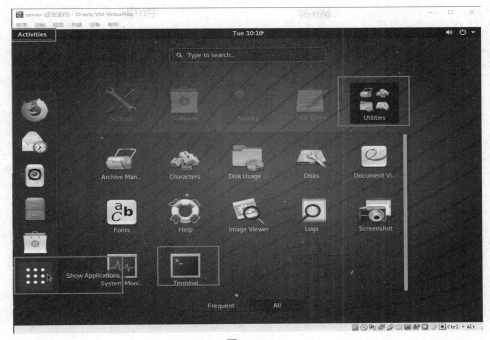

图 2 - 80

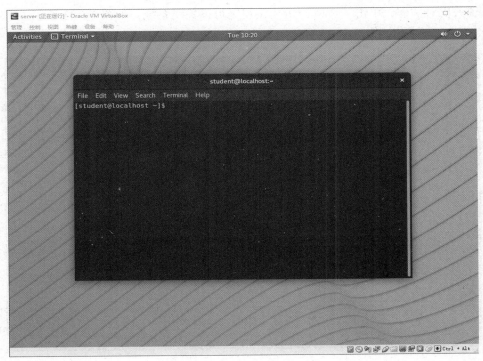

图 2 - 81

如果要注销 Linux 系统，在图形化界面中单击通知区域的"电源"按钮，单击"student"之后，单击"电源"按钮，如图 2 – 82 所示。

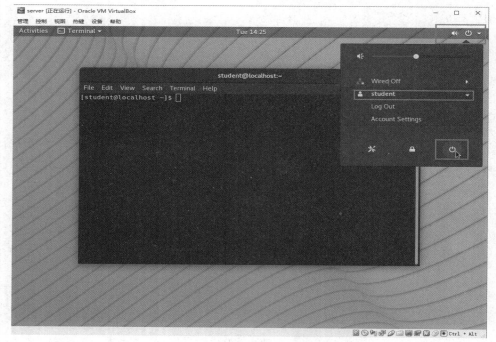

图 2 – 82

出现关机对话框，单击"Power Off"按钮则可以关闭系统，如图 2 – 83 所示。

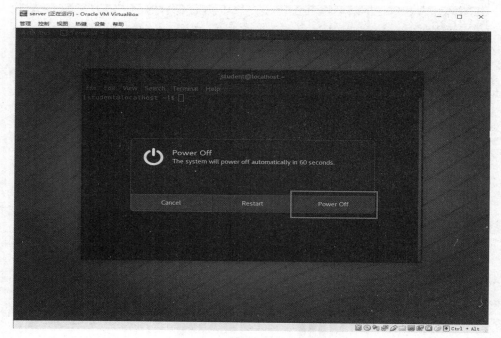

图 2 – 83

也可以在命令行中输入"poweroff"关闭系统，如图 2 – 84 所示。

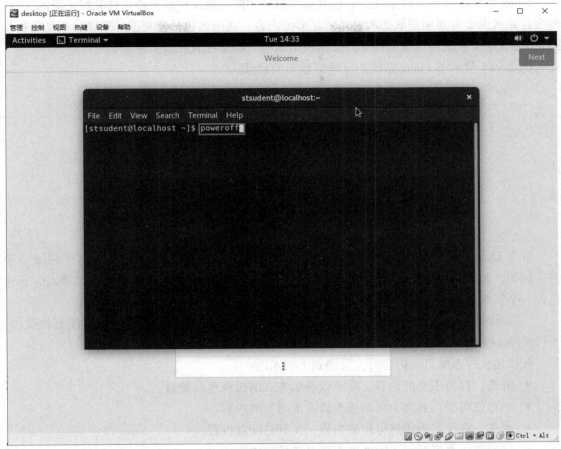

图 2 – 84

任务 2.2 文件系统和目录管理

任务描述

对于每一个 Linux 学习者来说，了解 Linux 文件系统及其目录结构，是学好 Linux 的至关重要的一步，深入了解 Linux 文件系统及目录结构的标准和每个目录的详细功能，对于用好 Linux 系统至关重要。本节内容主要讲解 Linux 文件系统层次结构及 Linux 系统的一些基本操作。通过本节的学习，我们能够识别 Linux 系统上重要目录的用途；使用绝对和相对路径名称指定文件；在 Linux 系统中使用命令对文件和目录进行操作，其中包含对文件和目录的创建、复制、移动、删除等操作。

2.2.1 Linux 文件系统层次结构

Linux 系统中所有文件都存储在文件系统中，文件被组织到一棵颠倒的目录树中，树根在该层次结构的顶部，树根的下方衍生出子目录分支，称为文件系统层次结构。

Linux 系统都有根文件系统，它包含系统引导和使其他文件系统得以挂载所必需的文件，根文件系统需要有单用户状态所必需的足够的内容，还应该包括修复损坏系统、恢复备份等的工具。Linux 系统的目录结构是分层的树形结构，都是挂载在根文件系统"/"下。

图 2 – 85 显示了 Linux 系统中一些最重要的目录。

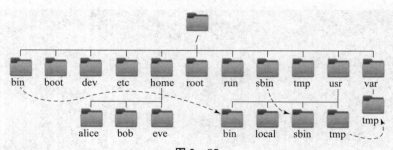

图 2 – 85

"/"目录是根目录，位于文件系统层次结构的顶部，/字符还用作文件名中目录分隔符。例如，如果 etc 是"/"目录的子目录，就把它称为/etc 目录。类似地，如果/etc 目录包含一个名为 hosts 的文件，将该文件指代为/etc/hosts。

"/"的子目录用于标准化的用途，以便根据文件和用途组织文件，可以方便查找文件，子目录/boot 用于存储启动系统所需的文件。

在描述文件系统目录内容时，会遇到下列术语：

- 静态：保持不变的内容，除非以显示方式编辑或重新配置。
- 动态或可变：通常由活动进程修改或附加的内容。
- 永久：在重启后仍然保留的内容，尤其是配置设置。
- 运行时：重启期间清除的进程或系统特定内容或属性。

1. 基本文件类型

Linux 有四种基本文件系统类型：普通文件、目录文件、连接文件和特殊文件，可用 file 命令来识别。

1）普通文件

如文本文件、C 语言元代码、shell 脚本、二进制的可执行文件等，可用 cat、less、more、vi、emacs 来查看内容，用 mv 来改名。

2）目录文件

包括文件名、子目录名及其指针。它是 Linux 储存文件名的唯一地方，可用 ls 列出目录文件。

3）连接文件

连接文件是指向同一索引节点的那些目录条目。用 ls 来查看时，连接文件的标志用 l 开头，而文件面后以"—>"指向所连接的文件。

4）特殊文件

Linux 的一些设备如磁盘、终端、打印机等都在文件系统中表示出来，则一类文件就是特殊文件，常放在/dev 目录内。例如，软驱 A 称为/dev/fd0。Linux 无 "C:" 的概念，而是用/dev/hda 来表示第一块硬盘。

表2－2 列出了 Linux 系统中常见的目录结构。

表2－2

位置	目的
/	Linux 的根目录是系统最重要的一个目录，因为所有的目录都是从根目录下衍生而来的，由它组成一个庞大的文件系统
/usr	安装的软件、共享的库，包含文件和静态只读程序。重要的子目录有：/usr/bin：用户命令；/usr/sbin：系统管理命令；/usr/local：本地自定义软件
/etc	特定于此系统的配置文件
/var	特定于此系统的可变数据，在系统启动之间保持永久性。动态变化的文件（如数据库、缓存目录、日志文件、打印机后台处理文件和网站内容）可以在/var 下找到
/run	自上一次系统启动以来，启动进程的运行数据，包括进程 ID 文件和锁定文件。此目录中的内容在重启时重新创建
/home	普通用户存储其个人数据和配置文件的主目录
/root	管理超级用户 root 的主目录
/tmp	供临时文件使用的全局可写空间。10 天内未访问、未更改的文件将自动从该目录中删除。还有一个临时目录/var/tmp，该目录中的文件如果在 30 天内未访问、未更改，将被自动删除
/boot	开始启动过程所需文件
/dev	包含特殊的设备文件，用于访问硬件，比如磁盘、光驱等
/lib	为系统启动或根文件系统上的应用程序（/bin、/sbin）提供共享库，以及为内核提供内核模块
/mnt	其他文件系统的临时挂载点
/opt	附加应用程序的安装位置，包含某些第三方应用程序的安装文件
/srv	当前主机为服务器提供的数据文件存放的目录
/bin	包含常用的命令文件，不能包含子目录
/sbin	包含系统管理员和 root 用户所使用的命令文件
/media	由系统自动为某些设备（一般为光盘、U 盘等设备）挂载提供挂载目录
/run	一个临时文件系统，一些程序或服务启动以后，会将它们的 PID 放置在该目录中
/sys	在 Linux 系统提供热插拔能力的同时，该目录包含所检测到的硬件设置，它们被转换成/dev 目录中的设备文件

位置	目的
/proc	是一个虚拟的文件系统，它不存在于磁盘上，而是由内核在内存中产生，用于提供系统的相关信息。 下面说明在/proc 目录下的一些最重要的文件。 /proc/cpuinfo：该文件保存计算机 CPU 信息。 /proc/filesystems：该文件保存 Linux 文件系统信息。 /proc/ioports：该文件保存计算机 I/O 端口号信息。 /proc/version：该文件保存 Linux 系统版本信息。 /proc/meminfo：该文件保存计算机内存信息

2. 绝对路径和相对路径

文件或目录的路径指定其唯一的文件系统位置。跟随文件路径会遍历一个或多个指定的子目录，用正斜杠"/"分隔，直到到达目标位置。与其他文件类型相同，标准的文件行为定义也适用于目录（也称为文件夹）。

Linux 操作系统中存在着两种路径：绝对路径和相对路径。在访问文件或文件夹的时候，其实都是通过路径来操作的。两种路径在实际操作中能起到同等的作用。

1）绝对路径

绝对路径指的是从根目录"/"开始写起的文件或目录名称，是完全限定的名称。系统中的所有文件路径构成一棵树。你在查找一个文件的过程，其实就是在遍历一棵树，你想要的那个文件就是树上的一个节点，从树根到当前节点的遍历就是一条路径。如果你无论查找什么文件都从树根开始，那么最终找到目标文件所遍历的路径就是绝对路径。例如，系统消息日志文件的绝对路径名是/var/log/messages。绝对路径名可能会太长而不方便键入，所以文件也可以通过相对路径查找。

当用户登录并打开命令窗口时，初始位置通常是该用户的主目录。系统进程也有初始目录。用户和进程需要导航至其他目录，术语工作目录或当前工作目录指它们当前的位置。

2）相对路径

与绝对路径一样，相对路径也标识唯一文件，仅指定从工作目录到达该文件所需的路径，是相对于当前路径的写法。位于/var 目录的用户可以将消息日志文件相对指代为log/messages。

来看下面这个例子，以帮助大家理解。你如有位外国游客来到中国潘家园旅游，正好内急，但是找不到洗手间，特意向你问路，你有两种正确的指路方法。

绝对路径（absolute path）：首先坐飞机来到中国，到了北京出首都机场坐机场快轨到三元桥，然后换乘 10 号线到潘家园站，出站后坐 34 路公交车到农光里，下车后路口左转。

相对路径（relative path）：前面路口左转。

这两种方法都正确。如果你说的是绝对路径，那么任何一位外国游客都可以按照这个提示找到潘家园的洗手间，但是太烦琐了。如果你说的是相对路径，虽然表达很简练，但是这位外国游客只能从当前位置（不一定是潘家园）出发找到洗手间，因此并不能保证在前面的路口左转后可以找到洗手间，由此可见，相对路径不具备普适性。

如果各位读者现在还是不能理解相对路径和绝对路径的区别，也不要着急，以后通过实践练习肯定可以彻底明白。

对于标准的 Linux 文件系统，文件路径名长度（包含所有"/"字符）不可超过 4 095 字节，路径名中通过"/"字符隔开的每一部分的长度不可超过 255 字节。文件名可以使用任何 UTF－8 编码的"Unicode"字符，但"/"和"NULL"字符除外。

2.2.2 ls：列出目录和文件信息

ls 是英文单词 list 的简写，其功能为列出目录的内容。这是用户最常用的一个命令之一，因为用户需要时常查看某个目录的内容。该命令类似于 DOS 下的 dir 命令。使用 ls 命令，对于目录而言，将列出其中的所有子目录与文件信息；对于文件而言，将输出其文件名以及所要求的其他信息。

命令语法：ls[选项][目录|文件]

对于每个目录，该命令将列出其中的所有子目录与文件；对于每个文件，ls 将输出其文件名以及所要求的其他信息。默认情况下，输出条目按字母顺序排序。当未给出目录名或是文件名时，就显示当前目录的信息。

ls 命令选项及含义见表 2－3。

表 2－3

选项	选项含义
－a	显示指定目录下所有子目录与文件，包括隐藏文件
－A	显示指定目录下所有子目录与文件，包括隐藏文件，但不列出"."和".."
－b	对文件名中的不可显示字符用八进制字符显示
－c	按文件的修改时间排序
－C	分成多列显示各项
－d	如果参数是目录，则只显示其名称而不显示其下的各文件
－F	显示文件类型：在目录名后面标记"/"，在可执行文件后面标记"＊"，在符号链接后面标记"@"，在管道（或 FIFO）后面标记"｜"，在 socket 文件后面标记"＝"
－i	在输出的第一列显示文件的 i 节点号
－l	以长格式来显示文件的详细信息。这个选项最常用
－L	若指定的名称为一个符号链接文件，则显示链接所指向的文件
－m	按字符流格式输出，文件跨页显示，以逗号分开

选项	选项含义
– n	输出格式与 – l 选项相同，只不过在输出中文件属主和属组是用相应的 UID 号和 GID 号来表示的，而不是实际的名称
– o	与 – l 选项相同，只是不显示拥有者信息
– p	在目录后面加一个 "/"
– q	将文件名中的不可显示字符用 "?" 代替
– r	按字母逆序或最早优先的顺序显示输出结果
– R	递归式地显示指定目录的各个子目录中的文件
– s	给出每个目录项所用的块数，包括间接块
– S	根据文件大小排序
– t	显示时按修改时间（最近优先）而不是按名字排序。若文件修改时间相同，则按字典顺序。修改时间取决于是否使用了 c 或 u 选项。缺省的时间标记是最后一次修改时间
– u	显示时按文件上次存取的时间（最近优先）而不是按名字排序。即将 – t 的时间标记修改为最后一次访问的时间
– x	按行显示出各排序项的信息

ls 命令具有多个选项。ls 命令常见且有用的选项是 – l（长列表格式）、– a（包含隐藏文件在内的所有文件）以及 – R（递归方式，包含所有子目录的内容）。

示例：

显示当前目录下所有文件和子目录的详细信息。

```
[student@localhost ~] $ ls – l
total 0
drwx ------- .2 student student 6 Feb 19 10:13 Desktop
drwx ------- .2 student student 6 Feb 19 10:13 Documents
drwx ------- .2 student student 6 Feb 19 10:13 Downloads
drwx ------- .2 student student 6 Feb 19 10:13 Music
drwx ------- .2 student student 6 Feb 19 10:13 Pictures
drwx ------- .2 student student 6 Feb 19 10:13 Public
drwx ------- .2 student student 6 Feb 19 10:13 Templates
drwx ------- .2 student student 6 Feb 19 10:13 Videos
[student@localhost ~] $
```

显示当前目录下所有文件和子目录的详细信息，包括隐藏文件。

```
[student@localhost ~]$ ls -la
total 28
drwx------. 15 student student 4096 Feb 20 09:28 .
drwxr-xr-x. 3 root      root      21 Feb 19 09:32 ..
-rw-------.1 student student  207 Feb 20 10:04 .bash_history
-rw-r--r--.1 student student   18 Oct 13 05:56 .bash_logout
-rw-r--r--.1 student student  141 Oct 13 05:56 .bash_profile
-rw-r--r--.1 student student  312 Oct 13 05:56 .bashrc
drwx------. 12 student student  270 Feb 20 09:45 .cache
drwx------. 13 student student  250 Feb 19 10:15 .config
drwx------.2 student student    6 Feb 19 10:13 Desktop
drwx------.2 student student    6 Feb 19 10:13 Documents
drwx------.2 student student    6 Feb 19 10:13 Downloads
-rw-------.1 student student   16 Feb 19 10:13 .esd_auth
-rw-------.1 student student 1240 Feb 20 09:28 .ICEauthority
drwx------.3 student student   19 Feb 19 10:13 .local
drwxr-xr-x.6 student student   81 Feb 19 10:18 .mozilla
drwx------.2 student student    6 Feb 19 10:13 Music
drwx------.2 student student    6 Feb 19 10:13 Pictures
drwx------.3 student student   19 Feb 19 10:13 .pki
```

列表顶部的两个特殊目录是当前目录"."和父目录".."。这些特殊目录存在于系统中的每一目录。练习文件管理命令时，其作用就会变得显而易见。

列表中每行列出的信息依次是：文件类型与权限、链接数、文件所属人、文件所属组、文件大小、建立或最近修改的时间、文件名。详细信息见表 2-4。

表 2-4

列数	描述
第 1 列	第 1 个字符表示文件的类型 第 2~4 个字符表示文件的用户所有者对此文件的访问权限 第 5~7 个字符表示文件的组群所有者对此文件的访问权限 第 8~10 个字符表示其他用户对此文件的访问权限
第 2 列	文件的链接数
第 3 列	文件的用户所有者
第 4 列	文件的组群所有者
第 5 列	文件长度（也就是文件大小，不是文件的磁盘占用量）
第 6~8 列	文件的更改时间（mtime），或者是文件的最后访问时间（atime）
第 9 列	文件名称

对于符号链接文件，显示的文件名之后有"—>"和引用文件路径名。

对于设备文件，其"文件大小"字段显示主、次设备号，而不是文件大小。

目录中的总块数显示在长格式列表的开头，其中包含间接块。

递归式地显示当前目录下各个子目录中的文件。

```
[student@localhost ~]$ ls -R
.:
Desktop Documents Downloads Music Pictures Public Templates Videos

./Desktop:

./Documents:
chapter1.txt chapter2.txt chapter3.txt

./Downloads:

./Music:

./Pictures:

./Public:

./Templates:
```

显示目录/var 下文件和子目录的简单信息。

```
[student@localhost ~]$ ls /var
account  cache   db    ftp    gopher    lib   lock  mail  opt         run    tmp
adm          crash empty games kerberos local  log  nis   preserve spool yp
[student@localhost ~]$
```

显示/etc 目录下的文件和子目录信息，用标记标出文件类型。

```
[student@localhost ~]$ ls -F /etc
adjtime                      hosts.allow              protocols
aliases                      hosts.deny               pulse/
alsa/                        hp/                      purple/
alternatives/                idmapd.conf              qemu-ga/
.....
highlight/                   prelink.conf.d/          xml/
host.conf                    printcap                 yum/
hostname                     profile                  yum.conf@
hosts                        profile.d/               yum.repos.d/
[student@localhost ~]$
```

2.2.3 pwd：显示工作目录路径

pwd 命令是 "print working directory" 首字母缩写，显示当前位置的完整路径名。这有助于决定使用相对路径名到达文件所需的相应语法。ls 命令列出指定目录的目录内容，如果未指定目录，则列出当前目录的内容。

命令语法：pwd［选项］

pwd 命令选项及含义见表 2 – 5。

表 2 – 5

选项	选项含义
– L	目录链接（目录快捷方式）时，输出链接路径
– P	输出物理路径

说明：当一个目录有链接文件时，pwd 输出当前路径。

显示用户当前工作目录路径。

```
[student@localhost ~] $ pwd
/home/student
[student@localhost ~] $ ls
Desktop  Documents  Downloads  Music  Pictures  Public  Templates  Videos
```

2.2.4　cd：切换工作目录路径

cd 命令是"change directory"首字母缩写，该命令用于在 Linux 中切换工作目录。使用 cd 命令可以切换用户的工作目录路径。工作目录路径可以使用绝对路径名或相对路径名，绝对路径从"/（根目录）"开始，然后循序到所需的目录下，相对路径从当前目录开始。

命令语法：cd［选项］［目录］

命令中各选项的含义见表 2 – 6。

表 2 – 6

选项	选项含义
– P	如果是链接路径，则进入链接路径的源物理路径

更改用户工作目录路径为/var。

```
[student@localhost ~] $ cd /var
[student@localhost var] $ pwd
/var
[student@localhost var] $
```

切换用户工作目录路径位置至当前目录的父目录。

```
[student@localhost var] $ pwd
/var
[student@localhost var] $ cd ..
[student@localhost /] $ pwd
/
[student@localhost /] $
```

更改用户工作目录路径位置为用户主目录。

```
[student@localhost /]$ pwd
/
[student@localhost /]$ cd
[student@localhost ~]$ pwd
/home/student
[student@localhost ~]$
```

当工作目录为/home/student 时，到达 Videos 子目录相对路径语法最短，然后使用绝对路径语法到达 Documents 子目录。

```
[student@localhost ~]$ pwd
/home/student
[student@localhost ~]$ cd Videos/
[student@localhost Videos]$ pwd
/home/student/Videos
[student@localhost Videos]$ cd /home/student/Documents/
[student@localhost Documents]$ pwd
/home/student/Documents
[student@localhost Documents]$ cd
[student@localhost ~]$ pwd
/home/student
[student@localhost ~]$
```

cd 命令结合各种符号使用方法如下所示。

- cd：不跟任何对象的情况下，默认进入用户主目录。
- cd ~：进入用户主目录。
- cd -：返回进入此目录之前所在的目录。
- cd..：返回上级目录（若当前目录为"/"，则执行完后还在"/"）。
- cd../..：返回上两级目录。

示例 1：

```
[student@localhost ~]$ cd Videos/
[student@localhost Videos]$ pwd
/home/student/Videos
[student@localhost Videos]$ cd /home/student/Documents/
[student@localhost Documents]$ pwd
/home/student/Documents
[student@localhost Documents]$ cd -
/home/student/Videos
[student@localhost Videos]$ pwd
/home/student/Videos
[student@localhost Videos]$ cd -
/home/student/Documents
```

```
[student@localhost Documents] $ pwd
/home/student/Documents
[student@localhost Documents] $ cd -
/home/student/Videos
[student@localhost Videos] $ pwd
/home/student/Videos
[student@localhost Videos] $ cd
[student@localhost ~] $
```

示例 2：

```
[student@localhost Videos] $ pwd
/home/student/Videos
[student@localhost Videos] $ cd
[student@localhost ~] $ cd -
/home/student/Videos
[student@localhost Videos] $ pwd
/home/student/Videos
[student@localhost Videos] $ cd .
[student@localhost Videos] $ pwd
/home/student/Videos
[student@localhost Videos] $ cd ..
[student@localhost ~] $ pwd
/home/student
[student@localhost ~] $ cd ..
[student@localhost home] $ pwd
/home
[student@localhost home] $ cd ..
[student@localhost /] $ pwd
/
[student@localhost /] $ cd
[student@localhost ~] $ pwd
/home/student
[student@localhost ~] $
```

2.2.5　touch：创建空文件、更改文件时间

touch 并不是用来创建新文件的，创建文件是 touch 命令的一个特殊情况，touch 用来对已经存在文件的时间进行修改，比如存取时间（access time）、修改时间（modification time）。对不存在的文件，创建新的空白文件，并以当前的时间来设置文件的访问和修改时间。

命令语法：touch［选项］［文件］

touch 命令中各选项的含义见表 2 - 7。

表 2 – 7

短选项	长选项	含义
– a	– – time = atime 或 – – time = access 或 – – time = use	只更改存取时间
– m	– – time = mtime	只更改变动时间
– d TIME	– – date = 字符串	设定时间与日期，可以使用各种不同的格式
– t STAMP		设定时间戳。STAMP 是十进制数：[[CC]YY]MMDDhhmm[.ss]。 CC 为年数中的前两位，即"世纪数"；YY 为年数的后两位，即某世纪中的年数。如果不给出 CC 的值，则 touch 将把年数 CCYY 限定在 1969 ~ 2068 之内。 MM 为月数，DD 为天数，hh 为小时数（几点），mm 为分钟数，ss 为秒数。此处秒的设定范围是 0 ~ 61，这样可以处理闰秒。 这些数字组成的时间是环境变量 TZ 指定的时区中的一个时间。由于系统的限制，早于 1970 年 1 月 1 日的时间是错误的
– r FILE		把指定文档或目录的日期时间统统设成和参考文档或目录的日期时间相同
– c	– – no – create	不建立任何文档

Linux 的多个 time 属性：

①access time 是文档最后一次被读取的时间，因此，阅读一个文档会更新它的 access 时间，但它的 modify 时间和 change 时间并没有变化。cat、more、less、grep、sed、tail、head 命令都会修改文件的 access 时间。

②change time 是文档的索引节点（inode）发生了改变（比如位置、用户属性、组属性等）。chmod、chown、create、mv 等动作会将 Linux 文件的 change time 修改为系统当前时间。

③modify time 是文本本身的内容发生了变化。ls 命令看到的是 modify time（文档的 modify time 也叫时间戳（timestamp））。用 vi 等工具编辑一个文件保存后，modify time 会被修改。

在 Documents 目录中创建空文件 chapter1. txt、chapter2. txt。

```
[student@localhost ~]$ ls -l Documents/
total 0
[student@localhost ~]$ touch Documents/chapter1.txt
[student@localhost ~]$ touch Documents/chapter2.txt
[student@localhost ~]$ ls -l Documents/
```

```
total 0
- rw - rw - r - - . 1 student student 0 Feb 20 15:52 chapter1.txt
- rw - rw - r - - . 1 student student 0 Feb 20 15:52 chapter2.txt
[student@localhost ~] $
```

将 Documents 目录中文件 chapter1. txt 的时间记录改为 1 月 17 日 19 点 30 分。

```
[student@localhost ~] $ ls - l Documents/
total 0
- rw - rw - r - - . 1 student student 0 Feb 20 15:52 chapter1.txt
- rw - rw - r - - . 1 student student 0 Feb 20 15:52 chapter2.txt
[student@localhost ~] $ touch - c - t 01171930 Documents/chapter1.txt
[student@localhost ~] $ ls - l Documents/
total 0
- rw - rw - r - - . 1 student student 0 Jan 17 19:30 chapter1.txt
- rw - rw - r - - . 1 student student 0 Feb 20 15:52 chapter2.txt
[student@localhost ~] $
```

时间格式 MMDDhhmm 是指月（MM）、日（DD）、时（hh）、分（mm）的组合。如果还要加上年份，那么就是 YYYYMMDDhhmm，比如 2019 年 1 月 17 日 19 点 30 分可使用 201901171930 表示。

2.2.6　mkdir：创建目录

mkdir 命令是"make directory"（创建目录）的意思，用于创建一个或多个目录或子目录，要求创建目录的用户在当前目录中具有写权限（由于权限原因，有些用户不具备写权限），如果目录名已经存在，或者尝试在不存在的父目录中创建目录，将生成错误。

命令语法：mkdir[选项][目录]

mkdir 命令中各选项的含义见表 2 – 8。

表 2 – 8

短选项	长选项	含义
– m	– – mode	对新创建的目录设置权限，在没有 – m 选项时，默认权限是 755。设定权限 <模式>（类似于 chmod），而不是 rwxrwxrwx 减 umask 值
– p	– – parents	递归创建目录。可以是一个路径名称。此时若路径中的某些目录尚不存在，加上此选项后，系统将自动创建那些尚不存在的目录，即一次可以建立多个目录
– v	– – verbose	每次创建新目录都显示信息

尝试使用 mkdir 在现有的 Pictures 目录中创建名为 baby 的子目录，但是却写错目录名称。

```
[student@localhost ~] $ mkdir Picture/baby
mkdir:cannot create directory 'Picture/baby':No such file or directory
[student@localhost ~] $
```

mkdir 运行失败，因为 Pictures 拼写错误，而且目录 Picture 也不存在。假如将 mkdir 与
－p 选项结合使用，则不会出现错误，而且会同时得到两个目录（Pictures 和 Picture），同时
会在错误的位置中创建子目录 baby。

最后一个 mkdir 命令创建了三个 classN 子目录。－p 父级选项创建了缺少的父目录
wingcloud。

```
[student@localhost ~] $ cd Documents/
[student@localhost Documents] $ mkdir wingcloud1 wingcloud2
[student@localhost Documents] $ mkdir －p wingcloud/class1 wingcloud/class2 wingcloud/clas
s3
[student@localhost Documents] $ cd
[student@localhost ~] $ ls －R Pictures Documents/
Documents/:
wingcloud  wingcloud1  wingcloud2

Documents/wingcloud:
class1  class2  class3

Documents/wingcloud/class1:

Documents/wingcloud/class2:

Documents/wingcloud/class3:

Documents/wingcloud1:

Documents/wingcloud2:

Pictures:
baby

Pictures/baby:
[student@localhost ~] $
```

2. 2. 7　rmdir：删除空目录

rmdir 命令是 "remove directory"（删除目录）的意思，使用 rmdir 命令可以在 Linux 系统
中仅删除空目录。删除某目录时，也必须具有对父目录的写权限。删除的目录无法取消删除。

命令语法：rmdir［选项］［目录］

rmdir 命令中各选项的含义见表 2－9。

表 2 – 9

短选项	长选项	含义
– p	– – parents	递归删除目录，当子目录删除后，其父目录为空时，也一同被删除
– v	– – verbose	输出处理的目录详情

rmdir 不能删除非空目录。

```
[student@localhost Documents]$ pwd
/home/student/Documents
[student@localhost Documents]$ ls
chapter1.txt  chapter2.txt  wingcloud  wingcloud1  wingcloud2
[student@localhost Documents]$ rmdir wingcloud
rmdir:failed to remove'wingcloud':Directory not empty
[student@localhost Documents]$ rmdir wingcloud1
[student@localhost Documents]$ ls
chapter1.txt  chapter2.txt  wingcloud  wingcloud2
[student@localhost Documents]$
```

rmdir 未能删除非空目录 wingcloud。

2.2.8　cp：复制文件和内容

cp 命令是"copy"（复制）的意思，用于复制文件和目录到其他目录中。如果同时指定两个以上的文件或目录，并且最后的目的地是一个已经存在的目录，则它会把前面指定的所有文件或目录复制到该目录中。若同时指定多个文件或目录，而最后的目的地并非是一个已存在的目录，则会出现错误信息。

命令语法：cp[选项][源文件│目录][目标文件│目录]

大家对文件复制操作应该不陌生，在 Linux 系统中，复制操作具体分为 3 种情况：

- 如果目标文件是目录，则会把源文件复制到该目录中。
- 如果目标文件是已经存在的普通文件，则会询问是否要覆盖它。
- 如果目标文件不存在，则执行正常的复制操作。

cp 命令中各选项的含义见表 2 – 10。

表 2 – 10

短选项	长选项	含义
– d		复制时保留链接。如果源文件为软链接（对硬链接无效），则复制出的目标文件也为软链接
– f	– – force	在覆盖目标文件之前，不给出提示信息要求用户确认
– i	– – interactive	和 – f 选项相反，在覆盖目标文件之前将给出提示信息，要求用户确认

短选项	长选项	含义
– p	–– preserve	除复制源文件的内容外，还把其修改时间和访问权限也复制到新文件中
– l	–– link	不做复制，只是链接文件。把目标文件建立为源文件的硬链接文件，而不是复制源文件
– r	–– recursive	如果给出的源文件是一个目录文件，将递归复制该目录下所有的子目录和文件。此时目标必须为一个目录名
– a	–– archive	在复制目录时保留链接、文件属性，并递归地复制目录，等同于 – dpr 选项

cp 的语法允许将一个现有文件复制为当前或另一个目录中的一个新文件，或者将多个文件复制到另一目录中。

```
[student@localhost Documents] $ pwd
/home/student/Documents
[student@localhost Documents] $ ls
chapter1.txt  chapter2.txt  wingcloud  wingcloud2
[student@localhost Documents] $ cp chapter1.txt chapter3.txt
[student@localhost Documents] $ ls – l
total 0
– rw – rw – r – – . 1 student student   0 Jan 17 19:30 chapter1.txt
– rw – rw – r – – . 1 student student   0 Feb 20 15:52 chapter2.txt
– rw – rw – r – – . 1 student student   0 Feb 20 17:16 chapter3.txt
drwxrwxr – x. 5 student student  48 Feb 20 16:27 wingcloud
drwxrwxr – x. 2 student student   6 Feb 20 16:26 wingcloud2
[student@localhost Documents] $
```

在通过一个命令复制多个文件时，最后一个参数必须为目录。复制的文件在新的目录中保留其原有名称。目标位置上存在的冲突文件名可能会被覆盖。为了防止用户意外覆盖带有内容的目录，多文件 cp 命令将忽略指定为来源的目录。复制带有内容的非空目录要求使用 – r 递归选项。

```
[student@localhost Documents] $ pwd
/home/student/Documents
[student@localhost Documents] $ ls
chapter1.txt  chapter2.txt  chapter3.txt  wingcloud wingcloud2
[student@localhost Documents] $ ls – l wingcloud2
total 0
[student@localhost Documents] $ cp chapter1.txt chapter2.txt wingcloud wingcloud2
cp: – r not specified;omitting directory 'wingcloud'
[student@localhost Documents] $ ls – l wingcloud2
total 0
```

在 cp chapter1. txt 命令中，wingcloud 未能被复制，但 chapter1. txt 和 chapter2. txt 复制成功。提示：需要使用 –r 选项。

使用 –r 递归选项时，复制 wingcloud 成功。

```
[student@localhost Documents] $ cp –r wingcloud wingcloud2
[student@localhost Documents] $ ls –lR wingcloud2
wingcloud2:
total 0
–rw–rw–r––. 1 student student  0 Feb 20 17:33 chapter1.txt
–rw–rw–r––. 1 student student  0 Feb 20 17:33 chapter2.txt
drwxrwxr–x. 5 student student 48 Feb 20 17:33 wingcloud

wingcloud2/wingcloud:
total 0
drwxrwxr–x. 2 student student 6 Feb 20 17:33 class1
drwxrwxr–x. 2 student student 6 Feb 20 17:33 class2
drwxrwxr–x. 2 student student 6 Feb 20 17:33 class3

wingcloud2/wingcloud/class1:
total 0

wingcloud2/wingcloud/class2:
total 0

wingcloud2/wingcloud/class3:
total 0
[student@localhost Documents] $ total 0
–rw–rw–r––. 1 student student  0 Feb 20 17:33 chapter1.txt
–rw–rw–r––. 1 student student  0 Feb 20 17:33 chapter2.txt
drwxrwxr–x. 5 student student 48 Feb 20 17:33 wingcloud

wingcloud2/wingcloud:
total 0
drwxrwxr–x. 2 student student 6 Feb 20 17:33 class1
drwxrwxr–x. 2 student student 6 Feb 20 17:33 class2
drwxrwxr–x. 2 student student 6 Feb 20 17:33 class3

wingcloud2/wingcloud/class1:
total 0

wingcloud2/wingcloud/class2:
total 0

wingcloud2/wingcloud/class3:
total 0
[student@localhost Documents] $
```

2.2.9　mv：文件和目录的改名、移动文件和目录路径

　　mv 命令是"move"（移动）的意思，用于对文件和目录更改名称以及移动文件和目录的路径。即用于剪切文件或将文件重命名，剪切操作不同于复制操作，因为它会默认把源文件删除掉，只保留剪切后的文件。如果在同一个目录中对一个文件进行剪切操作，其实也就是对其进行重命名。移动大型文件所需的时间可能会明显较长。

　　第一个 mv 命令是重命名文件的示例；第二个命令会导致重命名后的文件被重新放到另外的目录中。

```
[student@localhost Documents] $ ls -1
total 0
-rw-rw-r--. 1 student student  0 Jan 17 19:30 chapter1.txt
-rw-rw-r--. 1 student student  0 Feb 20 15:52 chapter2.txt
-rw-rw-r--. 1 student student  0 Feb 20 17:16 chapter3.txt
drwxrwxr-x. 5 student student 48 Feb 20 16:27 wingcloud
drwxrwxr-x. 3 student student 63 Feb 20 17:33 wingcloud2
[student@localhost Documents] $ mv chapter1.txt chapter1_section1.txt
[student@localhost Documents] $ mv chapter1_section1.txt wingcloud2/chapter1_
section1.txt[student@localhost Documents] $ ls -1
total 0
-rw-rw-r--. 1 student student  0 Jan 17 19:30 chapter1_section1.txt
-rw-rw-r--. 1 student student  0 Feb 20 17:16 chapter3.txt
drwxrwxr-x. 5 student student 48 Feb 20 16:27 wingcloud
drwxrwxr-x. 3 student student 63 Feb 20 17:59 wingcloud2
[student@localhost Documents] $ ls -1 wingcloud2
total 0
-rw-rw-r--. 1 student student  0 Jan 17 19:30 chapter1_section1.txt
-rw-rw-r--. 1 student student  0 Feb 20 17:33 chapter1.txt
-rw-rw-r--. 1 student student  0 Feb 20 18:03 chapter2.txt
drwxrwxr-x. 5 student student 48 Feb 20 17:33 wingcloud
[student@localhost Documents] $
```

2.2.10　rm：删除文件或目录

　　rm 命令是"remove"（删除）的意思。可以删除系统中的文件或目录。rm 是强大的删除命令，不仅可以删除文件，还可以删除目录，同时删除的目录可以不为空。

　　命令语法：rm[选项][文件|目录]

　　rm 命令中各选项的含义见表 2–11。

　　在 Linux 系统中删除文件时，系统会默认询问是否要执行删除操作，如果不想总是看到这种反复的确认信息，可在 rm 命令后跟上 -f 参数来强制删除。另外，想要删除一个目录，需要在 rm 命令后面一个 -r 参数才可以，否则删除不掉。

　　删除/home/student/Documents 目录下的 chapter3. txt 文件。

表 2－11

选项	选项含义
－ f	强制删除。忽略不存在的文件，不给出提示信息
－ r	递归删除目录及其内容
－ i	在删除前需要确认
－ d	只删除空目录，与 rmdir 作用一样
－ v	显示删除的内容

```
[student@localhost Documents] $ pwd
/home/student/Documents
[student@localhost Documents] $ ls － l
total 0
－ rw － rw － r －－. 1 student student   0 Feb 20 17:16 chapter3.txt
drwxrwxr － x. 5 student student 48 Feb 20 16:27 wingcloud
drwxrwxr － x. 3 student student 92 Feb 20 18:03 wingcloud2
[student@localhost Documents] $ rm chapter3.txt
[student@localhost Documents] $ ls － l
total 0
drwxrwxr － x. 5 student student 48 Feb 20 16:27 wingcloud
drwxrwxr － x. 3 student student 92 Feb 20 18:03 wingcloud2
[student@localhost Documents] $
```

将/home/student/Documents/wingcloud2 下的文件和目录一起删除。

```
[student@localhost Documents] $ ls － l
total 0
drwxrwxr － x. 5 student student 48 Feb 20 16:27 wingcloud
drwxrwxr － x. 3 student student 92 Feb 20 18:03 wingcloud2
[student@localhost Documents] $ cd
[student@localhost ~] $ pwd
/home/student
[student@localhost ~] $ ls － l Documents/wingcloud2
total 0
－ rw － rw － r －－. 1 student student   0 Jan 17 19:30 chapter1_section1.txt
－ rw － rw － r －－. 1 student student   0 Feb 20 17:33 chapter1.txt
－ rw － rw － r －－. 1 student student   0 Feb 20 18:03 chapter2.txt
drwxrwxr － x. 5 student student 48 Feb 20 17:33 wingcloud
[student@localhost ~] $ rm － rf ~/Documents/wingcloud2
[student@localhost ~] $ ls － l Documents/
```

2.2.11　wc：统计文件行数、单词数、字符数

wc 命令是 "word count"（统计字数）的意思。使用 wc 命令可以统计指定文件的行数、

单词数、字符数和字节数，并将统计结果输出到屏幕。如果没有给出文件名，则从标准输入读取。wc 同时也给出所有指定文件的总统计数。单词是由空格字符区分开的最大字符串。输出列的顺序和数目不受选项的顺序和数目的影响，总是按行数、单词数、字节数、文件的顺序显示每项信息。

命令语法：wc[选项][文件]

命令中各选项的含义见表 2 - 12。

表 2 - 12

选项	选项含义
- l	统计行数
- w	统计单词数
- m	统计字符数
- c	统计字节数
- L	统计文件中最长行的长度

统计/etc/hosts 文件的行数、单词数和字节数。

```
[student@localhost ~]$ wc /etc/hosts
   2  10 158 /etc/hosts
[student@localhost ~]$
```

分别统计/etc/hosts 文件、/etc/passwd 文件的行数。

```
[student@localhost ~]$ wc -l /etc/hosts;wc -l /etc/passwd
2 /etc/hosts
43 /etc/passwd
```

分别统计/etc/hosts 文件、/etc/passwd 文件的字节数，并显示两个文件总的字节数。

```
[student@localhost ~]$ wc -c /etc/passwd /etc/hosts
2355 /etc/passwd
 158 /etc/hosts
```

任务 2.3 Linux 常用命令

任务描述

Linux 提供了大量的命令，利用它可以有效地完成大量的工作，如磁盘操作、文件存取、目录操作、进程管理、文件权限设定等。所以，在 Linux 系统上工作离不开使用系统提供的命令。要想真正理解 Linux 系统，就必须从 Linux 命令学起，通过基础的命令学习可以进一步理解 Linux 系统。不同 Linux 发行版的命令数量不一样，但 Linux 发行版本最少的命令也有 200 多个。本任务内容旨在讲解学习 Linux 初期最常使用的命令，这也是学习 Linux 的基础。对于命令行操作，初学者可能会不太适应，但这是学习 Linux 的必经之路。通过本任务的学习，能够掌握如何查看 Linux 系统自带的帮助信息，如何使用命令行来查看文件的内容及查看文件的部分内容，怎样查找文件中指定的信息，怎样查找和替换文件中的内容等。

2.3.1　使用 -- help 选项获取帮助

使用 -- help 选项可以显示命令的使用方法以及命令选项的含义。要有效地使用命令，用户需要了解命令接受的选项和参数，以及它们正确的排列顺序，只要在所需显示的命令后输入 " -- help" 选项，就可以看到所查命令的帮助内容了，它打印出了命令的作用说明，即介绍命令的语法、其接受的选项列表及其租用的 "用法语句"。大多数命令都包含 -- help 选项。

用法语句可能看起来比较复杂，难以读懂，当用户熟悉了几种基本的惯例后，理解起来就比较简单了。

- 方括号 [ ] 括起来的是可选项目。
- …前面的任何内容均表示该类型项目的任意长度列表。
- 竖线 | 分隔的多个项目表示只能指定其中某一个项目。
- 尖括号 < > 中的文本表示变量数据，例如 < filename > 表示 "在此处插入您要使用的文件名"，有时这些变量会简单写成大写字母，如 FILENAME。

使用 -- help 选项查看 mv 命令的帮助信息。

```
[student@localhost ~] $ mv -- help
Usage:mv[OPTION]...[ -T]SOURCE DEST
or:mv[OPTION]... SOURCE... DIRECTORY
or:mv[OPTION]... -t DIRECTORY SOURCE...
Rename SOURCE to DEST,or move SOURCE(s)to DIRECTORY.

Mandatory arguments to long options are mandatory for short options too.
      --backup[ =CONTROL]          make a backup of each existing destination file
 -b                                like --backup but does not accept an argument
 -f, --force            do not prompt before overwriting
 -i, --interactive      prompt before overwrite
 -n, --no-clobber       do not overwrite an existing file
If you specify more than one of -i,-f,-n,only the final one takes effect.
      --strip-trailing-slashes remove any trailing slashes from each SOURCE
                                         argument
 -S, --suffix =SUFFIX             override the usual backup suffix
 -t, --target-directory =DIRECTORY move all SOURCE arguments into DIRECTORY
 -T, --no-target-directory    treat DEST as a normal file
 -u, --update                     move only when the SOURCE file is newer
                                       than the destination file or when the
```

```
                                            destination file is missing
   -v, --verbose              explain what is being done
   -Z, --context              set SELinux security context of destination
                                            file to default type
      --help          display this help and exit
      --version       output version information and exit

The backup suffix is '~',unless set with --suffix or SIMPLE_BACKUP_SUFFIX.
The version control method may be selected via the --backup option or through
the VERSION_CONTROL environment variable. Here are the values:

  none,off          never make backups(even if --backup is given)
  numbered,t        make numbered backups
  existing,nil  numbered if numbered backups exist,simple otherwise
  simple,never      always make simple backups

GNU coreutils online help:<https://www.gnu.org/software/coreutils/>
Full documentation at:<https://www.gnu.org/software/coreutils/mv>
or available locally via:info '(coreutils)mv invocation'
[student@localhost ~]$
```

　　这表示 mv 可以接受一个可选选项列表（[OPTION]...），其后为要移动或重命名的源文件或目录（SOURCE），源文件之后为目标文件或目录（DEST）。

2.3.2　使用 man 手册页

　　man 是最常见的帮助命令，是一种显示 UNIX/Linux 在线手册的命令，可以用来查看命令、函数或者是文件的帮助手册，另外，它还可以显示一些 gzip 压缩格式的文件。一般情况下，Linux 系统中所有的资源都会随操作系统一起发行，包括内核源代码。而在线手册是操作系统所有资源的一本很好的使用手册。有不懂的命令时，可以用 man 查看这个命令；写程序时，有不会用的函数，可以用 man 查看这个函数；有不懂的文件时，也可以用 man 查看文件。一般情况下，man 手册页的资源主要位于/usr/share/man 目录下。

　　一般来讲，使用 man 命令查看到的帮助内容信息都会很长很多，如果读者不了解帮助文档信息的目录结构和操作方法，看到这么多信息可能会感到相当困惑。可以使用一个数字来表示 man 手册页的不同类型，具体含义见表 2-13。

表 2-13

手册页类型	描述
1	用户命令（可执行命令和 shell 程序）
2	系统调用（从用户空间调用的内核例程）
3	函数库（由程序提供）

续表

手册页类型	描述
4	设备和特殊文件
5	文件格式和约定（用于许多配置文件和结构）
6	游戏程序
7	惯例、标准和其他（协议、文件系统）
8	系统管理工具
9	Linux 内核 API（内核调用）

man 命令格式化并显示在线的手册页。通常使用者只要在命令 man 后输入想要获取的命令的名称，man 就会列出一份完整的说明，其内容包括命令语法、各选项的意义以及相关命令等。

命令语法：man［选项］［名称］

可以通过命令 man －－help 查看 man 命令的选项，常用的选项的含义见表 2－14。

表 2－14

手册页类型	描述
－M	指定 man 手册页的搜索路径
－a	显示所有的手册页，而不是只显示第一个
－d	主要用于检查，如果用户加入了一个新的文件，就可以用这个选项检查是否出错，这个选项并不会列出文件内容
－f	只显示出命令的功能而不显示详细的说明文件，和 whatis 命令功能一样
－p	字符串设定运行的预先处理程序的顺序
－W	不显示手册页内容，只显示将被格式化和显示的文件所在位置

在命令行终端中输入 man man 命令来查看 man 命令自身的帮助信息。

```
[student@localhost ~] $ man man
MAN(1)                          Manual pager utils                          MAN(1)

NAME
       man - an interface to the on - line reference manuals

SYNOPSIS
       man[ - C file][ - d][ - D][ -- warnings[ = warnings]][ - R encoding][ - L
       locale][ - m system[,...]][ - M path][ - S list][ - e extension][ - i | - I]
       [ -- regex | -- wildcard][ -- names - only][ - a][ - u][ -- no - subpages][ - P
```

```
      pager][ -r prompt][ -7][ -E encoding][ --no -hyphenation][ --no -justi-
      fication][ -p string][ -t][ -T[device]][ -H[browser]][ -X[dpi]][ -Z]
      [[section]page[.section]...]...
      man -k[apropos options]regexp...
      man -K[ -w | -W][ -S list][ -i | -I][ --regex][section]term...
      man -f[whatis options]page...
      man -l[ -C file][ -d][ -D][ --warnings[ =warnings]][ -R encoding][ -L
      locale][ -P pager][ -r prompt][ -7][ -E encoding][ -p string][ -t]
      [ -T[device]][ -H[browser]][ -X[dpi]][ -Z]file...
      man -w | -W[ -C file][ -d][ -D]page...
      man -c[ -C file][ -d][ -D]page...
      man[ -? V]


DESCRIPTION
      man is the system's manual pager.  Each page argument given to man is
        normally the name of a program,utility or function.  The manual page
Manual page man(1)line 1(press h for help or q to quit)
```

能够高效搜索主题并在 man 手册中导航是一项重要的管理技能，表 2 – 15 列出了基本的 man 导航命令。

表 2 – 15

按键	用途
空格键	向下翻一页
Page Down	向下翻一页
Page Up	向上翻一页
向下箭头	向下滚动一行
向上箭头	向上滚动一行
d	向下滚动半个屏幕
u	向下滚动半个屏幕
home	直接前往首页
end	直接前往尾页
/	从上至下搜索某个关键词，如 "/linux"
?	从下至上搜索某个关键词，如 "?linux"
n	定位到下一个搜索到的关键词
N	定位到上一个搜索到的关键词
g	转到 man page 的开头
G	转到 man page 的末尾
q	退出帮助文档

在执行搜索时，可以使用正则表达式语法，尽管简单文本可以起到预期作用，但正则表达式使用元字符可获得更复杂的匹配模式。因此，搜索包含程序表达式的字符串可能会产生意外的结果（如 man $$$）。

man 命令帮助信息的结构以及其意义见表 2 - 16。

表 2 - 16

结构名称	代表意义
NAME	命令的名称
SYNOPSIS	参数的大致使用方法
DESCRIPTION	介绍说明
EXAMPLES	演示（附带简单说明）
OVERVIEW	概述
DEFAULTS	默认的功能
OPTIONS	具体的可用选项（附带介绍）
ENVIRONMENT	环境变量
FILES	用到的文件
SEE ALSO	相关的资料
HISTORY	维护历史与联系方式

pwd 命令的 man 手册页：

```
[student@localhost ~] $ man pwd
```

2.3.3 cat：显示文本文件内容

cat 命令用来查看文件内容，是 concatenate（连接、连续）的简写。Linux 系统中有多个用于查看文本内容的命令，每个命令都有自己的特点，比如这个 cat 命令就是用于查看内容较少的纯文本文件的，cat 也可以把几个文件内容附加到另一个文件中。如果没有指定文件，那么就从标准输入读取。

命令语法：cat[选项][文件]

cat 命令中各选项的含义见表 2 - 17。

表 2 - 17

选项	选项含义
- n	对输出的所有行编号
- b	对非空输出行编号
- s	当遇到有连续两行以上的空白行时，就将其替换为一行的空白行
- E	在每行结束处显示 $

显示/etc/hosts 文件的内容：

```
[student@localhost ~] $ cat /etc/hosts
127.0.0.1    localhost localhost.localdomain localhost4 localhost4.localdomain4
::1          localhost localhost.localdomain localhost6 localhost6.localdomain6
```

显示文件/etc/passwd 的内容并加上行号：

```
[student@localhost ~] $ cat -n /etc/passwd
     1   root:x:0:0:root:/root:/bin/bash
     2   bin:x:1:1:bin:/bin:/sbin/nologin
.........
    41   tcpdump:x:72:72::/:/sbin/nologin
    42   student:x:1000:1000:student:/home/student:/bin/bash
    43   helei:x:1001:1001::/home/helei:/bin/bash
[student@localhost ~] $
```

2.3.4　less：回卷显示文本文件

使用 less 命令在终端上以一次一屏的方式显示输出文件的内容，less 命令的作用与 more 命令十分相似，都可以用来浏览文本文件的内容，不同的是，less 命令允许使用往回卷动。

命令语法：less[选项][文件]

less 命令中各选项的含义见表 2 –18。

表 2 –18

选项	含义
– N	显示每行的行号
– S	如果行过长时，将超出部分舍弃
– e	当文件显示结束后，自动离开
– g	只标志最后搜索到的关键词
– Q	不使用警告音
– i	忽略搜索时的大小写
– m	显示类似于 more 命令的百分比
– f	强迫打开特殊文件，比如外围设备代号、目录和二进制文件
– s	显示连续空行为一行
– b < 缓冲区大小 >	设置缓冲区的大小
– o < 文件名 >	将 less 输出的内容保存到指定文件中
– x < 数字 >	将 Tab 键显示为规定的数字空格

回卷显示/etc/passwd 文件的内容：

```
[student@localhost ~]$ less /etc/passwd
root:x:0:0:root:/root:/bin/bash
bin:x:1:1:bin:/bin:/sbin/nologin
daemon:x:2:2:daemon:/sbin:/sbin/nologin
adm:x:3:4:adm:/var/adm:/sbin/nologin
lp:x:4:7:lp:/var/spool/lpd:/sbin/nologin
sync:x:5:0:sync:/sbin:/bin/sync
shutdown:x:6:0:shutdown:/sbin:/sbin/shutdown
halt:x:7:0:halt:/sbin:/sbin/halt
mail:x:8:12:mail:/var/spool/mail:/sbin/nologin
operator:x:11:0:operator:/root:/sbin/nologin
games:x:12:100:games:/usr/games:/sbin/nologin
ftp:x:14:50:FTP User:/var/ftp:/sbin/nologin
nobody:x:65534:65534:Kernel Overflow User:/:/sbin/nologin
dbus:x:81:81:System message bus:/:/sbin/nologin
systemd-coredump:x:999:997:systemd Core Dumper:/:/sbin/nologin
systemd-resolve:x:193:193:systemd Resolver:/:/sbin/nologin
tss:x:59:59:Account used by the trousers package to sandbox the tcsd
daemon:/dev/null:/sbin/nologin
polkitd:x:998:996:User for polkitd:/:/sbin/nologin
geoclue:x:997:995:User for geoclue:/var/lib/geoclue:/sbin/nologin
rtkit:x:172:172:RealtimeKit:/proc:/sbin/nologin
pulse:x:171:171:PulseAudio System Daemon:/var/run/pulse:/sbin/nologin
qemu:x:107:107:qemu user:/:/sbin/nologin
rpc:x:32:32:Rpcbind Daemon:/var/lib/rpcbind:/sbin/nologin
unbound:x:996:991:Unbound DNS resolver:/etc/unbound:/sbin/nologin
/etc/passwd
```

在显示的页面上按 Enter 键，则会出现一个冒号（:），可以输入一些 less 的子命令用于接下来的操作。表 2-19 显示了一些常用的 less 子命令功能。

表 2-19

子命令	功能
/字符串	向下搜索"字符串"的功能
？字符串	向上搜索"字符串"的功能
n	重复前一个搜索（与"/"或"？"有关）
N	反向重复前一个搜索（与"/"或"？"有关）
b	向上移动一页
d	向下移动半页
h 或 H	显示帮助界面

子命令	功能
q 或 Q	退出 less 命令
y	向上移动一行
空格键	向下移动一页
回车键	向下移动一行
Tad 键	在节点之间移动
Page Down 键	向下移动一页
Page Up 键	向上移动一页
Ctrl + f	向下移动一页
Ctrl + b	向上移动一页
Ctrl + d	向下移动半页
Ctrl + u	向上移动半页
j	向下移动一行
k	向上移动一行
G	移动到最后一行
g	移动到第一行
ZZ	退出 less 命令
v	使用配置的编辑器编辑当前文件
[	移动到本文档的上一个节点
]	移动到本文档的下一个节点
p	移动到同等级上一个节点
u	向上移动半页

2.3.5　head：显示指定文件前若干行

head 命令可以显示指定文件的前若干行文件内容。如果没有给出具体行数值，默认设置为 10 行。

命令语法：head［选项］［文件］

head 命令中各选项的含义见表 2 - 20。

表 2 – 20

选项	含义
– n < K >	显示每个文件的前 K 行内容；如果附加"–"参数，则除了每个文件的最后 K 行外，显示剩余全部内容，这里的 K 是数字
– c < K >	显示每个文件的前 K 字节内容；如果附加"–"参数，则除了每个文件的最后 K 字节数据外，显示剩余全部内容，这里的 K 是数字
– v	总是显示包含给定文件名的文件头

显示文件/etc/passwd 的前 5 行数据内容：

```
[student@localhost ~] $ head – n 5 /etc/passwd
root:x:0:0:root:/root:/bin/bash
bin:x:1:1:bin:/bin:/sbin/nologin
daemon:x:2:2:daemon:/sbin:/sbin/nologin
adm:x:3:4:adm:/var/adm:/sbin/nologin
lp:x:4:7:lp:/var/spool/lpd:/sbin/nologin
[student@localhost ~] $
```

显示文件/etc/passwd 的前 3 000 字节数据内容：

```
[student@localhost ~] $ head – c 300 /etc/passwd
root:x:0:0:root:/root:/bin/bash
bin:x:1:1:bin:/bin:/sbin/nologin
daemon:x:2:2:daemon:/sbin:/sbin/nologin
adm:x:3:4:adm:/var/adm:/sbin/nologin
lp:x:4:7:lp:/var/spool/lpd:/sbin/nologin
sync:x:5:0:sync:/sbin:/bin/sync
shutdown:x:6:0:shutdown:/sbin:/sbin/shutdown
halt:x:7:0:halt:/sbin:/sbin/halt
mail:x:[student@localhost ~] $
```

2.3.6 tail：查看文件末尾数据

使用 tail 命令可以查看文件的末尾数据，默认显示指定文件的最后 10 行数据标准输出。如果指定了多个文件，tail 会在每段输出的开始添加相应文件名作为头；如果不指定文件或文件为"–"，则从标准输入读取数据。

命令语法：tail[选项][文件名]

tail 命令中各选项的含义见表 2 – 21。

表 2 – 21

选项	含义
– n < K >	输出最后 K 行，这里 K 是数字，使用 – n + K 则从每个文件的第 K 行输出
– c < K >	输出最后 K 字节，这里 K 是数字，使用 – c + K 则从每个文件的第 K 字节输出
– f	即时输出文件变化后追加的数据

查看 /etc/passwd 文件末尾 10 行的数据内容：

```
[student@localhost ~]$ tail /etc/passwd
cockpit-ws:x:982:980:User for cockpit-ws:/:/sbin/nologin
colord:x:981:979:User for colord:/var/lib/colord:/sbin/nologin
gdm:x:42:42::/var/lib/gdm:/sbin/nologin
rpcuser:x:29:29:RPC Service User:/var/lib/nfs:/sbin/nologin
gnome-initial-setup:x:980:978::/run/gnome-initial-setup/:/sbin/nologin
sshd:x:74:74:Privilege-separated SSH:/var/empty/sshd:/sbin/nologin
avahi:x:70:70:Avahi mDNS/DNS-SD Stack:/var/run/avahi-daemon:/sbin/nologin
tcpdump:x:72:72::/:/sbin/nologin
student:x:1000:1000:student:/home/student:/bin/bash
helei:x:1001:1001::/home/helei:/bin/bash
[student@localhost ~]$
```

或者使用 – n 参数指定行数：

```
[student@localhost ~]$ tail -n 10 /etc/passwd
cockpit-ws:x:982:980:User for cockpit-ws:/:/sbin/nologin
colord:x:981:979:User for colord:/var/lib/colord:/sbin/nologin
gdm:x:42:42::/var/lib/gdm:/sbin/nologin
rpcuser:x:29:29:RPC Service User:/var/lib/nfs:/sbin/nologin
gnome-initial-setup:x:980:978::/run/gnome-initial-setup/:/sbin/nologin
sshd:x:74:74:Privilege-separated SSH:/var/empty/sshd:/sbin/nologin
avahi:x:70:70:Avahi mDNS/DNS-SD Stack:/var/run/avahi-daemon:/sbin/nologin
tcpdump:x:72:72::/:/sbin/nologin
student:x:1000:1000:student:/home/student:/bin/bash
helei:x:1001:1001::/home/helei:/bin/bash
[student@localhost ~]$
```

查看 /etc/passwd 文件末尾 200 字节的数据内容：

```
[student@localhost ~]$ tail -c 200 /etc/passwd
avahi:x:70:70:Avahi mDNS/DNS-SD Stack:/var/run/avahi-daemon:/sbin/nologin
tcpdump:x:72:72::/:/sbin/nologin
student:x:1000:1000:student:/home/student:/bin/bash
helei:x:1001:1001::/home/helei:/bin/bash
[student@localhost ~]$
```

2.3.7　date：显示和设置系统日期或时间

date 命令用于显示和设置系统的时间或日期。超级用户也可以用它来设置系统时钟。以加号（＋）开头的参数可指定日期命令的格式字符串。

命令语法：date［选项］［显示时间格式］（以 + 开头）

只需在强大的 date 命令中输入以"％"号开头的参数，即可按照指定格式来输出系统的时间或日期，这样在日常工作时，便可把备份数据的命令与指定格式输出的时间信息结合到一起。例如，把打包后的文件自动按照"年 – 月 – 日"的格式打包成"badcup – 2017 – 9 – 1. to. gz"，用户只需要看一眼文件名称就能大概了解到每个文件的备份时间了。

按照默认格式查看当前系统时间的 date 命令：

```
[student@localhost ~ ] $ date
Tue Feb 19 16:01:28 CST 2019
```

例如，按照"年 – 月 – 日小时:分钟:秒"的格式查看当前系统时间的 date 命令：

```
[student@localhost ~ ] $ date "+%Y-%m-%d%H:%M:%S"
2019 – 02 – 19 16:04:17
```

date 命令中的参数％j 可用来查看当天是当年中的第几天。这个参数能够很好地区分备份时间的新旧，即数字越大，越靠近当前时间。该参数的使用方式以及显示结果：

```
[student@localhost ~ ] $ date "+%j"
050
```

自定义日期格式时，可以使用时间域，时间域的含义见表 2 – 22。

表 2 – 22

时间域	时间域含义
％a	星期名缩写（Sun ~ Sat）
％A	星期名全称（Sunday ~ Saturday）
％b	月名缩写（Jan ~ Dec）
％B	月名全称（January ~ December）
％c	日期和时间
％C	世纪，通常为省略当前年份的后两位数字
％d	按月计的日期（01 ~ 31）
％D	日期（mm/dd/yy）
％e	按月计的日期，添加空格，等价于％d
％F	完整日期格式，等价于％Y – ％m – ％d

时间域	时间域含义
%g	ISO－8601 格式年份的最后两位
%G	ISO－8601 格式年份，一般只和%d 结合使用
%H	小时（00～23）
%I	小时（01～12）
%j	一年的第几天（001～366）
%k	小时（0～23）
%l	小时（1～12）
%m	月份（01～12）
%M	分（00～59）
%N	纳秒（000000000～999999999）
%p	显示出上午或下午（AM 或 PM）
%r	直接显示时间（12 小时制，格式为 hh:mm:ss[AM/PM]）
%R	24 小时时间的时和分，等价于%H:%M
%s	从 1970 年 1 月 1 日 0 点到目前经历的秒数
%S	秒（00～60）
%T	时间（24 小时制）（hh:mm:ss）
%u	星期，1 代表星期一
%U	一年中的第几周，以周日为每星期第一天（01～53）
%w	一个星期的第几天（0 代表星期天）
%W	一年的第几个星期（00～53，星期一为第一天）
%x	显示日期的格式
%X	显示时间的格式（相当于%H:%M:%S）
%y	年份的最后两个数字（1999 则是 99）
%Y	年份（比如 1970、1996 等）
%Z	按字母表排序的时区缩写

2.3.8　echo：在显示器上显示文字

使用 echo 命令可以在计算机显示器上显示一段文字，一般起到提示的作用。在终端下打印变量 value 的时候也常用到 echo 命令。在显示字符串时可以加引号，也可以不加引号。

用 echo 命令输出加引号的字符串时，将字符串按原样输出；用 echo 命令输出不加引号的字符串时，将字符串中的各个单词作为字符串输出，各字符串之间用一个空格分隔。

命令语法：echo［选项］［字符串］

echo 会将输入的字符串进行标准输出。输出的字符串间以空白字符隔开，并在最后加上换行号，使用 − n 选项，表示输出文字后不换行。

将一段信息"i love linux"写到标准输出：

```
[student@localhost ~]$ echo i love linux
i love linux
[student@localhost ~]$
[student@localhost ~]$ echo "i love linux"
i love linux
[student@localhost ~]$
```

将文本"i love linux"添加到新文件 /home/student/test. txt 中：

```
[student@localhost ~]$ echo i love linux > /home/student/test.txt
[student@localhost ~]$ ls −l /home/student/
total 4
drwx------. 2 student student  6 Feb 19 10:13 Desktop
drwx------. 3 student student 23 Feb 21 10:06 Documents
drwx------. 2 student student  6 Feb 19 10:13 Downloads
drwx------. 2 student student  6 Feb 19 10:13 Music
drwx------. 3 student student 18 Feb 20 16:25 Pictures
drwx------. 2 student student  6 Feb 19 10:13 Public
drwx------. 2 student student  6 Feb 19 10:13 Templates
-rw-rw-r--. 1 student student 13 Feb 21 17:22 test.txt
drwx------. 2 student student 55 Feb 20 14:23 Videos
[student@localhost ~]$ cat /home/student/test.txt
i love linux
[student@localhost ~]$
```

从上面的例子中可以看出 echo 命令还可以创建一个包含指定内容的文件。

显示 $ PATH 变量的值：

```
[student@localhost ~]$ echo $ PATH
/home/student/.local/bin:/home/student/bin:/usr/share/Modules/bin:/usr/
local/bin:/usr/bin:/usr/local/sbin:/usr/sbin
[student@localhost ~]$
```

2.3.9　clear：清除计算机屏幕信息

使用 clear 命令可以清除屏幕上的信息，类似 DOS 下的 cls 命令，使用比较简单，如要清除当前屏幕内容，直接键入 clear 即可，快捷键为 Ctrl + L。

命令语法：clear

清除计算机屏幕上显示的信息：

```
[student@localhost ~]$ clear
```

如果终端有乱码，clear 不能恢复时，可以使用 reset 命令使屏幕恢复正常。

2.3.10 history：命令历史记录

history 命令显示之前执行的命令的列表，带有命令编号作为前缀。执行 history 命令能显示出当前用户在本地计算机中执行过的最近 1 000 条命令记录。如果觉得 1 000 条不够用，还可以自定义/etc/profile 文件中的 HISTSIZE 变量值。默认是不显示命令的执行时间，history 已经记录命令的执行时间，只是没有显示。

命令语法：history[选项]

history 命令中各选项的含义见表 2 – 23。

表 2 – 23

选项	选项含义
– c	清除命令历史记录
– w	将当前的历史命令写到 . bash history 文件中，覆盖 . bash history 文件的内容
– a	将目前新增的 history （历史）命令写入 . bash history 文件
– N	显示历史记录中最近的 N 个记录
– r	将历史命令文件中的命令读入当前历史命令缓冲区
– d < offset >	删除历史记录中第 offset 个命令
– n < filename >	读取指定文件
n	打印最近的 n 条历史命令

感叹号"!"是元字符，用于扩展之前的命令而不必重新键入它们。! number 扩展至与指定编号匹配的命令。! string 扩展至最近一个以指定字符串开头的命令。

显示所有执行过的命令，将历史命令中最近执行的含有 ls 的命令执行一次，之后将历史命令中的第 99 条命令执行一次。

```
[student@localhost ~]$ history
    .........
    91  pwd
    92  ls
    93  ls /etc/
    94  ls -l
    95  date
    96  clear
    97  tail /etc/passwd
    98  tail -n 2 /etc/passwd
    99  head -n 2 /etc/passwd
```

```
    100  head - n 6 /etc/passwd
    101  head - n 6 /etc/passwd
    102  history
[ student@localhost ~ ] $ ! ls
ls - l
total 4
drwx ------ . 2 student student  6 Feb 19 10:13 Desktop
drwx ------ . 3 student student 23 Feb 21 10:06 Documents
drwx ------ . 2 student student  6 Feb 19 10:13 Downloads
drwx ------ . 2 student student  6 Feb 19 10:13 Music
drwx ------ . 3 student student 18 Feb 20 16:25 Pictures
drwx ------ . 2 student student  6 Feb 19 10:13 Public
drwx ------ . 2 student student  6 Feb 19 10:13 Templates
 - rw - rw - r -- . 1 student student 13 Feb 21 17:22 test.txt
drwx ------ . 2 student student 55 Feb 20 14:23 Videos
[ student@localhost ~ ] $ ! 99
head - n 2 /etc/passwd
root:x:0:0:root:/root:/bin/bash
bin:x:1:1:bin:/bin:/sbin/nologin
[ student@localhost ~ ] $
```

　　方向键可用于历史记录中的执行过的命令行之间导航。向上箭头编辑历史记录列表中的上一个命令；向下箭头编辑历史记录列表中的下一个命令，按向上箭头过多次数时，可使用此键；向左箭头和向右箭头可在当前编辑的命令行中向左和向右移动光标。

　　Esc + . 组合键可使 Shell 将上一命令的最后一个单词复制到当前命令行中光标所处位置。如果重复使用，它将继续转到更早的命令。

　　显示执行过的前两条命令：

```
[ student@localhost ~ ] $ history +2
    115  ls
    116  history +2
[ student@localhost ~ ] $ history 2
    116  history +2
    117  history 2
[ student@localhost ~ ] $
```

清空命令历史记录：

```
[ student@localhost ~ ] $ history - c
[ student@localhost ~ ] $ history
     1 history
[ student@localhost ~ ] $
```

2.3.11　grep：查找文件中含有指定字符串的行

　　使用 grep 命令可以查找文件内符合条件的字符串，用于在文本中执行关键词搜索，并显示匹配的结果。

命令语法：grep［选项］［查找模式］［文件名］

grep 命令中各选项的含义见表 2－24。

表 2－24

选项	选项含义
－ i	使用所提供的正则表达式，但是不会强制区分大小写（运行不区分大小写的操作）
－ v	仅显示不包含正则表达式匹配项的行
－ r	将递归地匹配正则表达式的数据搜索应用到一组文件或目录中
－ A ＜ NUMBER ＞	显示正则表达式匹配项之后的行数
－ B ＜ NUMBER ＞	显示正则表达式匹配项之前的行数
－ e	如果使用多个 － e 选项，则可以提供多个正则表达式，并将与逻辑 or 一起使用
－ E	模式是一个可扩展的正则表达式
－ F	模式是一组由断行符分隔的定长字符串
－ b	在输出的每一行前显示包含匹配字符串的行在文件中的字节偏移量
－ c	只显示匹配行的数量
－ h	抑制输出的文件名前缀
－ l	只显示匹配的文件名
－ L	只显示不匹配的文件名
－ n	在输出前加上匹配字符串所在行的行号（文件首行行号为1）
－ V	只显示不包含匹配字符的行
－ q	禁止一切正常输出
－ s	取消错误消息

grep 命令是用途最广泛的文本搜索匹配工具，虽然有很多选项，但是基本上都用不到。在下面演示经常用到的几个选项。

接下来的几个示例均使用以下文件内容（其存储于名为 test. txt 的文件中）：

```
[student@localhost ~]$ cat test.txt
doge
scatter
dogged
category
dogfish
concatenate
Chilidog
```

```
cat
dogma
education
vocation
Douglas
dog
Dogtag
Cathay
```

在 test. txt 文件中找出含有"cat"的行：

```
[student@localhost ~]$ grep 'cat' test.txt
scatter
category
concatenate
cat
education
vocation
[student@localhost ~]$
```

在 test. txt 文件中找出含有"cat"的行，并且不区分大小写：

```
[student@localhost ~]$ grep -i 'cat' test.txt
scatter
category
concatenate
cat
education
vocation
Cathay
[student@localhost ~]$
```

在 test. txt 文件中找出不含有小写"cat"的行：

```
[student@localhost ~]$ grep -v 'cat' test.txt
doge
dogged
dogfish
Chilidog
dogma
Douglas
dog
Dogtag
Cathay
[student@localhost ~]$
```

在 test. txt 文件中找出不含有"cat"的行：

```
[student@localhost ~]$ grep -v -i'cat'test.txt
doge
dogged
dogfish
Chilidog
dogma
Douglas
dog
Dogtag
[student@localhost ~]$
```

在 test. txt 文件中找出含有 "cat" 与 "dog" 的行:

```
[student@localhost ~]$ grep -e'cat' -e'dog'test.txt
doge
scatter
dogged
category
dogfish
concatenate
Chilidog
cat
dogma
education
vocation
dog
[student@localhost ~]$
```

通配符是 shell 的内置功能,是一种 shell 命令解析操作,它将一个通配符模式扩展到一组匹配的路径名。在 bash 中,如果需要模糊匹配文件名或目录名,就要用到通配符。

常用的通配符及其含义见表 2 - 25。

表 2 - 25

通配符	作用
?	匹配一个任意字符
*	匹配 0 个或多个任意字符,也就是可以匹配任何内容
[ ]	匹配中括号中任意一个字符。例如,[abc] 代表一定匹配一个字符,或者是 a,或者是 b,或者是 c
[-]	匹配中括号中任意一个字符,- 代表一个范围。例如,[a-z] 代表匹配一个小写字母
{..}	表示生成序列,以逗号分隔,并且不能有空格

续表

通配符	作用
[^]	逻辑非，表示匹配不是中括号内的一个字符。例如，[^0-9] 代表匹配一个不是数字的字符
[!]	与 [^] 一样，表示匹配不是中括号内的一个字符。例如，[!a-z] 代表匹配一个不是字母的字符
[[:alpha:]]	任何字母字符
[[:lower:]]	任何小写字符
[[:upper:]]	任何大写字符
[[:alnum:]]	任何字母字符或数字
[[:punct:]]	除空格和字母数字以外的任何可打印字符
[[:digit:]]	任何数字，即 0~9
[[:space:]]	任何一个空白字符。可能包含制表符、换行符或回车符，以及换页符和空格

在/home/student 目录下的 Music 目录中创建歌曲文件 song1、song2、…、song10。

```
[student@localhost ~]$ pwd
/home/student
[student@localhost ~]$ ls
Desktop  Documents  Downloads  Music  Pictures  Public  Templates  test.txt
Videos
[student@localhost ~]$ ls Music/
[student@localhost ~]$ touch Music/song{1..10}
[student@localhost ~]$ ls Music/
song1  song10  song2  song3  song4  song5  song6  song7  song8  song9
[student@localhost ~]$
```

在/home/student 目录下的 Music 目录中查看歌曲文件 song1、song2、song3。

```
[student@localhost ~]$ ls Music/song[1-3]
Music/song1  Music/song2  Music/song3
[student@localhost ~]$
```

查看/home/student/Music 目录下 song 文件的编号只有一位的歌曲文件。

```
[student@localhost ~]$ ls Music/song?
Music/song1  Music/song3  Music/song5  Music/song7  Music/song9
Music/song2  Music/song4  Music/song6  Music/song8
[student@localhost ~]$
```

查看/home/student/Music 目录下所有的歌曲文件。

```
[student@localhost ~] $ ls Music/song *
Music/song1    Music/song2    Music/song4    Music/song6    Music/song8
Music/song10   Music/song3    Music/song5    Music/song7    Music/song9
[student@localhost ~] $
```

删除/home/student/Music 目录下所有的文件。

```
[student@localhost ~] $ rm -rf Music/*
[student@localhost ~] $ ls Music
[student@localhost ~] $
```

2.3.12　find：列出文件系统内符合条件的文件

在 Linux 系统中，搜索工作一般都是通过 find 命令来完成的，它可以使用不同的文件特性作为寻找条件（如文件名、大小、修改时间、权限等信息），一旦匹配成功，则默认将信息显示到屏幕上。但是 find 命令是直接在硬盘中进行搜索的，如果指定的搜索范围过大，则 find 命令就会消耗较大的系统资源，导致服务器压力过大。所以，在使用 find 命令搜索时，不要指定过大的搜索范围。

命令语法：find[路径][选项]

find 命令中各选项的含义见表 2 - 26。

表 2 - 26

选项	选项含义
- name <文件名>	按照文件名来查找文件
- perm <权限>	按照文件的权限来查找文件
- user <用户名>	按照文件的用户所有者来查找文件
- group <组名>	按照文件的组群所有者来查找文件
- atime n	在过去 n 天内被访问过（atime）的文件，n 代表数字
- amin n	在过去 n 分钟内被访问过（atime）的文件，n 代表数字
- ctime n	在过去 n 天内被更改过（ctime）的文件，n 代表数字
- cmin n	在过去 n 分钟内被更改过（ctime）的文件，n 代表数字
- mtime n	在过去 n 天内被修改过（mtime）的文件，n 代表数字
- mmin n	在过去 n 分钟内被修改过（mtime）的文件，n 代表数字
- size n ［ckMG]	查找大小为 n 的文件，n 代表数字，c 代表字节，k 代表 KB，M 代表 MB，G 代表 GB
- empty	查找空文件，可以是普通的文件或目录
- type <文件类型>	按照文件类型来查找文件

续表

选项	选项含义
– fstype < 文件系统类型 >	按照指定文件系统类型来查找文件
– uid < 用户 UID >	按照文件的用户所有者的 UID 来查找文件
– gid < 组群 GID >	按照文件的组群所有者的 GID 来查找文件
– inum n	按照文件的 inode 号码来查找文件
– writable	匹配可写文件
– prune	忽略某个目录
– exec { } \ ;	后面可跟用于进一步处理搜索结果的命令

在查找文件时，可以定义不同的文件类型，见表 2 – 27。

表 2 – 27

字符	含义
b	块设备文件
d	目录
c	字符设备文件
P	管道文件
l	符号链接文件
f	普通文件
s	socket 文件

查找到/usr/share/doc 目录中所有以 ". conf" 为扩展名的文件。

```
[student@localhost ~] $ find /usr/share/doc –name '*.conf'
/usr/share/doc/glibc –common/gai.conf
/usr/share/doc/systemd/20 –yama –ptrace.conf
/usr/share/doc/alsa –lib/modprobe –dist –oss.conf
………
/usr/share/doc/smartmontools/smartd.conf
/usr/share/doc/sudo/examples/pam.conf
/usr/share/doc/sudo/examples/sudo.conf
/usr/share/doc/sudo/examples/syslog.conf
[student@localhost ~] $
```

列出当前目录及其子目录下所有最近两天内更改过的文件。

```
[student@localhost ~]$ find. -ctime -2
.
./Documents
./Documents/wingcloud
./Documents/wingcloud/class1
./Documents/wingcloud/class2
./Documents/wingcloud/class3
./Music
./Pictures
./Pictures/baby
./Videos
./Videos/black
./Videos/black1.ogg
./Videos/black2.ogg
./.bash_history
./test.txt
./.viminfo
[student@localhost ~]$
```

在/boot 目录中查找文件类型为目录的文件。

```
[student@localhost ~]$ find /boot -type d
/boot
/boot/efi
/boot/efi/EFI
/boot/efi/EFI/redhat
find:'/boot/efi/EFI/redhat':Permission denied
/boot/grub2
find:'/boot/grub2':Permission denied
/boot/loader
/boot/loader/entries
find:'/boot/loader/entries':Permission denied
[student@localhost ~]$
```

由于 student 为普通用户,所以,在查找有些文件时是没有权限的。
查找/home 目录下用户所有者 UID 为 1 000 的文件。

```
[student@localhost ~]$ find /home -uid 1000
/home/student
/home/student/.mozilla
/home/student/.mozilla/extensions
/home/student/.mozilla/plugins
/home/student/.mozilla/firefox
/home/student/.mozilla/firefox/7ocpp0eh.default
/home/student/.mozilla/firefox/7ocpp0eh.default/times.json
/home/student/.mozilla/firefox/7ocpp0eh.default/.parentlock
```

```
/home/student/.mozilla/firefox/7ocpp0eh.default/compatibility.ini
......
[student@localhost ~]$
```

2.3.13 sed：查找和替换文件

sed 命令用于对 shell 文件内容进行替换。其称为流编辑器，实现对文字的增、删、改、替换、查（过滤、取行），能同时处理多个文件多行的内容，可以不对原文件进行改动，把整个文件输入屏幕；可以把只匹配到模式的内容输出到屏幕上；还可以对原文件进行改动，但是不会在屏幕上返回结果。

命令语法：sed[选项][动作]文件名

sed 命令中各选项的含义见表 2 – 28。

表 2 – 28

选项	选项含义
– n	取消默认的输出，使用安静（silent）模式。在一般 sed 的用法中，所有来自 STDIN 的资料都会被列出到屏幕上。但如果加上 – n 参数，则只有经过 sed 特殊处理的那一行（或者动作）才会被列出来
– e	进行多项编辑，即对输入行应用多条 sed 命令时使用，直接在指令列模式上进行 sed 的动作编辑
– f	指定 sed 脚本的文件名。直接将 sed 的动作写在一个档案内，– f filename 则可以执行 filename 内的 sed 动作
– r	sed 的动作支援的是延伸型正则表达式的语法（预设是基础正则表达式语法）
– i	直接修改读取的文件内容，而不是由屏幕输出
a	新增，a 的后面可以接字串，而这些字串会在新的一行出现（当前行的下一行）
c	取代，c 的后面可以接字串，这些字串可以取代 n1、n2 之间的行
d	删除，因为是删除，所以 d 后面通常不接任何内容
i	插入，i 的后面可以接字串，而这些字串会在新的一行出现（当前行的上一行）
p	打印输出，即将某个选择的资料印出。通常 p 会与参数 sed – n 一起用
s	取代，可以直接进行替换的工作。通常这个 s 的动作可以搭配正则表达式。例如 s/old/new/g

分别查找/home/student 目录下 test. txt 文件的第一行、第一行到第三行的内容。

```
[student@localhost ~]$ ls
Desktop  Documents  Downloads  Music  Pictures  Public  Templates  test.txt
```

```
Videos
[student@localhost ~]$ cat test.txt
doge
dogged
dogfish
Chilidog
cat
dogma
education
Douglas
Cathay
[student@localhost ~]$ sed -n '1p' test.txt
doge
[student@localhost ~]$ sed -n '1,3p' test.txt
doge
dogged
dogfish
[student@localhost ~]$
```

查找/home/student 目录下 test. txt 文件中包括关键字 cat 所在的行。

```
[student@localhost ~]$ sed -n '/cat/p' test.txt
cat
education
[student@localhost ~]$
```

在/home/student 目录下 test. txt 文件的第二行下面添加一行内容 "add"。

```
[student@localhost ~]$ sed -i '2a\add' test.txt
[student@localhost ~]$ cat test.txt
doge
dogged
add
dogfish
Chilidog
cat
dogma
education
Douglas
Cathay
[student@localhost ~]$
```

将/home/student 目录下 test. txt 文件中关键字 cat 更改为 pig。

```
[student@localhost ~]$ sed -i 's/cat/pig/g' test.txt
[student@localhost ~]$ cat test.txt
doge
dogged
```

```
dogfish
Chilidog
pig
dogma
edupigion
Douglas
Cathay
```

使用 sed 命令进行数据的搜寻并替换时，格式为 sed －i's/要被取代的字串/新的字串/g'。

任务 2.4　Linux 常用操作

任务描述

　　Linux 中的许多操作在终端中十分快捷，记住一些常用的操作可以让用户在使用 Linux 系统时得心应手，对之后的学习和工作会有莫大的帮助。下面为大家介绍一些常用的命令：自动补全、控制组合键、命令替换等。

2.4.1　命令行自动补全

　　在 Linux 系统中，有太多的命令和文件名称需要记忆，使用命令行补全功能可以快速地写出文件名和命令名。Tab 补全允许用户在提示符下键入足够的内容，以使其唯一，然后快速补全命令或文件名。如果键入的字符不唯一，则按 Tab 键两次可显示已键入的字符开头的所有命令。

```
[student@localhost ~]$ pa<Tab><Tab>
pacat                  pam_timestamp_check  parted
packer                 panelctl             partprobe
pacmd                  pango－list           partx
pactl                  pango－view           passwd
padsp                  paperconf            paste
padsp－32               paperconfig          pasuspender
pam_console_apply      paplay               pathchk
pamon                  parec                pax11publish
pam_tally2             parecord
[student@localhost ~]$ pas<Tab><Tab>
passwd          paste              pasuspender
```

　　Tab 补全可以用于在输入文件名作为命令的参数时将它们补全。按 Tab 键时，它将尽可能将文件名补充完整。再按一次 Tab 键时，shell 将列出与当前模式匹配的所有文件。输入额外字符，直到名称唯一为止，然后使用 Tab 补全，结束该命令行。

```
[student@localhost ~]$ ls /u<Tab>/sh<Tab>/n<Tab><Tab>
nano/   netcf/
[student@localhost ~]$ ls /usr/share/na<Tab>
```

```
asm.nanorc            html.nanorc           perl.nanorc
autoconf.nanorc       java.nanorc           php.nanorc
awk.nanorc            javascript.nanorc     po.nanorc
changelog.nanorc      json.nanorc           postgresql.nanorc
cmake.nanorc          lua.nanorc            pov.nanorc
c.nanorc              makefile.nanorc       python.nanorc
css.nanorc            man.nanorc            ruby.nanorc
debian.nanorc         mgp.nanorc            rust.nanorc
default.nanorc        mutt.nanorc           sh.nanorc
elisp.nanorc          nanohelp.nanorc       spec.nanorc
fortran.nanorc        nanorc.nanorc         tcl.nanorc
gentoo.nanorc         nftables.nanorc       texinfo.nanorc
go.nanorc             objc.nanorc           tex.nanorc
groff.nanorc          ocaml.nanorc          xml.nanorc
guile.nanorc          patch.nanorc
```

许多命令可以通过 Tab 补全来匹配参数和选项。usermod 命令提供超级用户 root 在系统上修改其他用户的属性，它有许多选项，可以控制该命令的行为。输入选项部分内容后，使用 Tab 补全可以将选项补充完整，而无须大量的输入操作。

```
[root@localhost ~]# usermod -- <Tab> <Tab>
--add-subgids  --expiredate   --lock         --root
--add-subuids  --gid          --login        --selinux-user
--append       --groups       --move-home    --shell
--comment      --help         --non-unique   --uid
--del-subgids  --home         --password     --unlock
--del-subuids  --inactive     --prefix
[root@localhost ~]# usermod --
```

2.4.2 常用控制组合键

Linux 中的许多操作在终端（Terminal）中十分快捷，记住一些快捷键的操作可以更好地控制 Shell 的活动。

Linux 常用控制组合键见表 2 - 29。

表 2 - 29

控制组合键	功能
Ctrl + l	清屏
Ctrl + o	执行当前命令，并选择上一条命令
Ctrl + s	阻止屏幕输出
Ctrl + q	允许屏幕输出
Ctrl + c	终止命令

续表

控制组合键	功能
Ctrl + z	挂起命令
Ctrl + m	相当于按回车键
Ctrl + d	输入结束，即 EOF 的意思，或者注销 Linux 系统

　　交互使用时，bash 具有命令行编辑功能，允许用户使用文本编辑器命令在当前键入的命令内移动并进行修改。使用方向键可以在当前命令行内移动，也可访问命令历史记录。通过表 2 – 30 所列组合键可以快速地进行光标操作，从而拥有更加灵活的编辑文档方式。

　　编辑命令行光标操作见表 2 – 30。

表 2 – 30

组合键	功能
Ctrl + a	移动光标到命令行首
Ctrl + e	移动光标到命令行尾
Ctrl + f	按字符前移（向右）
Ctrl + b	按字符后移（向左）
Ctrl + xx	在命令行首和光标之间移动
Ctrl + u	删除从光标到命令行首的部分
Ctrl + k	删除从光标到命令行尾的部分
Ctrl + w	删除从光标到当前单词开头的部分
Ctrl + d	删除光标处的字符
Ctrl + h	删除光标前的一个字符
Ctrl + y	插入最近删除的单词
Ctrl + t	交换光标处字符和光标前面的字符
Ctrl + 向左箭头	跳到命令行中前一字的开头
Ctrl + 向右箭头	跳到命令行中下一字的末尾
Ctrl + r	在历史记录列表中搜索某一模式的命令
Alt + f	按单词前移（向右）
Alt + b	按单词后移（向左）
Alt + d	从光标处删除至单词尾
Alt + c	从光标处更改单词为首字母大写

组合键	功能
Alt + u	从光标处更改单词为全部大写
Alt + l	从光标处更改单词为全部小写
Alt + t	交换光标处单词和光标前面的单词
Alt + Backspace	与 Ctrl + w 功能类似，分隔符有些差别

2.4.3 命令替换

在 Linux 系统中，shell 命令的参数可以由另外一个命令的结果来替代，这称为命令替换。命令替换允许命令的输出替换命令本身。当命令包含前导美元符号和括号 $ (command) 或者反引号（位于 Tab 键上面的那个键）`command` 时，就会发生命令替换。反引号形式比较陈旧，而且有两个缺点：

①反引号在视觉上很容易与单引号混淆；

②反引号无法嵌套在反引号内。

在屏幕上输出当前目录的路径。

```
[student@localhost ~] $ echo this is pwd directory
this is pwd directory
[student@localhost ~] $ echo this is `pwd`directory
this is /home/student directory
[student@localhost ~] $ echo this is $(pwd)directory
this is /home/student directory
[student@localhost ~] $
```

第一个命令没有使用命令替换，直接输出了 this is pwd directory，在后面的两条命令中，分别使用了两种形式的命令替换写法，将 pwd 在显示的时候作为命令来执行，而不是其字面意思 pwd。

2.4.4 特殊字符

在 Linux 系统中，许多字符对于 shell 来说是具有特殊意义的。表 2 - 31 列出了一些 Linux 系统使用过程中常见的特殊字符。

表 2 - 31

符号	功能
~	用户主目录
`	反引号，用来进行命令替换（在 Tab 键上面的那个键）
#	注释

续表

符号	功能
$	变量取值
&	后台进程工作
(	子 shell 开始
)	子 shell 结束
\	使命令持续到下一行
|	管道
<	输入重定向
>	输出重定向
>>	追加重定向
""	双引号，表示引用一个字符串，有时能屏蔽一些标点等特殊字符。命令中使用双引号时，一般表示引用部分是不可分割的整体
''	单引号，作用和双引号相同，不同的是，单引号通常在一些特殊命令中与双引号配合，表示如果出现引号当中再出现引号的情况，可以先使用双引号，在里面再使用单引号
/	路径分隔符
;	命令分隔符

2.4.5　关闭和重启 Linux 系统

poweroff 命令用于关闭系统，其格式为 poweroff。

```
[student@localhost ~]$ poweroff
```

reboot 命令用于重启系统，其格式为 reboot。

```
[student@localhost ~]$ reboot
```

关闭和重启 Linux 系统也可以通过"Oracle VM VritualBox 管理器"来操作，如图 2 - 86 所示。

常见错误及原因解析

常见错误一

在 Linux 操作系统安装完成后，单击"reboot"进行重启时，系统总是进入一开始的安装界面，如图 2 - 87 所示。

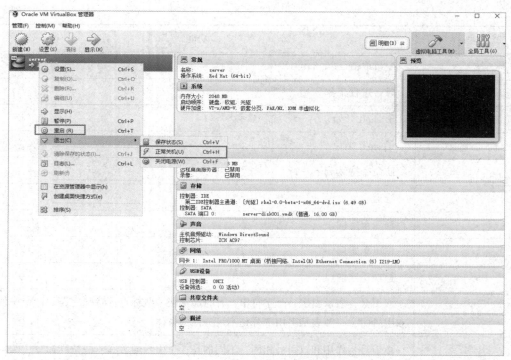

图 2 – 86

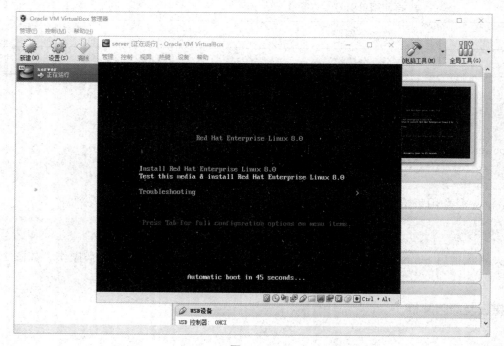

图 2 – 87

原因分析：由于安装完成重启时虚拟机的启动方式仍然是默认的光驱启动，导致每次重启都进入安装界面。

解决方法：通过在"Oracle VM VritualBox 管理器"的设置界面中对系统启动顺序进行调整，将光驱优先修改为硬盘优先。

常见错误二

使用命令行操作 Linux 系统时，经常会在命令和选项之间不输入空格，导致输出错误信息。

```
[student@localhost ~] $ ls - al
bash:ls - al:command not found...
[student@localhost ~] $ mkdirhello
bash:mkdirhello:command not found...
[student@localhost ~] $
```

原因分析：由于初学者是第一次接触 Linux，对命令行的操作不太熟悉，往往在使用命令行的时候不注意输入命令与选项之间的间隔，导致系统报错：command not found…（命令不存在）。

解决方法：在命令行中输入命令之后，记得按空格键，之后再输入选项。

课后习题

1. 在虚拟机中安装内存为 4 GB、硬盘空间为 16 GB 的 Linux 系统。

2. 在当前用户目录/home/student 下新建一个目录 linux，切换当前目录为 linux，在 linux 下新建两个空文件 test1、test2，然后把 test2 移动到其父目录中，并改名为 file2。

3. 删除/tmp 下所有以 A 开头的文件。

工 作 项 目 3

编辑文本文件

学习知识技能点

1. 了解什么是 vim 编辑器
2. 熟练掌握 vim 编辑器中模式切换方法
3. 掌握使用 vim 文本编辑器创建、查看和编辑文本文件
4. 熟练使用 vim 编辑器常用的快捷方式
5. 掌握将一个程序的文本输出重定向到文件或另一程序

任务 3.1　vim 编辑器

任务描述

　　Linux 中的所有内容都以文件形式管理，在命令行下更改文件内容，常常会用到文本编辑器。文本编辑器有很多，在图形模式下有 gedit、kwrite 等编辑器，在文本模式下有 vi、vim 和 nano 等编辑器。首选的文本编辑器是 vim，它是一个基于文本界面的编辑工具，使用简单且功能强大，更重要的是，vim 是所有 Linux 发行版本的默认文本编辑器。很多 UNIX 和 Linux 的老用户习惯称呼它为 vi，vi 是 vim 的早期版本，现在使用的 vim（vi improved）是 vi 的增强版，增加了一些正则表达式的查找、多窗口的编辑等功能，使得 vim 对于程序开发来说更加方便。

　　vim 是高度可扩展的。它支持多语言脚本、文件类型插件、各种文本补全模式，以及许多其他选项。互联网上拥有几乎可满足任何用途的扩展和宏，如帮助编辑特定类型文件（如 DocBook），并且几乎可以适合所有现存编程语言的补全加自省功能，以及用于更为日常的任务等（如管理待办事项列表）。

　　vim 是随 Linux 和 UNIX 系统分发的 vi 编辑器的改进版本。vim 对于有经验的用户而言具有很高的可配置性和效率，其包含分屏编辑、颜色格式和突出显示编辑文本等功能。

3.1.1　vim 编辑器工作模式介绍

　　vim 并不是最容易学习的编辑器。其部分原因是 vim 中的所有命令都以速度和效率为目

标而设计，不易记忆，另一部分原因在于 vim 是模态编辑器。模态编辑器意味着特定命令和按键操作的功能取决于处于活动状态的模式是什么。每种模式分别又支持多种不同的命令快捷键，这大大提高了工作效率，而且用户在习惯之后也会觉得相当顺手。要想高效率地操作文本，就必须先搞清这三种模式的操作区别以及模式之间的切换方法。

在 Linux 系统 shell 提示符下输入 vim 和文件名称后，就进入 vi 编辑界面。如果系统内还不存在该文件，就意味着系统打开了新文件，并将在首次保存时创建该文件，如果系统中存在该文件，就意味着打开该文件并可以对该文件内容进行编辑。

vim 编辑器有 3 种基本工作模式，分别是插入模式、命令模式和扩展命令模式（也称为末行模式、执行模式或 Ex 模式）。表 3 – 1 显示了 vim 的三个主要模式的主要功能。

表 3 – 1

选项	选项含义
命令模式	此模式用于文件导航、剪切和粘贴以及简单命令。撤销、恢复和其他操作也从此模式中执行
插入模式	此模式用于常规文本编辑。替换模式是插入模式的一种变体，可以替换而不是插入文本
扩展命令模式	此模式用于保存、退出和打开文件，以及搜索、替换和其他更为复杂的操作。从此模式中，可以将程序的输出插入当前文件中，以及配置 vim 等

3.1.2　进入插入模式

通过在命令行输入命令（vim［文件路径］）打开文件后，vim 以命令模式启动，可用于导航、剪切和粘贴，以及其他文本操作。将在屏幕左下角看到有关已打开文件的信息（文件名、行数、字符数），并将在右下角看到当前的光标位置（行数、字符数）以及正在显示文件的哪个部分（All 表示全部，Top 表示文件的前几行，Bot 表示文件底部，或者显示百分比来表示所处的文件位置）。最下方线条在 vim 术语中称为标尺，通过单字符击键操作进入各个其他模式，访问特定的编辑功能。如图 3 – 1 所示。

在命令模式下是不能输入任何数据的，可以使用表 3 – 2 所列方式进入插入模式。

每次处于插入模式时，标尺都会显示为 – – INSERT – –，可以按 Esc 键返回命令模式。在任何模式下按 Esc 键将会始终取消当前命令，或者返回命令模式。常见的做法是按两次 Esc 键（或多按几次），以确保返回命令模式。

3.1.3　光标移动

在命令模式下移动光标时所使用的键见表 3 – 3。

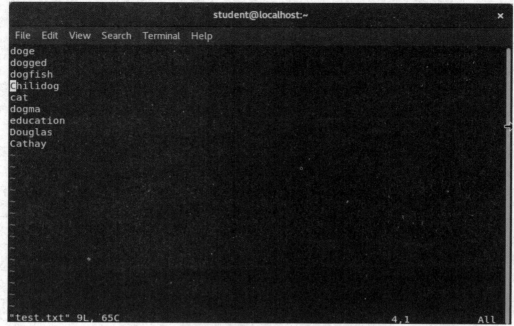

图 3 – 1

表 3 – 2

命令	功能
i	从光标当前所在位置之前开始插入
a	从光标当前所在位置之后开始插入
I	在光标所在行的行首插入
A	在光标所在行的行末插入
o	在光标所在的行的下面新开一行插入
O	在光标所在的行的上面新开一行插入
s	删除光标位置的一个字符，然后进入插入模式
S	删除光标所在的行，然后进入插入模式

表 3 – 3

键	结果
h	光标向左移动一个位置
l	光标向右移动一个位置
J	光标向下移动一行

续表

键	结果
k	光标向上移动一行
^	移至当前行的开头位置
$	移至当前行的结尾位置
gg	移至文档的第一行
G	移至文档的最后一行
nk	使光标向上移动 n 行，n 代表数字
nj	使光标向下移动 n 行，n 代表数字
nh	使光标向左移动 n 个字符，n 代表数字
nl	使光标向右移动 n 个字符，n 代表数字
H	使光标移动到屏幕的顶部
M	使光标移动到屏幕的中间
L	使光标移动到屏幕的底部
Ctrl + b	使光标往上移动一页屏幕
Ctrl + f	使光标往下移动一页屏幕
Ctrl + u	使光标往上移动半页屏幕
Ctrl + d	使光标往下移动半页屏幕
0（数字 0）	使光标移到所在行的行首
w	将光标移到下一单词的开头（w 包含标点符号）
b	将光标移到上一单词的开头（B 包含标点符号）
(	将光标移到当前或上一句子的开头
)	将光标移到下一句子的开头
{	将光标移到当前/上一段落的开头
}	将光标移到下一段落的开头

3.1.4　命令模式操作

为了能够帮助大家更快地掌握 vim 编辑器，下面总结了在命令模式中最常用的一些命令，见表 3 - 4。

表 3 - 4

类型	命令	作用
删除	x	删除光标所在位置的字符
	X	删除光标所在位置的前面一个字符
	nx	删除光标所在位置开始的 n 个字符，n 代表数字
	nX	删除光标所在位置前面 n 个字符，n 代表数字
	dd	删除光标所在行
	ndd	从光标所在行开始删除 n 行，n 代表数字
	db	删除光标所在位置的前面一个单词
	ndb	删除光标所在位置的前面 n 个单词，n 代表数字
	dw	从光标所在位置开始删除一个单词
	ndw	从光标所在位置开始删除几个单词，n 代表数字
	d$	删除光标到行尾的内容（含光标所在处字符）
	D	删除光标到行尾的内容（含光标所在处字符）
	dG	从光标位置所在行一直删除到文件尾
复制和粘贴	yw	复制光标所在位置到单词尾的字符
	nyw	复制光标所在位置开始的 n 个单词，n 代表数字
	yy	复制光标所在行
	nyy	复制从光标所在行开始的 n 行，n 代表数字
	y$	复制光标所在位置到行尾内容或缓存区
	Y^	复制光标当前所在位置到行首内容或缓存区
	YY	将当前行复制到缓冲区
	nYY	将当前开始的 n 行复制到缓冲区，n 代表数字
	P	将缓冲区内的内容写到光标所在的位置
替换	r	替换光标所在处的字符，按 r 键之后输入要替换的字符
	R	替换光标所到之处的字符，直到按下 Esc 键为止，按 R 键之后输入要替换的字符
撤销和重复	u	撤销上一个操作。按多次 u 键可以执行多次撤销
	U	取消所有操作
	.	再执行一次前面刚完成的操作

类型	命令	作用
列出行号	Ctrl + g	列出光标所在行的行号
保存和退出	zz	保存退出
	ZQ	不保存退出
查找字符	/关键字	先按/键，再输入想查找的字符，如果第一次查找的关键字不是想要的，可以一直按 n 键往后查找下一个关键字，而按 N 键则会往相反的方向查找
	? 关键字	先按? 键，再输入想查找的字符，如果第一次查找的关键字不是想要的，可以一直按 n 键往前查找下一个关键字，而按 N 键会往相反的方向查找
合并	nJ	将当前行开始的 n 行进行合并，n 代表数字
	J	清除光标所在行与下一行之间的换行，行尾没有空格的话，会自动添加一个空格

3.1.5　扩展命令模式操作

在使用扩展命令模式之前，请记住先按 Esc 键确定已经处于命令模式后，再按冒号（:）键即可启动扩展命令模式。可以执行的任务包括写入文件进行保存，以及退出 vim 编辑器等。

常见的扩展命令模式操作见表 3 − 5。

表 3 − 5

类型	命令	作用
运行 shell 命令	:! command	运行 shell 命令，command 代表命令
	:r! command	将命令运行的结果信息输入当前行位置，command 代表命令
	:n1,n2 w! command	将 n1 到 n2 行的内容作为命令的输入，n1 和 n2 代表数字，command 代表命令
查找字符	:/str/	从当前光标开始往右移动到有 str 的地方，str 代表字符
	:? str?	从当前光标开始往左移动到有 str 的地方，str 代表字符

续表

类型	命令	作用
保存和退出	:w	保存文件
	:w filename	将文件另存为 filename
	:wq	保存文件并退出 vim 编辑器
	:wq filename	将文件另存为 filename 后退出 vim 编辑器
	:wq!	保存文件并强制退出 vim 编辑器
	:wq! filename	将文件另存为 filename 后强制退出 vim 编辑器
	:X	保存文件并强制退出 vim 编辑器，其功能和 :wq! 相同
	:q	退出 vim 编辑器
	:q!	如果无法离开 vim，强制退出 vim 编辑器
	:n1,n2 w filename	将从 n1 行开始到 n2 行结束的内容保存到文件 filename 中，n1 和 n2 代表数字
	:nw filename	将第 n 行内容保存到文件 filename 中，n 代表数字
删除	:d	删除当前行
	:nd	删除第 n 行，n 代表数字
	:n1,n2 d	删除从 n1 行开始到 n2 行为止的所有内容，n1 和 n2 代表数字
	:,,$ d	删除从当前行开始到文件末尾的所有内容
	:/str1/,/str2/d	删除从 str1 开始到 str2 为止的所有行的内容，str1 和 str2 代表字符
复制和移动	:n1,n2 co n3	将从 n1 行开始到 n2 行为止的所有内容复制到 n3 行后面，n1、n2 和 n3 代表数字
	:n1,n2 m n3	将从 n1 行开始到 n2 行为止的所有内容移动到 n3 行后面，n1、n2 和 n3 代表数字
跳到某一行	:n	在冒号后输入一个数字，再按回车键就会跳到该行，n 代表数字
设置 vim 环境	:set number	在文件中的每一行前面列出行号
	:set nonumber	取消在文件中的每一行前面列出行号
	:set readonly	设置文件为只读状态

3.1.6 文本替换

vim 中的文本替换通过扩展命令模式实施，其使用的语法与用户通过 sed 替换时所用的相同，其命令格式如下：

```
ranges/pattern/string/flags
```

ranges 可以是行号、行号范围、搜索条件、%（当前文档中的所有行，搜索和替换通常仅针对当前行操作）。

两个最为常见的 flags 是：g（替换一行中多个位置上的 pattern）和 i（使当前的搜索区分大小写）。

常见的替换字符的命令见表 3 – 6。

表 3 – 6

命令	功能
:s/str1/str2/	将光标所在行第一个字符 str1 替换为 str2，str1 和 str2 代表字符
:s/str1/str2/g	将光标所在行所有的字符 str1 替换为 str2，str1 和 str2 代表字符
:n1,n2s/str1/str2/g	用 str2 替换从第 n1 行到第 n2 行中出现的 str1，str1 和 str2 代表字符，n1 和 n2 代表数字
:% s/str1/str2/g	用 str2 替换文件中所有的 str1，str1 和 str2 代表字符
:., $ s/str1/str2/g	将从当前位置到结尾的所有的 str1 替换为 str2，str1 和 str2 代表字符

任务 3.2 重定向

任务描述

一个运行的程序（或称为进程）需要从某个位置读取输入并将输出写入屏幕或文件。从 shell 提示符运行的命令通常会从键盘读取其输入，并将输出发送到其终端窗口。如果希望将命令的输出结果保存到文件中或者不用显示输出结果，又或者想以文件内容作为命令的参数，就需要用到重定向。

进程使用带编号的通道（称为文件描述符）来获取输入并发送输出。所有进程在开始时至少需具有 3 个文件描述符。标准输入（通道 0）从键盘读取输入，也可从其他文件或命令中输入。标准输出（通道 1）将正常输出发送到终端。标准错误（通道 2）将错误消息发送到终端。如果程序打开连接至其他文件的单独连接，则可能要使用更大编号的文件描述符。

重定向不使用系统的标准输入端口、标准输出端口或是标准错误端口，而是进行重新的指定。重定向有 4 种方式，分别是输出重定向、输入重定向、错误输出重定向以及同时实现输出和错误重定向。

3.2.1 输出重定向

I/O 重定向将默认通道目标位置替换为代表输出文件或设备的文件名。利用重定向，通常发送到终端窗口的进程输出和错误消息可以捕获为文件内容，并发送到设备或者丢弃。输出重定向，即将某一命令执行的输出保存到文件中，如果已经存在相同的文件，那么覆盖原文件中的内容。另外一种特殊的输出重定向是输出追加重定向，即将某一命令执行的输出添加到已经存在的文件中。

输出重定向中用到的符号及其作用见表 3 – 7。

表 3 – 7

符号	作用
命令 > 文件	将标准输出重定向到一个文件中（清空原有文件的数据）
命令 >> 文件	将标准输出重定向到一个文件中（追加到原有内容的后面）

使用输出重定向将当前用户 student 的家目录/home/student 的内容保存到/tmp/abc 文件中。

```
[student@localhost ~]$ ls -l
total 4
drwx------. 2 student student    6 Feb 19 10:13 Desktop
drwx------. 3 student student  123 Feb 22 13:40 Documents
drwx------. 2 student student    6 Feb 19 10:13 Downloads
drwx------. 2 student student    6 Feb 22 10:27 Music
drwx------. 3 student student   18 Feb 20 16:25 Pictures
drwx------. 2 student student    6 Feb 19 10:13 Public
drwx------. 2 student student    6 Feb 19 10:13 Templates
-rw-rw-r--. 1 student student 65 Feb 22 13:40 test.txt
drwx------. 2 student student   55 Feb 20 14:23 Videos
[student@localhost ~]$ ls -l >/tmp/abc
[student@localhost ~]$ cat /tmp/abc
total 4
drwx------. 2 student student    6 Feb 19 10:13 Desktop
drwx------. 3 student student  123 Feb 22 13:40 Documents
drwx------. 2 student student    6 Feb 19 10:13 Downloads
drwx------. 2 student student    6 Feb 22 10:27 Music
drwx------. 3 student student   18 Feb 20 16:25 Pictures
drwx------. 2 student student    6 Feb 19 10:13 Public
drwx------. 2 student student    6 Feb 19 10:13 Templates
-rw-rw-r--. 1 student student 65 Feb 22 13:40 test.txt
drwx------. 2 student student   55 Feb 20 14:23 Videos
[student@localhost ~]$
```

使用 echo 命令和输出重定向创建/tmp/test 文件，文件的内容是 "i love linux"。

```
[student@localhost ~] $ echo 'i love linux' > /tmp/test
[student@localhost ~] $ cat /tmp/test
i love linux
[student@localhost ~] $
```

使用输出追加重定向将当前用户 student 的家目录/home/student 的内容写追加到文件/tmp/test 中。

```
[student@localhost ~] $ ls -l >> /tmp/test
[student@localhost ~] $ cat /tmp/test
i love linux
total 4
drwx------. 2 student student     6 Feb 19 10:13 Desktop
drwx------. 3 student student   123 Feb 22 13:40 Documents
drwx------. 2 student student     6 Feb 19 10:13 Downloads
drwx------. 2 student student     6 Feb 22 10:27 Music
drwx------. 3 student student    18 Feb 20 16:25 Pictures
drwx------. 2 student student     6 Feb 19 10:13 Public
drwx------. 2 student student     6 Feb 19 10:13 Templates
-rw-rw-r--. 1 student student    65 Feb 22 13:40 test.txt
drwx------. 2 student student    55 Feb 20 14:23 Videos
[student@localhost ~] $
```

3.2.2　输入重定向

输入重定向相对来说有些冷门，在工作中遇到的概率会小一点。输入重定向的作用是把文件直接导入命令中。对于输入重定向来讲，通常有两种：一种是将某一文件的内容作为命令的输入；另一种是输入追加重定向，这种输入重定向告诉 shell，当前标准输入来自命令行的一对分隔符之间的内容。输入重定向中用到的符号及其作用见表 3 - 8。

表 3 - 8

符号	作用
命令 < 文件	将文件作为命令的标准输入
命令 << 分界符	从标准输入中读入，直到遇见分界符才停止
命令 < 文件 1 > 文件 2	将文件 1 作为命令的标准输入，并将标准输出到文件 2

使用输入重定向将文件/etc/passwd 的内容作为输入，来让 wc 命令执行。

```
[student@localhost ~] $ wc < /etc/passwd
   43    96 2355
[student@localhost ~] $
```

使用输入重定向在当前用户 student 的家目录下，使用输入追加重定向创建 test. txt 文件。

```
[student@localhost ~]$ cat >test.txt << eof
>hello
>friends
>goodby
>eof
[student@localhost ~]$ cat test.txt
hello
friends
```

使用输入重定向将 test. txt 作为 cat 的标准输入，并将标准输出到文件 test1. txt 中。

```
[student@localhost ~]$ cat <test.txt >test1.txt
[student@localhost ~]$ cat test1.txt
hello
friends
goodby
```

3. 2. 3　错误重定向

错误重定向也有两种：第一种是将某一命令执行的出错信息输出到指定文件中，另外一种特殊的错误重定向是错误追加重定向，即将某一命令执行的出错信息添加到已经存在的文件中。错误重定向中用到的符号及其作用见表 3 – 9。

表 3 – 9

符号	作用
命令 2 > 件	将错误输出重定向到一个文件中（清空原有文件的数据）
命令 2 >> 文件	将错误输出重定向到一个文件中（追加到原有内容的后面）

对于重定向中的标准输出模式，可以省略文件描述符 1 不写，而错误输出模式的文件描述符 2 是必须要写的。

使用输出重定向将错误命令的输出结果保存到/tmp/error 文件中。

```
[student@localhost ~]$ data
bash:data:command not found...
[student@localhost ~]$ data 2 >/tmp/error
[student@localhost ~]$ cat /tmp/error
bash:data:command not found...
```

使用输出重定向将错误命令的输出结果追加到/tmp/error 文件中。

```
[student@localhost ~]$ ls al
ls:cannot access'al':No such file or directory
[student@localhost ~]$ ls al 2 >> /tmp/error
[student@localhost ~]$ cat /tmp/error
bash:data:command not found...
ls:cannot access'al':No such file or directory
```

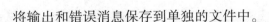

将输出和错误消息保存到单独的文件中。

```
[student@localhost ~] $ find /etc -name root > /tmp/right 2 > /tmp/error
[student@localhost ~] $ cat /tmp/right
/etc/selinux/targeted/contexts/users/root
[student@localhost ~] $ cat /tmp/error
find:'/etc/pki/rsyslog':Permission denied
find:'/etc/lvm/archive':Permission denied
find:'/etc/lvm/backup':Permission denied
find:'/etc/lvm/cache':Permission denied
find:'/etc/dhcp':Permission denied
find:'/etc/grub.d':Permission denied
find:'/etc/polkit -1/rules.d':Permission denied
find:'/etc/polkit -1/localauthority':Permission denied
find:'/etc/sssd':Permission denied
find:'/etc/audit':Permission denied
find:'/etc/libvirt':Permission denied
find:'/etc/firewalld':Permission denied
find:'/etc/sudoers.d':Permission denied
[student@localhost ~] $
```

3.2.4 同时实现输出和错误重定向

同时实现输出和错误的重定向，即可同时实现输出重定向和错误重定向的功能。用到的符号及其作用见表3－10。

表3－10

符号	作用
命令 > 文件 2 > &1 或 命令 & > 文件	将标准输出与错误输出共同写入文件中（覆盖原有内容）
命令 >> 文件 2 > &1 或 命令 & >> 文件	将标准输出与错误输出共同写入文件中（追加到原有内容的后面）

将输出和生成的错误消息存储在一起。

```
[student@localhost ~] $ find /etc -name root & > /tmp/both
[student@localhost ~] $ cat /tmp/both
find:'/etc/pki/rsyslog':Permission denied
find:'/etc/lvm/archive':Permission denied
find:'/etc/lvm/backup':Permission denied
find:'/etc/lvm/cache':Permission denied
find:'/etc/dhcp':Permission denied
/etc/selinux/targeted/contexts/users/root
find:'/etc/grub.d':Permission denied
```

```
find:'/etc/polkit-1/rules.d':Permission denied
find:'/etc/polkit-1/localauthority':Permission denied
find:'/etc/sssd':Permission denied
find:'/etc/audit':Permission denied
find:'/etc/libvirt':Permission denied
find:'/etc/firewalld':Permission denied
find:'/etc/sudoers.d':Permission denied
[student@localhost ~]$
```

将输出和生成的错误附加到现有文件。

```
[student@localhost ~]$ find /etc -name root & >>test.txt
[student@localhost ~]$ cat test.txt
hello
friends
goodby
find:'/etc/pki/rsyslog':Permission denied
find:'/etc/lvm/archive':Permission denied
find:'/etc/lvm/backup':Permission denied
find:'/etc/lvm/cache':Permission denied
find:'/etc/dhcp':Permission denied
/etc/selinux/targeted/contexts/users/root
find:'/etc/grub.d':Permission denied
find:'/etc/polkit-1/rules.d':Permission denied
find:'/etc/polkit-1/localauthority':Permission denied
find:'/etc/sssd':Permission denied
find:'/etc/audit':Permission denied
find:'/etc/libvirt':Permission denied
find:'/etc/firewalld':Permission denied
find:'/etc/sudoers.d':Permission denied
[student@localhost ~]$
```

3.2.5 管道

管道是一个或多个命令的序列，由 |（管道字符）分隔。管道将第一个命令的标准输出连接到下一个命令的标准输入。通过管道，可以把多条命令合并为一条。

命令语法：[命令 1] | [命令 2] | [命令 3]

为便于理解，可以这样想象一下：数据正在通过管道从一个进程"流"向另一个进程，并且在其经过的管道中，每个命令都会略微对其做些改动。

ls -l 命令的输出传送到 wc -l，用于统计从 ls 收到的行数并将该行数显示在终端。

```
[student@localhost ~]$ ls -l|wc -l
13
[student@localhost ~]$
```

管道和重定向也可以结合使用，在此管道中，head 将输出 cat/etc/passwd 内容的前 5 行，并且最终结果会重定向到文件/tmp/users 中。

```
[student@localhost ~] $ cat /etc/passwd|head -n 5 >/tmp/users
[student@localhost ~] $ cat /tmp/users
root:x:0:0:root:/root:/bin/bash
bin:x:1:1:bin:/bin:/sbin/nologin
daemon:x:2:2:daemon:/sbin:/sbin/nologin
adm:x:3:4:adm:/var/adm:/sbin/nologin
lp:x:4:7:lp:/var/spool/lpd:/sbin/nologin
[student@localhost ~] $
```

使用复杂的管道，head 将 grep 在/etc/passwd 中查找到的含有 var 的条目显示出前 10 条。

```
[student@localhost ~] $ cat /etc/passwd|grep'var'|head
adm:x:3:4:adm:/var/adm:/sbin/nologin
lp:x:4:7:lp:/var/spool/lpd:/sbin/nologin
mail:x:8:12:mail:/var/spool/mail:/sbin/nologin
ftp:x:14:50:FTP User:/var/ftp:/sbin/nologin
geoclue:x:997:995:User for geoclue:/var/lib/geoclue:/sbin/nologin
pulse:x:171:171:PulseAudio System Daemon:/var/run/pulse:/sbin/nologin
rpc:x:32:32:Rpcbind Daemon:/var/lib/rpcbind:/sbin/nologin
chrony:x:995:990::/var/lib/chrony:/sbin/nologin
libstoragemgmt:x:994:988:daemon account for libstoragemgmt:/var/run/lsm:/sbin/
nologin
pipewire:x:993:987:PipeWire System Daemon:/var/run/pipewire:/sbin/nologin
[student@localhost ~] $
```

常见错误及原因解析

有时在使用 vim 编辑器时，编辑完配置文件后，会显示编辑的文件是只读文件，不能退出，出现如图 3 - 2 所示的提示。

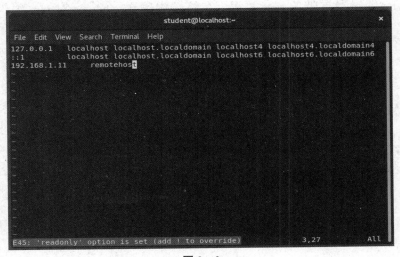

图 3 - 2

根据提示使用 wq! 之后，仍然出现错误提示：不能对该文件进行写，也就是没有权限，如图 3 - 3 所示。

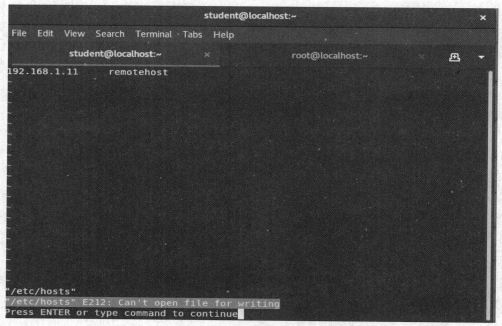

图 3 – 3

原因分析：由于每次登录时使用的是普通用户 student 登录，普通用户可以创建一般的文件，但使用普通用户编辑配置文件是没有权限的。

解决方法：首先使用 q! 退出对配置文件的编辑。切换为 root 用户即可对配置文件进行编辑并且保存了。

课后习题

1. 学习 vim 编辑器自带的 vim 教程。在终端中输入 vimtutor 对 vim 编辑器技巧进行练习。

2. 使用 echo 命令和输出重定向创建文本文件/tmp/test，内容是 learn linux，然后使用追加重定向，输入内容为 hello linux。

工作项目4
管理本地Linux用户和组

学习知识技能点

1. 了解用户和组概念
2. 熟练管理用户
3. 熟练管理用户组
4. 熟练管理用户密码

任务4.1 用户和组概念

任务描述

　　Linux 是真正意义上的多用户操作系统，所以能在 Linux 系统中创建若干用户，比如有人想使用你的计算机，但你不想让他用你的用户名登录，因为你的计算机可能存在隐私资料，这时就可以给他创建一个新的用户名，让他用你所创建的用户名去使用，既方便他人，又能保留自己的隐私。组是一些用户的集合，主要是控制用户的权限，方便对不同类型的用户进行管理。因此，首先需要了解用户和组的能力及分类。

4.1.1 用户账户的能力与分类

　　Linux 是一个多用户多任务的操作系统，用户账户在 Linux 系统中是分角色的，由于角色不同，每个用户的权限和所能执行的工作任务也不同。在实际的管理中，用户的角色是通过 UID（用户 ID 号）来标识的，每个用户的 UID 都是不同的。在 Linux 系统中，有三大类用户，分别是 root 用户、系统用户和普通用户。

　　1. root 用户

　　在 Linux 系统中，root 用户 UID 为 0，root 用户是拥有最高权限的用户，普通用户无法执行的操作，root 用户都能完成，所以也被称为超级用户、系统管理员。

　　2. 系统用户

　　系统用户也被称为虚拟用户、伪用户，这类用户不具有登录 Linux 系统的能力，但却是系统运行不可缺少的用户，比如 sync、nobody、tss 等，这类用户都是系统自身拥有的。系统用户的 UID 为 1~999。

3. 普通用户

普通用户能登录系统，在 Linux 系统上进行一般操作，能操作自己目录中的内容，其使用系统的权限受到限制。这类用户都是系统管理员创建的，其 UID 为 1000~60000。

4.1.2 /etc/passwd 文件

/etc/passwd 文件是用户的配置文件。该文件中包含了所有用户登录名清单、所有用户指定的主目录、在登录时使用的 shell 程序名称等。该文件还保存了用户口令，给每个用户提供系统识别号（UID 号）。/etc/passwd 文件是一个纯文本文件，每行代表一个用户，采用了相同的格式，各字段之间以 ":" 分隔，格式如下：

```
username:password:uid:gid:comment:home:shell
```

查询示例：cat /etc/passwd。

```
[root@localhost ~]# cat /etc/passwd
root:x:0:0:root:/root:/bin/bash
bin:x:1:1:bin:/bin:/sbin/nologin
daemon:x:2:2:daemon:/sbin:/sbin/nologin
adm:x:3:4:adm:/var/adm:/sbin/nologin
lp:x:4:7:lp:/var/spool/lpd:/sbin/nologin            （以下省略）
```

字段含义见表 4-1。

表 4-1

字段名	字段含义
username	用户登录名，由字母或数字构成
password	用户口令，此域中的口令是加密的，密码在/etc/shadow 文件中维护，因此显示为 x。当用户登录系统时，系统对输入的口令采取相同的算法，与此域中的内容进行比较。如果此域为空，表明该用户登录时不需要口令
uid	用户的 UID。用户登录系统后，系统通过该值而不是用户名来识别用户
gid	用户所属的主要组群 ID 号，每个组群的 GID 都是唯一的
comment	用来保存用户的真实姓名和个人详细信息，也可以是描述
home	指定用户的主目录的绝对路径
shell	是用户登录时运行的程序，要执行的命令的绝对路径放在这一区域中。它可以是任何命令

4.1.3 组账户的能力与分类

组是具有相同特征用户的逻辑集合，有时需要让多个用户具有相同的权限，比如查看、修改某一个文件的权限，一种方法是分别对多个用户进行文件访问授权，如果有 8 个用户的话，就需要授权 8 次，这种方式过于烦琐；另一种方法是建立一个组，让这个组具有查看、修改此文件的权限，然后将所有需要访问此文件的用户放入这个组中，那么所有用户就具有了和组一样的权限。将用户分组是 Linux 系统中对用户进行管理及控制访问权限的一种手段，通过定义组，在很大程度上简化了管理工作。用户和组的对应关系为多对多，即一个用户可属于一个或多个组，一个组可以有 0 个、1 个或多个用户。从用户的角度，组可以分为主要组和附属组。

1. 主要组

用户的默认组，用户的 gid 所标识的组，一个用户只能有一个主要组。

2. 附属组

用户的附加组，一个用户可以有 0 个或多个附属组。

4.1.4　/etc/group 文件

/etc/group 文件是组的配置文件，组的所有信息都存放在/etc/group 文件中，如一个组含有哪些用户，一个用户归属于一个或者几个组。文件格式与/etc/passwd 相同，每一行为一个组，各字段之间以 "：" 分隔，格式如下：

```
groupname:gpassword:gid:userlist
```

查询示例：cat /etc/group。

```
[root@localhost ~]# cat /etc/group
root:x:0:
bin:x:1:
daemon:x:2:
sys:x:3:                         (以下省略)
```

字段含义见表 4 - 2。

表 4 - 2

字段名	字段含义
groupname	组的名称，由字母或数字构成
gpassword	存放的是组加密后的字符，群组密码通常不需要设定，密码在/etc/gshadow 文件中维护，因此显示 x
gid	组标识号，类似于 uid，范围和 uid 相同
userlist	属于这个组的所有用户的列表，不同用户之间用逗号分隔。这个组可能是用户的主要组，也可能是附加组

4.1.5　/etc/shadow 文件

/etc/shadow 文件用于存放用户的密码信息，该文件只有 root 用户可读，保证用户密码的安全性，文件格式如下：

username:password:lastchange:minage:maxage:warning:inactive:expire:blank

查询示例：cat /etc/shadow。

```
[root@localhost ~]# cat /etc/shadow
root:$6$3kNR0DRoTR/s4EMj$IjTN65Im1oqfJqws.G5.9XNSFFKnIw4hAh0jB4atv6QoRwsp6wkB
kFfpCCC/j7DlvVaNmrKx/SbwsjMSGYYaD/::0:99999:7:::
bin:*:17784:0:99999:7:::
daemon:*:17784:0:99999:7:::
                                          (以下省略)
```

字段含义见表 4 – 3。

表 4 – 3

字段名	字段含义
username	系统登录名，与/etc/passwd 文件中的用户名含义相同
password	存放的是加密后的用户密码，开头为感叹号时，表示该密码已被锁定
lastchange	最近一次更改密码的日期，以距离 1970 年 1 月 1 日的天数表示
minage	可以更改密码前的最少天数，如修改完一次密码后，下一次修改需要在最少天数后才可修改，为 0 则表示无期限要求
maxage	必须更改密码前的最多天数
warning	密码还有多长时间到期的警告天数，为 0 则不提供警告
inactive	对应账户在密码到期后仍能使用的天数，在此期限内，用户依然可以登录系统并更改密码，超过此期限不更改密码，则该账户将被锁定
expire	用户账户到期的日期，以距离 1970 年 1 月 1 日的天数表示
blank	预留字段

任务 4.2　超级用户的使用

任务描述

在使用普通用户登录 Linux 系统时，会发现很多操作不能被执行，提示信息为权限不足。这是因为从安全性考虑，对普通用户的操作进行了一定限制，防止一些不当操作和恶意破坏等行为对系统造成一定的损坏。要想在普通用户下完成一定的操作，需要掌握的就是用户在权限不足的情况下如何提升权限。

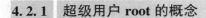

4.2.1　超级用户 root 的概念

在 UNIX 系统（如 AIX、BSD 等）和类 UNIX 系统（如 Debian、Red Hat、Ubuntu 等版本的 Linux 系统以及 Android 系统）中存在一种超级用户，超级用户命名为 root，它拥有系统所有权限，能够对系统进行一切操作，如修改系统配置文件、安装及卸载软件包等，相当于 Windows 系统中的 Administrator 用户。由于系统不会限制 root 的操作，所以使用 root 账户时需谨慎，错误的操作可能会毁坏整个系统。

4.2.2　获取超级用户访问权限

除 root 用户外，Linux 系统的普通用户能做的操作十分有限，有时需要获取超级用户权限来完成一系列操作，超级用户权限可通过以下两种方式获取：

1. 使用 su 命令切换用户

su 命令可以使当前用户切换至另一个用户，如 su – teacher，示例如下：

```
[student@localhost ~] $ su-teacher
Password:
[teacher@localhost ~] $
```

teacher 为用户名，执行命令后，按提示输入 teacher 用户密码，按 Enter 键即可切换至 teacher 用户。命令 su – < username > 改变登录 shell，命令 su < username > 不改变登录 shell，即 su – 如同重新以该用户身份登录，shell 环境与该用户一样，而 su 只是以该用户身份使用当前的 shell 环境。

```
[teacher@localhost ~] $ su student
Password:
[student@localhost teacher] $
```

注意：su 或 su – 命令后如不加用户名，则默认切换至 root 用户。

```
[student@localhost teacher] $ su -
Password:
[root@localhost ~]#
```

备注：普通用户切换至另一个普通用户或者 root 用户时，需输入对应用户密码，root 用户切换至普通用户则无须输入密码。

2. 使用 sudo 命令临时以 root 身份执行操作

前一种介绍的获取超级用户权限的方法是直接通过 su 命令使普通用户暂时成为 root 用户，作为 root 用户操作时，不仅可以删除配置文件，还可以停用和重启服务，如想完成上述操作，用户必须知晓 root 账户密码，在实际生产环境中，此种方法安全性有所欠缺，所以可以使用另一种方式（sudo 命令）获取超级用户权限。

sudo 命令通过允许一个用户以超级用户或者其他用户的角色运行一个已授权的命令，这样不仅减少了 root 用户的登录和管理时间，同样也提高了安全性。执行 sudo 命令要求输入的是当前用户密码，常用命令有：

- sudo – l   //查看用户自己的授权信息
- sudo < 特权命令 >   //执行特权命令
- sudo – u < username > < 特权命令 >   //指定用户执行特权命令

3. 配置 sudo 提权

配置 sudo 提权有两种方式，在 root 用户登录的情况下执行 visudo 命令或编辑/etc/sudoers 文件，示例如下。

示例 1：执行 visudo 命令，在 "## Allow root to run any commands anywhere" 的下方添加一行内容 "student ALL =（ALL）ALL"，编辑完成后保存退出。与 vi/vim 操作相同。student 为提权的用户名，第一个 ALL 指网络中的主机，第二个括号里的 ALL 指目标用户，也就是以谁的身份去执行命令，第三个 ALL 为可执行的命令名。添加内容含义为 student 用户可在任何地方执行任何命令。

```
[root@localhost ~]# visudo
                                                      （此处省略）
## Allow root to run any commands anywhere
root       ALL =(ALL)         ALL
student    ALL =(ALL)         ALL
## Allows members of the'sys'group to run networking,software,    （以下省略）
```

示例 2：通过 vi/vim 命令编辑文件/etc/sudoers，在 "## Allow root to run any commands anywhere" 的下方添加一行内容 "teacher localhost =/usr/bin/ * ,! /usr/bin/rpm"，因为该文件为只读，编辑完成后，需执行 wq! 强制保存退出。添加内容的含义为仅允许 teacher 在本机以 root 用户身份执行/usr/bin 下的所有命令，但不允许执行 rpm 命令。

```
[root@localhost ~]# vim /etc/sudoers
                                                      （此处省略）
## Allow root to run any commands anywhere
root       ALL =(ALL)         ALL
student    ALL =(ALL)         ALL
teacher    localhost =(root)   /usr/bin/ * ,!/usr/bin/rpm
## Allows members of the'sys'group to run networking,software,    （以下省略）
```

注：通过 sudo 执行的所有命令都默认将日志记录到/var/log/secure 中，可以此为依据判断用户有无异常行为。如想配置组账户提权，则格式与用户相同，将 < 用户名 > 换成% < 组名 > 即可。

任务 4.3 用户的管理

任务描述

在生产环境中，大部分情况下很少使用 root 用户对系统进行直接操作，因为在同一服务器上拥有很多服务，也有很多人同时使用同一台服务器的情况，不可能每个服务或每个人都使用 root 用户进行操作，这样会极大地降低系统安全性，所以得为每一个人或每一个服务建立自己的账户。这也就需要知道如何管理用户账户。

4.3.1　创建用户账户

创建用户账户的命令是 useradd。

命令语法：useradd[选项/用户名][用户名/选项]

在不加任何选项的情况下，默认为/etc/passwd 中的所有字段设置合理的默认值。

```
[root@localhost ~]# useradd user1
[root@localhost ~]# cat /etc/passwd|grep user1
user1:x:1002:1002::/home/user1:/bin/bash
[root@localhost ~]#
```

常用选项见表 4-4。

表 4-4

选项	作用介绍
-u	指定用户的 UID
-g	指定用户主要组（用户组需已存在）
-c	添加用户的描述信息，如全名
-d	指定用户的主目录
-G	指定用户的补充组（用户组需已存在）
-N	不创建与用户同名的组
-e	设置账户的过期时间，格式为 YYYY-MM-DD
-s	指定用户登录的 shell 类型
-f	设置密码过期后多少天锁定用户
-M	不创建用户主目录

示例：创建用户 user2，指定 uid 为 1111，主要组为 teacher（用户组 teacher gid 为 1002），附属组为 user1，描述信息为 student_user2，登录的 shell 类型为/bin/bash，执行完毕后查看用户是否创建成功。

```
[root@localhost ~]# useradd user2 -u 1111 -g 1002 -G user1 -c student_user2 -s /bin/bash
[root@localhost ~]# cat /etc/passwd|grep user2
user2:x:1111:1002:student_user2:/home/user2:/bin/bash
[root@localhost ~]#
```

备注：指定用户主要组和附属组时，可输入组账户 gid 或者直接输入组账户名。

4.3.2 查看用户信息

查看用户信息的方法除上述 cat 命令外，命令 more、less、head、tail 以及 vi/vim 都可以通过直接查询文件/etc/passwd 获取用户信息及通过文件/etc/shadow 获取用户密码信息。

此外，可通过 id 命令显示用户的 uid 以及该用户所属组群的 gid。

命令语法：id[选项][用户名]

常用选项见表4－5。

表 4 －5

选项	作用介绍
－ u	显示用户 id
－ g	显示用户主要组 id
－ G	显示用户附属组 id

示例：查询用户 user1 的用户 id 及主要组 id。

```
[root@localhost ~]# id － u user1
1002
[root@localhost ~]# id － g user1
1002
[root@localhost ~]#
```

还可通过命令 groups 显示用户的组群成员身份，即用户属于哪些组的成员。

命令语法：groups[用户名]

示例：查询用户 user1 属于哪些组群的成员（:前为用户名,:后为组名）。

```
[root@localhost ~]# groups user1
user1:user1
[root@localhost ~]#
```

4.3.3 修改用户账户

修改用户账户的命令是 usermod。

命令语法：usermod[选项/用户名][用户名/选项]

常用选项见表4－6。

表 4 －6

选项	作用介绍
－ c	修改用户描述信息，如全名
－ g	修改用户主要组（用户组需已存在）

续表

选项	作用介绍
– G	修改用户附属组（用户组需已存在）
– u	修改用户的 uid
– d	修改用户主目录
– s	修改用户登录的 shell 类型
– a	与 – G 选项配合使用，为用户添加多个附属组
– L	锁定用户，使其不能登录系统
– U	解锁用户，允许其登录系统
– l	修改用户账户名（usermod – l[新用户名][原用户名]）

示例：修改用户 user2 的 uid 为 1100，描述信息为 test_user2，登录的 shell 类型为/sbin/nologin，添加另一个附属组 teacher，执行完毕后，查看用户信息是否修改成功。

```
[root@localhost ~]# usermod user2 – u 1100 – s /sbin/nologin – a – G teacher
[root@localhost ~]# cat /etc/passwd |grep user2
user2:x:1100:1002:test_user2:/home/user2:/sbin/nologin
[root@localhost ~]#
```

4.3.4　删除用户账户

删除用户账户的命令是 userdel。

命令语法：userdel[选项][用户名]

常用选项见表 4 – 7。

表 4 – 7

选项	作用介绍
– r	删除用户的同时，将用户的主目录一同删除
– f	强制删除用户

示例：强制删除用户 user2，同时删除 user2 的主目录，执行完毕后，查看用户是否删除成功。

```
[root@localhost ~]# userdel – rf user2
[root@localhost ~]# cat /etc/passwd |grep user2
[root@localhost ~]#
```

> ### 任务 4.4   组的管理

任务描述

前面也介绍过,组是拥有相同特征用户的集合,在创建用户时,可以指定用户的主要组和补充组,前提是用户组需已存在,并且在创建用户的同时,会创建和用户同名的用户组,如未指定用户的主要组,则用户的主要组默认为和用户同时创建、同名的用户组。本任务要求掌握对组的管理。

4.4.1   创建组账户

创建组账户使用命令 groupadd。

命令语法:groupadd[选项/组名][组名/选项]

如不带选项,默认指定一个可用的 gid,常用选项见表 4-8。

表 4-8

选项	作用介绍
-g	指定用户组 gid
-h	获取帮助（groupadd -h）
-o	一般与 -g 选项同时使用,允许新用户组的 gid 可以与系统已有用户组的 gid 相同

示例:创建组 usergroup,指定 gid 为 2222,执行完毕后,查看组是否创建成功。

```
[root@localhost ~]# groupadd -g 2222 usergroup
[root@localhost ~]# cat /etc/group|grep usergroup
usergroup:x:2222:
[root@localhost ~]#
```

4.4.2   查看组信息

查看用户组信息的方法除上述 cat 命令外,命令 more、less、head、tail 以及 vi/vim 都可以通过直接查询文件/etc/group 获取组信息。

4.4.3   修改组账户

修改组账户使用命令 groupmod。

命令语法:groupmod[选项/组名][组名/选项]

常用选项见表 4-9。

表 4 - 9

选项	作用介绍
- g	修改组 gid
- n	更改组名（groupmod - n[新组名][原组名]）

示例：修改组 usergroup，gid 为 2200，重新命名为 groups，执行完毕后，查看组信息是否修改成功。

```
[root@localhost ~]# groupmod - g 2200 - n groups usergroup
[root@localhost ~]# cat /etc/group|grep groups
groups:x:2200:
[root@localhost ~]#
```

4.4.4　删除组账户

删除组账户使用命令 groupdel。

命令语法：groupdel[组名]

需要注意的是，如果要删除的组中包含用户，则无法删除该组，并且删除的目标组不能是用户的基本组。

示例：删除用户组 groups，执行完毕后，查看组是否删除成功。

```
[root@localhost ~]# groupdel groups
[root@localhost ~]# cat /etc/group|grep groups
[root@localhost ~]#
```

备注：如果在执行 groupdel [用户组名] 无法删除的情况下还是执意删除该组的话，可以添加一个 - f 选项强制删除，即 groupdel - f [组名]。

任务 4.5　管理用户密码

任务描述

用户密码是保护用户最基本，也是最有效的手段。如在某平台注册了账户，会要求为该账户创建密码，下次登录时通过账户 + 密码的形式登录，这对于个人信息的保护有着决定性的作用。登录 Linux 系统时也是如此，需要"用户名 + 用户密码"才能登录到系统中，所以需要掌握如何管理用户密码。

4.5.1　passwd：修改用户密码

在创建完用户后，出于安全性考虑，需要为用户设置密码，如创建完用户 A 后，未给用户 A 设置密码，那么即使在创建过程中设置其 shell 类型为允许登录系统，用户 A 也不能够直接登录系统。passwd 命令可以设置和修改用户密码，普通用户和超级用户都能够运行 passwd 命令，不同的是，普通用户只能设置或修改自身的密码，而 root 用户可以设置或修改所有用户密码。

命令语法：passwd[用户名]

示例：设置用户 user1 的密码为 123456，执行完毕后，查看密码设置是否成功。

```
[root@localhost ~]# passwd user1
Changing password for user user1.
New password:
BAD PASSWORD:The password is shorter than 8 characters
Retype new password:
passwd:all authentication tokens updated successfully.
[root@localhost ~]# cat /etc/shadow|grep user1
user1:$6$c0tZR.MX1apfcGq3$TWnkWAcwAqRSxHfwCLpLq6L1hVWRqkz0WgYzU1HV7ZfFtSRgK
z8eTobJ/NadF2zhkrRFL1yZiUC8wgDKxRJQu1:17948:0:99999:7:::
[root@localhost ~]#
```

备注：设置密码过程中输入的密码不可见，在/etc/shadow 文件中显示的是密码加密后的密文，密码明文不可见。更改用户密码步骤相同，无须输入用户原密码。当直接 passwd 命令后面不跟任何用户名时，则表示修改当前登录用户的密码。

此外，passwd 可通过添加不同选项实现不同的功能。

命令语法：passwd[选项][用户名]

常用选项见表 4 – 10。

表 4 –10

选项	作用介绍
– f	强制操作，只有 root 权限能够执行
– d	删除用户密码，只能以 root 权限操作
– S（大写）	查询用户密码状态，只能以 root 权限操作
– l	被锁住的用户无权更改其密码，只能以 root 权限操作
– u	解除锁定，只能以 root 权限操作
––stdin（两个 –）	可以只输入一次密码，没有交互界面，输入密码时会以明文显示密码
– e	强制用户在下次登录时修改密码，只能以 root 权限操作

示例：查询用户 user1 密码状态，以明文形式更改 user1 密码为 111111。

```
[root@localhost ~]# passwd – S user1
user1 PS 2019 – 02 – 21 0 99999 7 – 1(Password set,SHA512 crypt.)
[root@localhost ~]# passwd ––stdin user1
Changing password for user user1.
111111
```

```
passwd:all authentication tokens updated successfully.
[root@localhost ~]#
```

4.5.2　管理用户密码期限

管理用户密码期限使用命令 chage。

命令语法：chage[选项][用户名]

常用选项见表 4 − 11。

表 4 − 11

选项	作用介绍
− d	将最近一次密码设置时间设置为"最近时间"
− E	指定用户账号过期时间，格式为 YYYY − MM − DD
− I	指定当密码过期多少天后锁定用户账号
− l	列出密码有效期信息
− m	指定密码的最少天数
− M	指定密码的最大天数

示例：设置 user1 过期时间为 2019 年 2 月 28 日，并列出 user1 密码有效期信息。

```
[root@localhost ~]# chage − E 2019 − 2 − 28 user1
[root@localhost ~]# chage − l user1
Last password change                           :Feb 21,2019
Password expires                     :never
Password inactive                    :never
Account expires                        :Feb 28,2019
Minimum number of days between password change     :0
Maximum number of days between password change     :99999
Number of days of warning before password expires  :7
[root@localhost ~]#
```

扩展：命令 gpasswd 可以设置一个组群的组群密码，或者是在组群中添加、删除用户，命令语法：gpasswd[选项][用户组名]。passwd 命令加特定选项可用于管理用户密码期限，如 − x、− n 选项。

常见错误及原因解析

常见错误一

创建用户没有权限。

```
[student@localhost ~]$ useradd user3
useradd:Permission denied.
useradd:cannot lock /etc/passwd;try again later.
[student@localhost ~]$
```

原因分析：当前登录用户 student 是普通用户，只有 root 用户权限才能创建用户。

解决方法：以 root 用户登录或获取 root 用户权限。

常见错误二

无法删除用户所属组。

```
[root@localhost ~]# groupdel group1
groupdel:cannot remove the primary group of user'user3'
[root@localhost ~]#
```

原因解析：用户组 group1 是用户 user3 的主要组，因此无法直接删除。

解决方法：修改用户 user3 的主要组为其他用户组或删除用户 user3，再删除用户组 group1，也可以执行命令 groupdel –f group1 直接强制删除。

使用 cockpit 工具管理用户

cockpit 是一个用户友好的基于 Web 的控制台，可以通过一个简单的 Web 页面来监控系统资源、添加或删除账户、修改网络等，使得 Linux 系统的管理变得简单。

最新的 Red Hat 8 版本已经默认安装了 cockpit 工具，原先版本需自行安装。在使用 cockpit 工具之前，需先确认 cockpit 服务是否正在运行，如 cockpit 服务未运行，需先启动 cockpit 服务。

```
[root@localhost ~]# systemctl status cockpit
● cockpit.service – Cockpit Web Service
   Loaded:loaded(/usr/lib/systemd/system/cockpit.service;static;vendor preset:
disabled)
   Active:inactive(dead)
     Docs:man:cockpit –ws(8)
[root@localhost ~]# systemctl start cockpit
[root@localhost ~]# systemctl status cockpit
● cockpit.service – Cockpit Web Service
   Loaded:loaded(/usr/lib/systemd/system/cockpit.service;static;vendor preset:
disabled)
   Active:active(running)since Wed 2019 –03 –06 20:40:23 EST;4s ago
     Docs:man:cockpit –ws(8)
  Process:4522 ExecStartPre =/usr/sbin/remotectl certificate --ensure --user =
root --group =co >
  Main PID:4532(cockpit –ws)
       Tasks:2(limit:24002)                                    (以下省略)
```

cockpit 服务启动后，使用系统自带的火狐浏览器通过回环网络 127.0.0.1 加端口 9090 访问 cockpit 页面，如图 4 –1 所示。

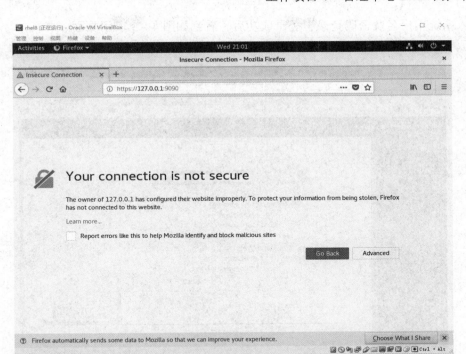

图 4 - 1

选择"Advanced（高级）"→"Add Exception…（添加例外）"→"Confirm Security Exception（确认安全例外）"进入登录页面，如图 4 - 2 所示。

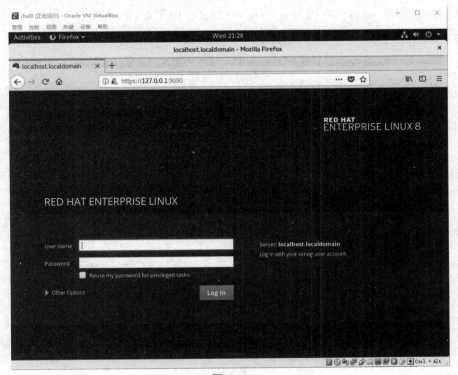

图 4 - 2

输入系统用户名及密码登录，登录成功后，看到如图4-3所示页面。

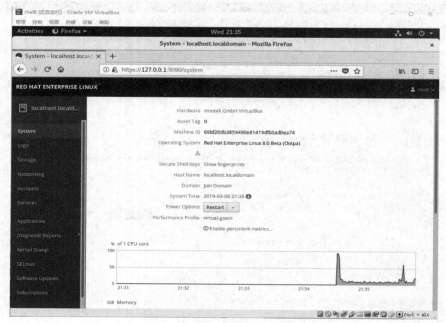

图 4-3

选择"Accounts"（账户）进入账户管理界面，可新建、修改、删除用户账户。单击"Create New Account"（新建账户）可新建账户，单击用户可修改和删除此用户。

示例：新建用户 user4，密码为 redhatuser12#$，如图4-4所示。

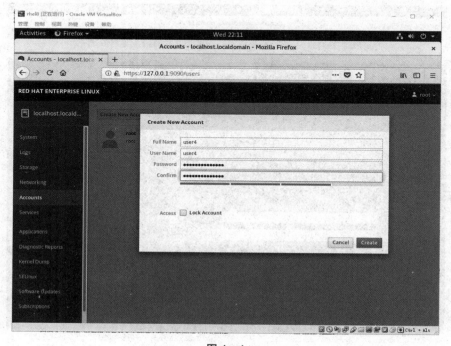

图 4-4

单击"Create"按钮即可创建，创建成功后会显示 user4 账户，如图 4 – 5 所示。

图 4 – 5

备注：使用 cockpit 工具创建用户，对用户密码的强度要求较高，请使用较复杂的密码。

课后习题

1. 创建用户 user11，设置其 uid 为 3333，shell 类型为/sbin/nologin，密码为 123456。

2. 修改用户 user11 的主目录为/home/user111，shell 类型为/bin/bash。

3. 创建组 group11，将其设置为用户 user11 的补充组。

4. 配置 sudo 提权，使用户 user11 可以获得与 root 用户相同的权限。

工作项目 5

利用用户权限设置控制文件访问

学习知识技能点

1. 了解权限的概念
2. 熟练管理文件及目录权限
3. 灵活运用 setfacl 命令管理文件及目录 ACL 权限
4. 管理默认权限

任务 5.1 Linux 系统权限

任务描述

权限是对文件系统的一种保护手段，通过为文件或目录设置权限可以限制或允许某用户对该文件或目录进行读、写、执行等操作。本任务目的在于理解权限的概念，掌握对 Linux 系统权限的管理。

5.1.1 文件和目录权限简介

Linux 系统是一个多用户多任务的操作系统，同一个文件或目录可能同时被多个用户使用，从安全的角度考虑，系统为目录及文件设置了不同的权限，确定谁可以通过何种方式对文件和目录进行访问和操作，以实现安全控制。

通过设置权限，可以限制或允许以下 3 种用户访问和操作：文件的所属人（一般为创建文件的用户）、文件的所属组、系统中的其他用户。每种用户对文件或目录的权限分为读取、写入和执行权限，每种用户有自己的一套权限控制，即所属人权限、所属组权限和其他用户权限。这 3 套权限实现了对 Linux 系统文件和目录的安全管理。

5.1.2 查看文件和目录的权限

命令 ls –l[文件名] 可以列表形式显示文件的详细信息，命令 ls –ld[目录名] 可以长列表形式显示目录的详细信息。

```
[root@localhost ~]# ls –l /etc/passwd
-rw-r--r--. 1 root root 2441 Feb 23 18:20 /etc/passwd
```

```
[root@localhost ~]#
[root@localhost ~]# ls -ld /opt/
drwxr-xr-x. 2 root root 6 Aug 12  2018 /opt/
[root@localhost ~]#
```

以空格分段内容，第一段内容从第 2 个字符开始到第 10 个字符结束的 9 个字符为文件或目录的权限信息，9 个字符每 3 个为一组，第一组代表所属人权限，第二组代表所属组权限，第三组代表其他用户权限。权限字符含义见表 5 – 1。

表 5 – 1

字符	字符含义
r	读权限，对于文件，该用户可以查看文件内容；对于目录，该用户可以浏览目录结构
w	写权限，对于文件，该用户可以新增、修改文件内容；对于目录，该用户可以创建、删除、移动目录内文件（前提是需同时拥有执行权限）
x	执行权限，对于文件，该用户可以将文件作为命令执行；对于目录，该用户可以进入目录
–	占位符，表示没有该项权限

5.1.3　设置文件和目录基本权限

使用 chmod 命令可以更改文件和目录权限，使用方法有两种。

1. 符号法

命令语法：chmod[对象＋操作符＋权限][文件名/目录名]

关键字见表 5 – 2。

表 5 – 2

对象	含义
u	文件或目录的所属人
g	文件或目录的所属组用户（用户所在组的同组用户）
o	其他用户
a	所有用户
操作符	含义
＋	在原有权限基础上添加指定权限
–	在原有权限基础上取消指定权限

续表

操作符	含义
=	赋予文件或目录指定权限，覆盖原权限

权限	含义
r	读权限
w	写权限
x	执行权限

示例：创建文件/opt/file1，修改权限为文件所属人读、写、执行权限，所属组及其他用户只有只读权限，查看结果是否成功。

```
[root@localhost ~]# touch /opt/file1
[root@localhost ~]# ls -l /opt/file1
-rw-r--r--. 1 root root 0 Feb 23 23:15 /opt/file1
[root@localhost ~]# chmod u=rwx,g=r,o=r /opt/file1
[root@localhost ~]# ls -l /opt/file1
-rwxr--r--. 1 root root 0 Feb 23 23:15 /opt/file1
[root@localhost ~]# su - student
[student@localhost ~]$ echo 'aaaaaaaaaaaaaaaaa' >> /opt/file1
-bash:/opt/file1:Permission denied
[student@localhost ~]$
```

2. 数值法

命令语法：chmod ###[文件名/目录名]

#为权限代表数值的和，第一个#为所属人指定权限，第二个#为所属组指定权限，第三个#为其他用户指定权限。权限代表数值见表 5-3。

表 5-3

对象	所属人			所属组			其他用户		
权限	读	写	执行	读	写	执行	读	写	执行
代表数值	4	2	1	4	2	1	4	2	1

需要注意的是，使用数值法设置权限只能赋予指定权限覆盖原有权限，无法像符号法一样可以在原有权限基础上添加或取消权限。

示例：创建目录/opt/dir1，更改权限为所属人读、写、执行权限，所属组及其他用户可读写，查看结果是否成功。

```
[root@localhost ~]#mkdir /opt/dir1
[root@localhost ~]#ls -ld /opt/dir1/
drwxr-xr-x. 2 root root 6 Feb 24 10:36 /opt/dir1/
[root@localhost ~]#chmod 766 /opt/dir1/
[root@localhost ~]#ls -ld /opt/dir1/
drwxrw-rw-. 2 root root 6 Feb 24 10:36 /opt/dir1/
[root@localhost ~]#su - student
[student@localhost ~]$ cd /opt/dir1/
-bash:cd:/opt/dir1/:Permission denied
[student@localhost ~]$
```

备注：修改目录权限时，加一个 -R 选项可以递归修改子目录和文件。

5.1.4 设置文件和目录特殊权限

除了之前提到的 rwx 权限外，Linux 中还有三种特殊权限：setuid、setgid、sticky，见表 5-4。

表 5-4

特殊权限	对象	符号表示	数值表示	作用介绍
setuid	所属人	s	4	对于文件，以拥有文件的用户身份，而不是以运行文件的用户身份执行文件；对于目录则无影响
setgid	所属组	s	2	对于文件，以拥有文件的组身份执行文件；对于目录，在目录中最新创建的文件将 group（组）所有者设置为与目录的组所有者相匹配
sticky	其他用户	t	1	对于文件无影响；对于目录，具有写入权限的用户仅可以删除其所拥有的文件，而无法删除或强制保存到其他用户所拥有的文件

通过长列表形式查看文件和目录权限信息时，如设置了特殊权限，则会占用执行权限（x）的显示位置。当对象同时拥有特殊权限和执行权限时，显示的特殊权限字符为小写；当对象不具有执行权限，只有特殊权限时，显示的特殊权限字符为大写。

特殊权限同样可以通过符号法和数值法两种方式设置。

1. 符号法

命令语法：chmod[对象+操作符号+特殊权限][文件名/目录名]

示例：对于文件/opt/file1，为所属人添加 setuid 权限，为其他用户添加 sticky 权限，查看结果是否成功。

```
[root@localhost ~]# ls -l /opt/file1
-rw-r--r--. 1 root root 0 Feb 23 23:15 /opt/file1
[root@localhost ~]# chmod u+s,o+t /opt/file1
[root@localhost ~]# ls -l /opt/file1
-rwsr--r-T. 1 root root 0 Feb 23 23:15 /opt/file1
[root@localhost ~]#
```

2. 数值法

命令语法：chmod ####[文件名/目录名]   // 第一个#为特殊权限数值之和。

示例：对于目录/opt/dir1，为所属人分配 setuid 权限以及读、写、执行权限，为所属组分配读、执行权限，为其他用户分配 sticky 权限和读、执行权限，查看结果是否成功。

```
[root@localhost ~]# ls -ld /opt/dir1/
drwxrw-rw-. 2 root root 6 Feb 24 10:36 /opt/dir1/
[root@localhost ~]# chmod 5755 /opt/dir1/
[root@localhost ~]# ls -ld /opt/dir1/
drwsr-xr-t. 2 root root 6 Feb 24 10:36 /opt/dir1/
[root@localhost ~]#
```

任务 5.2 更改文件和目录的归属

任务描述

前面提到的对文件或目录进行权限设置基于三种身份：所属人、所属组和其他用户，通过对这三种身份设置权限来实现访问控制。和权限一样，文件或目录的所属人和所属组是可变的，通过更改文件或目录的所属人和所属组可以使访问控制更加灵活。

通过命令查看文件或目录详细信息，以空格分段，第三段和第四段内容分别为文件或目录的所属人和所属组。

```
[root@localhost ~]# ll /opt/file1
-rwsr--r-T. 1 root root 0 Feb 25 09:03 /opt/file1
[root@localhost ~]# ll -d /opt/
drwxr-xr-x. 1 root root 0 Feb 25 09:03 /opt/
[root@localhost ~]#
```

更改文件或目录所属人使用命令 chown。

命令语法：chown[用户名][文件名/目录名]   /*同样地，加一个 -R 选项可以递归修改子目录及文件。*/

示例：更改/opt/dir1 目录所属人为 student，查看结果是否成功。

```
[root@localhost ~]# chown student /opt/dir1/
[root@localhost ~]# ll -d /opt/dir1/
drwsr-xr-t. 2 student root 6 Feb 25 09:03 /opt/dir1/
[root@localhost ~]#
```

更改文件或目录所属组使用命令 chgrp。

命令语法：chgrp[用户组名][文件名/目录名]　　　/＊也可以使用 – R 选项进行递归修改。＊/

示例：新建目录/opt/dir1/dir2，递归修改/opt/dir1 目录的所属组为 student，查看结果是否成功。

```
[root@localhost ~]# mkdir /opt/dir1/dir2
[root@localhost ~]# chgrp – R student /opt/dir1/
[root@localhost ~]# ll – d /opt/dir1/
drwsr – xr – t. 3 student student 18 Feb 25 10:25 /opt/dir1/
[root@localhost ~]# ll – d /opt/dir1/dir2/
drwxr – xr – x. 2 root student 6 Feb 25 10:25 /opt/dir1/dir2/
[root@localhost ~]#
```

同时修改文件或目录所属人、所属组也使用命令 chown。

命令语法：chown[用户名]:[用户组名][文件名/目录名]

示例：更改文件/opt/file1 的所属人及所属组为 teacher，查看结果是否成功。

```
[root@localhost ~]# chown teacher:teacher /opt/file1
[root@localhost ~]# ll /opt/file1
– rwxr – – r – T. 1 teacher teacher 0 Feb 25 09:03 /opt/file1
[root@localhost ~]#
```

chown 命令还可单独修改文件或目录所属组。

命令语法：chown:[用户组名][文件名/目录名]

示例：更改文件/opt/file1 的所属组为 student，查看结果是否成功。

```
[root@localhost ~]# chown:student /opt/file1
[root@localhost ~]# ll /opt/file1
– rwxr – – r – T. 1 teacher student 0 Feb 25 09:03 /opt/file1
[root@localhost ~]#
```

备注：修改文件所属人及所属组只能以 root 用户操作。

任务 5.3　文件访问控制列表

任务描述

在对文件或目录分配用户的使用权限时，只能对所属人、所属组、其他用户这三种身份进行分配 rwx 权限。Linux 主要作为服务器系统使用，用户众多，所以，在实际使用场景中，直接对这三种身份分配权限并不能很好地实现资源权限分配问题，在出现无法解决的权限分配问题时，就需要使用 ACL 权限来解决。

5.3.1　ACL 的简介

ACL 是一个针对文件和目录的访问权限控制列表，是 Linux 文件权限管理的一个补充，标准的 Linux 文件权限（前面所述的针对文件或目录所属人、所属组、其他用户设置读、写、执行权限）可以满足大多数情况的需求，但也有局限性。如为某一个用户设置权限，只能将该用户设置为文件或目录所属人，针对所属人设置，但会导致原先的文件或目录所属人失去权限；要想为多个用户设置权限，只能将这些用户添加到一个用户组中。这种方法缺少灵活性，并且安全性欠缺，又有一定的局限性，所以这时需要使用到 ACL 权限。

ACL 权限可以为一个或多个用户及组设置单独的权限，这种权限无须更改文件所属人和所属组，而且不受所属人、所属组和其他用户这三种权限的限制，是专门为解决这三种基本权限无法实现需求的特殊情况而出现的。

5.3.2 使用 ACL 保护文件安全

设置 ACL 权限控制列表的命令是 setfacl。

添加和修改 ACL 权限的命令语法为：setfacl[选项][对象]:[用户名/用户组名]:[权限][文件名/目录名]

删除指定 ACL 权限的命令语法为：setfacl[选项][对象]:[用户名/用户组名]

关键字信息见表 5 – 5。

表 5 – 5

选项	作用介绍
– m	设置 ACL 权限，添加或修改文件和目录 ACL 权限时使用
– x	删除指定的 ACL 权限
– b	删除所有的 ACL 权限
– d	设置默认的 ACL 权限，只对目录有效，即在此目录中新建的文件和目录时分配此默认 ACL 权限，原先已存在的文件或目录不受影响，需与 – m 选项配合使用
– k	删除默认的 ACL 权限
– R	递归设置 ACL 权限，即将设置的 ACL 权限同时应用到子目录及子文件
对象	作用介绍
u	针对用户设置 ACL 权限，后跟用户名
g	针对组设置 ACL 权限，后跟组名
o	针对其他用户设置 ACL 权限，不跟任何用户
权限	作用介绍
r	读权限
w	写权限

续表

权限	作用介绍
x	执行权限
X（大写 x）	以递归形式设置目录的执行权限，不作用于文件
–	占位符，不授予该项权限，当不授予任何权限时，至少保留一个占位符，否则执行会报错

示例 1：新建目录/opt/dir3，为目录/opt/dir3 设置 ACL 权限为用户 student 对其有读、写、执行权限，验证修改是否成功。

```
[root@localhost ~]# mkdir /opt/dir3
[root@localhost ~]# setfacl -m u:student:rwx /opt/dir3
[root@localhost ~]# su - student
[student@localhost ~]$ echo 'bbbbbbbbbbbbbbbbb' >>/opt/dir3/filea
[student@localhost ~]$ ls /opt/dir3/
filea
[student@localhost ~]$
```

示例 2：删除用户 student 对目录/opt/dir3 的 ACL 权限，验证操作是否成功。

```
[root@localhost ~]# setfacl -x u:student /opt/dir3
[root@localhost ~]# su - student
[student@localhost ~]$ echo 'cccccccccccccccccc' >>/opt/dir3/fileb
-bash:/opt/dir3/fileb:Permission denied
[student@localhost ~]$
```

示例 3：新建目录/opt/dir4，为目录/opt/dir4 设置默认 ACL 权限为用户 student 对其有读、写、执行权限。

```
[root@localhost ~]# mkdir /opt/dir4
[root@localhost ~]# setfacl -m d:u:student:rwx /opt/dir4
[root@localhost ~]# mkdir /opt/dir4/dir41
[root@localhost ~]# su - student
[student@localhost ~]$ echo 'cccccccccccccccc' >>/opt/dir4/dir41/filec
[student@localhost ~]$ ls /opt/dir4/dir41/
filec
[student@localhost ~]$
```

示例 4：删除用户 student 对目录/opt/dir4 的默认访问权限，验证操作是否成功。

```
[root@localhost ~]# setfacl -k /opt/dir4
[root@localhost ~]# mkdir /opt/dir4/dir42
[root@localhost ~]# su - student
[student@localhost ~]$ echo 'dddddddddddddddddddd' >>/opt/dir4/dir42/filed
-bash:/opt/dir4/dir42/filed:Permission denied
[student@localhost ~]$
```

除上述操作外，还可删除目录或文件的所有 ACL 权限，命令为 setfacl −b［文件名／目录名］。也可以指定目录或文件 ACL 权限的最大值，即在为目录或文件授予对象的 ACL 权限时，最大权限不能超过这个值。

命令语法：setfacl −m m:rwx［文件名／目录名］

因为文件系统的 ACL 权限最大值默认为 rwx，所以感觉无影响。

5.3.3　查看文件的 ACL

ACL 权限设置后，使用命令 ls −l 或 ll −d 查看文件或目录详细信息，发现没有什么明显变化，但有一个字符已经改变。

```
[root@localhost ~]#ls −l /opt/dir1/filea
−rw−rw−r−−. 1 student student 17 Feb 26 10:09 /opt/dir1/filea
[root@localhost ~]# setfacl −m u:teacher:r−x /opt/dir1/filea
[root@localhost ~]#ls −l /opt/dir1/filea
−rw−rwxr−− + 1 student student 17 Feb 26 10:09 /opt/dir1/filea
[root@localhost ~]#
```

可以发现，在未对文件/opt/dir1/filea 设置 ACL 权限前，详细信息内容的第 11 个字符，也就是第一段内容的最后一个字符是“.”，在设置了 ACL 权限后，“.”变为了“+”，可以此判断文件或目录是否设置了 ACL 权限。

通过判断文件或目录详细信息的第 11 个字符是“.”还是“+”的方法虽然可以知道文件或目录是否设置了 ACL 权限，但无法获得 ACL 权限的具体信息。要想查看文件或目录 ACL 权限的具体信息，需要使用命令 getfacl。

命令语法：getfacl［文件名／目录名］

示例如下：

```
[root@localhost ~]# getfacl /opt/dir1/filea
getfacl:Removing leading '/' from absolute path names
# file:opt/dir1/filea
# owner:student
# group:student
user::rw−
user:teacher:r−x
group::rw−
mask::rwx
other::r—
[root@localhost ~]#
```

查看文件/opt/dir1/filea 的 ACL 权限信息，以#开头的三行依次为文件名、文件所属人、文件所属组，之后依次为文件所属人权限、用户 teacher 对文件的 ACL 权限、文件所属组权限、文件 ACL 权限最大值、其他用户权限。

示例：设置用户组 user1 对目录/opt/dir1 的 ACL 权限为读、写，查看该目录的 ACL 权限信息。

```
[root@localhost~]# setfacl -m g:user1:rw /opt/dir1/
[root@localhost~]# getfacl /opt/dir1/
getfacl:Removing leading'/'from absolute path names
# file:opt/dir1/
# owner:student
# group:student
# flags:s-t
user::rwx
group::r-x
group:user1:rw-
mask::rwx
other::r-x

[root@localhost~]#
```

任务 5.4 管理默认权限和文件访问

任务描述

在对 Linux 系统文件或目录进行权限管理时，会发现未进行权限修改的文件或目录原本就有一定的权限，这个权限称为默认权限。要想管理默认权限，首先需要知道这个权限是如何获得的，以及这个权限的分配依据是什么，才能做出对应的修改。

5.4.1 默认权限的含义

当在 Linux 中创建文件或目录时，系统会自动分配一个权限。

```
[root@localhost~]# touch /opt/file2
[root@localhost~]# ll /opt/file2
-rw-r--r--. 1 root root 0 Feb 25 17:08 /opt/file2
[root@localhost~]# mkdir /opt/dir3
[root@localhost~]# ll -d /opt/dir3
drwxr-xr-x. 2 root root 6 Feb 25 17:08 /opt/dir3
[root@localhost~]#
```

文件默认分配权限为所属人读、写权限，所属组及其他用户只读权限；目录默认分配权限为所属人读、写、执行权限，所属组及其他用户读、执行权限。默认权限的分配与 umask 值有关，对于文件，默认权限为 666 − umask 值，因为文件的 x 权限为执行，即可将文件用作命令执行，风险太高，所以对文件权限的初始赋值一般是去掉 x 的；对于目录，默认权限为 777 − umask 值，目录的 x 权限表示能够进入该目录，风险系数低，所以对目录权限的初始赋值可以有 x 权限。也就是说，umask 值是系统对新创建文件或目录权限赋初始值时丢弃的权限。

5.4.2　使用 umask 命令查看与修改默认权限

umask 命令可以显示系统的 umask 值。

```
[root@localhost ~]# umask
0022
[root@localhost ~]#
```

umask 值为四位数 0022，第一位数 0 针对特殊权限，暂不做讨论；后三位数针对基本权限，依次为所属人、所属组、其他用户。所以创建文件时默认分配权限为 666 - 022 = 644，这里是对应相减，创建目录时，默认分配权限为 777 - 022 = 755。umask 命令还可添加选项 - S 来查看默认权限。

```
[root@localhost ~]# umask - S
u = rwx,g = rx,o = rx
[root@localhost ~]#
```

通过修改 umask 值来实现修改系统默认权限，使用命令 umask。

命令语法：umask ####/###

#号可以为 0 ~ 7 之间的任意值，四位值表示修改的 umask 值依次针对特殊权限、所属人、所属组、其他用户，三位值表示修改的 umask 值只针对基本权限，即依次针对所属人、所属组、其他用户。

示例：修改系统默认权限为所属人及所属组读、写、执行，其他用户读、执行，查看并验证修改是否成功。

```
[root@localhost ~]# umask 0002
[root@localhost ~]# umask - S
u = rwx,g = rwx,o = rx
[root@localhost ~]# mkdir /opt/dir4
[root@localhost ~]# ll - d /opt/dir4
drwxrwxr - x. 2 root root 6 Feb 25 22:20 /opt/dir4
[root@localhost ~]#
```

5.4.3　修改系统默认 umask

使用命令 umask 修改的 umask 值只是临时生效，系统重启或打开新的终端后会恢复默认的 umask 值。要想永久改变 umask 值，需要编辑文件/etc/bashrc 或文件/etc/profile，在文件的末尾添加一行内容"umask ###/####"，添加完成后重新打开终端，即可查看永久更改的 umask 值。

示例：永久更改 umask 值为 0002。

```
[root@localhost ~]# vim /etc/bashrc
(以上省略)
# vim:ts = 4:sw = 4
umask 0002
```

常见错误及原因解析

常见错误一

设置目录/opt/dir5 的权限为 777 时报错。

```
[root@localhost ~]#su – student
[student@localhost ~] $ chmod 777 /opt/dir5
chmod:changing permissions of '/opt/dir5':Operation not permitted
[student@localhost ~] $
```

原因分析：目录的所属人为 root 用户，当前执行用户为 student，所以权限不足。

解决方法：切换至 root 用户执行此操作。

常见错误二

设置目录/opt/dir5 的 ACL 权限为用户 user1 无任何权限时报错。

```
[root@localhost ~]# setfacl – m u:user1:/opt/dir5
setfacl:Option – m incomplete
[root@localhost ~]#
```

原因分析：执行命令时，权限项未加任何参数，导致执行报错。

解决方法：为权限项添加一个占位符 – ，即 setfacl – m u:user1: – /opt/dir5。

课后习题

1. 使用数值法对目录/opt/dirname 设置所属人读、写、执行权限，以及所属组及其他用户读、执行权限。

2. 递归修改目录/opt/dirname 和其子目录及文件所属人为 user1，所属组为 teacher。

3. 设置文件/opt/dirname/filename 的 ACL 权限为用户 user11 可读、写、执行，用户组 group1 可读、执行，其他用户只读。

4. 修改系统默认分配的目录权限为 744，要求永久生效。

工作项目 6

磁盘分区和挂载

学习知识技能点

1. 磁盘分区和格式化简介
2. Linux 磁盘分区
3. 创建文件系统
4. 挂载和卸载文件系统
5. 开机自动挂载文件系统
6. 使用交换分区

任务 6.1 磁盘分区

任务描述

通过对磁盘基本概念的讲解，需要掌握扇区的概念、分区表、格式化概念以及 Linux 系统中对磁盘设备的标识，为下一步对磁盘进行分区打好基础。

6.1.1 磁盘分区

磁盘分区是对硬盘物理介质的逻辑划分。将磁盘分成多个分区，可以将不同的资料分别放入不同分区中管理，降低风险；/home、/var、/usr/local 这样的目录经常是单独分区，因为大量的操作容易产生碎片；另外，磁盘配额只能对分区做设定，并且不同的分区可以建立不同的文件系统，也可以在不同的分区上安装不同的操作系统。

分区就是磁盘的"逻辑边界"，当用户需要在计算机或服务器上安装多个操作系统时，就需要更多的分区。比如需要安装 Windows 10 和 Fedora 系统，那么至少需要两个分区，因为不同的操作系统原则上采用不同的文件系统。在 Linux 操作系统中，情况更有所不同，本身需要更多的磁盘分区，如根分区"/"和 swap 分区。

在 Linux 系统中，磁盘分区一共有 3 种：主分区（primary partition）、扩展分区（extended partition）和逻辑分区（logical partition）。实际上，真正用于存储数据的只有主分区和逻辑分区，严格地说，扩展分区不是实际意义上的分区，无法直接使用。

在进行分区之前，需要了解什么是分区表。假如在电脑中配置了一块硬盘。但是该硬盘是无法直接使用的，需要在硬盘上划分出分区，并在分区上创建相应的文件系统，这块硬盘才能被正常使用。在划分分区的数量时，由使用者的需求决定是两个分区还是三个分区。那么如何将硬盘划分成多个分区？这就需要使用到分区表。分区表定义与保存硬盘的分区信息，分区表位于磁盘开头的一段特定的物理空间内，操作系统等软件通过读取分区表内的信息，获取该硬盘的分区信息。

分区表在 Linux 操作系统中，则有两种类型的分区方案：MBR 和 GPT。

1. MBR 分区

MBR 分区，即主引导记录（Master Boot Record）。MBR 引导扇区位于磁盘的 0 磁道的第一个扇区，不参与硬盘分区；扇区大小 512 B，其中系统引导加载器（boot loader）占用 446 B；分区表（partition table）占用 64 B，其中每 16 B 标识一个分区，一共可以标识 4 个分区（主分区＋扩展分区），所以最多可支持 4 个主分区，需要 4 个以上的分区，就需要将一个主分区用于扩展分区，在扩展分区的基础上划分逻辑分区；结束标识占用 2 B，表示前面的 510 B 是有效的。MBR 是传统的分区机制，只支持不超过 2 TB 的硬盘，超过 2 TB 的硬盘将只能使用 2 TB 空间，具有一定的局限性。对于 MBR 分区机制，才会有主分区、扩展分区和逻辑分区的概念。

2. GPT 分区

GPT 分区，即 GUID 分区表，是一种较新的磁盘分区表结构的标准。与上面提到的 MBR 分区方案相比，GPT 提供了更加灵活的磁盘分区机制，支持 2 TB 以上的大硬盘，支持 128 个主分区。

6.1.2 格式化的概念

磁盘经过分区之后，最重要的一步是对磁盘分区进行格式化（即创建文件系统）。格式化是指对磁盘或磁盘分区进行初始化的一种操作，该操作通常会导致现有磁盘或磁盘分区中所有的文件被清除。格式化通常分为低级格式化和高级格式化，在没有特别指明的情况下，对硬盘的格式化通常指高级格式化。格式化最重要的用途是创建或更改磁盘或分区的文件系统类型，而非清除数据。

6.1.3 识别文件系统和设备

在 Linux 操作系统中，硬盘设备都以文件形式存放在/dev 目录下。硬盘设备的标识为"sd"，表示为 SATA 接口的硬盘，是硬盘中的一种，性能要好于 IDE 接口硬盘。其优点是适用面广，性能高，硬盘转速快（15 000 r/min），缓存容量大，CPU 占用率低，扩展性远优于 IDE 硬盘，并且支持热插拔。缺点是价格高昂，安装复杂。

/dev/sda：表示机器上的第一块硬盘。

/dev/sdb：表示机器上的第二块硬盘。

/dev/sdc：表示机器上的第三块硬盘。

依此类推。

/dev/sda1：表示第一块硬盘的第一个分区。

/dev/sda2：表示第一块硬盘的第二个分区。

/dev/sda3：表示第一块硬盘的第三个分区。

任务6.2　创建磁盘分区

任务描述

本任务通过对 fdisk 命令的讲解，能够识别磁盘设备，掌握分区流程和分区表，以及更新分区表。

使用 fdisk 命令可以查看系统中的磁盘以及对磁盘进行分区。

命令语法：fdisk［选项］［设备］

示例：对/dev/sdb 磁盘进行分区操作。

①查看系统中磁盘使用情况。

```
[root@desktop~]# fdisk -1
//fdisk -1 用于查看系统中所有磁盘的使用情况,为磁盘分区做准备
Disk /dev/sdb:10 GiB,10737418240 bytes,20971520 sectors
//设备 /dev/sdb 是系统识别的第二块硬盘,大小为 10 GB
Units:sectors of 1 * 512 =512 bytes
Sector size(logical/physical):512 bytes/512 bytes
I/O size(minimum/optimal):512 bytes/512 bytes
//设备 /dev/sdb 没有分区,可以选择该磁盘进行分区操作


Disk /dev/sda:25 GiB,26843545600 bytes,52428800 sectors


//设备 /dev/sda 是系统识别的第一块硬盘,大小为 25 GB
Units:sectors of 1 * 512 =512 bytes
Sector size(logical/physical):512 bytes/512 bytes
I/O size(minimum/optimal):512 bytes/512 bytes
Disklabel type:dos
Disk identifier:0x1680a698


Device     Boot    Start        End      Sectors    Size    Id    Type
/dev/sda1   *       2048     2099199    2097152     1G      83    Linux
/dev/sda2        2099200    52428799   50329600    24G      8e    Linux LVM
//设备 /dev/sda 下已有 2 个分区,根据扇区数量判断,该磁盘没有可分区的空间


Disk /dev/mapper/rhel-root:22 GiB,23567794176 bytes,46030848 sectors
Units:sectors of 1 * 512 =512 bytes
Sector size(logical/physical):512 bytes/512 bytes
I/O size(minimum/optimal):512 bytes/512 bytes
```

```
Disk /dev/mapper/rhel - swap:2 GiB,2197815296 bytes,4292608 sectors
Units:sectors of 1 * 512 = 512 bytes
Sector size(logical/physical):512 bytes/512 bytes
I/O size(minimum/optimal):512 bytes/512 bytes
```

②选择进行分区的磁盘，进入 fdisk 界面。

```
[root@desktop ~]# fdisk /dev/sdb

Welcome to fdisk(util - linux 2.32.1).
Changes will remain in memory only,until you decide to write them.
Be careful before using the write command.
//进入分区界面,可看到提示
//磁盘的改动将保存在其中,直到你决定将改动写入磁盘中
//小心使用写入命令

Command(m for help):m
//输入字母 m 查看帮助
Help:

  DOS(MBR)
   a   toggle a bootable flag
   b   edit nested BSD disklabel
   c   toggle the dos compatibility flag
Generic
   d   delete a partition
    //常用命令:d 用来删除分区
   F   list free unpartitioned space
   l   list known partition types
   n   add a new partition
    //常用命令:n 用来创建新分区
   p   print the partition table
    //常用命令:p 用来打印当前分区表
   t   change a partition type
    //常用命令:t 用来修改分区类型
   v   verify the partition table
   i   print information about a partition

  Misc
   m   print this menu
   u   change display/entry units
   x   extra functionality(experts only)
Script
    I   load disk layout from sfdisk script file
```

```
    O   dump disk layout to sfdisk script file
Save & Exit
   w   write table to disk and exit
    //常用命令:w用来保存修改内容,并退出 fdisk 界面
   q   quit without saving changes
    //常用命令:q用来不保存修改,并退出 fdisk 界面


Create a new label
   g    create a new empty GPT partition table
   G    create a new empty SGI(IRIX)partition table
   o    create a new empty DOS partition table
   s    create a new empty Sun partition table
```

③创建和删除主分区。

```
Command(m for help):n
//此处输入 n,开始创建分区
Partition type
    p      primary(0 primary,0 extended,4 free)
    e      extended(container for logical partitions)
Select(default p):p
//在此输入 p,开始创建主分区
Partition number(1 - 4, default 1):1
//输入分区号,直接回车选择默认
First sector(2048 - 20971519,default 2048):
//直接回车,起始扇区默认选择
Last sector, + sectors or + size{K,M,G,T,P}(2048 - 20971519,default 20971519): +2G
//在此输入结束扇区,起始扇区到结束扇区之间的扇区数量为分区的大小
//一个扇区大小为512B
//也可以直接指定分区的大小,如 +2GB,给定分区大小为2GB
//注意符号和单位


Created a new partition 1 of type'Linux'and of size 2GB.
//提示,已新建一个分区,类型为"Linux",大小为2GB


Command(m for help):p
Disk /dev/sdb:10 GiB,10737418240 bytes,20971520 sectors
Units:sectors of 1 * 512 =512 bytes
Sector size(logical/physical):512 bytes/512 bytes
I/O size(minimum/optimal):512 bytes/512 bytes
Disklabel type:dos
Disk identifier:0x102b3c6a
Device     Boot   Start     End    Sectors   Size   Id   Type
/dev/sdb1         2048    4196351  4194304    2G    83   Linux
```

```
//可看到一个分区完成
Command(m for help):d           //在此输入 d,开始删除分区
Selected partition 1
Partition 1 has been deleted.
//该盘只有一个分区,则直接删除
```

④创建扩展分区和逻辑分区。

```
Command(m for help):n
//在此输入 n,开始创建分区
Partition type
    p       primary(3 primary,0 extended,1 free)
    //此时该磁盘已有 3 个主分区,如果需要更多分区,需要创建扩展分区
    e       extended(container for logical partitions)
Select(default e):e
//在此输入 e,或者直接回车,默认选择创建扩展分区
Selected partition 4
First sector(12584960 –20971519,default 12584960):
//直接回车,起始扇区默认选择
Last sector, + sectors or  +size{K,M,G,T,P}(12584960 –20971519,default 20971519):
//直接回车,将磁盘剩余空间全部分配给扩展分区


Created a new partition 4 of type 'Extended' and of size 4 GiB.
//提示,已新建一个分区,类型为"Extended",大小为4GB


Command(m for help):n
//在此输入 n,开始创建逻辑分区
All primary partitions are in use.
Adding logical partition 5
First sector(12587008 –20971519,default 12587008):
//直接回车,起始扇区默认选择
Last sector, + sectors or  +size{K,M,G,T,P}(12587008 –20971519,default 20971519): +1G
//在此输入" +1G",分配1GB 的空间给逻辑分区 5


Created a new partition 5 of type 'Linux' and of size 1 GiB.
//提示,已新建一个分区,类型为"Linux",大小为1GB


Command(m for help):p
Disk /dev/sdb:10 GiB,10737418240 bytes,20971520 sectors
Units:sectors of 1 * 512 =512 bytes
Sector size(logical/physical):512 bytes/512 bytes
I/O size(minimum/optimal):512 bytes/512 bytes
Disklabel type:dos
```

```
Device        Boot    Start       End      Sectors   Size   Id   Type
   /dev/sdb1           2048     4196351    4194304    2G    83   Linux
   /dev/sdb2        4196352     8390655    4194304    2G    83   Linux
   /dev/sdb3        8390656    12584959    4194304    2G    83   Linux
   /dev/sdb4       12584960    20971519    8386560    4G     5   Extended
   /dev/sdb5       12587008    14684159    2097152    1G    83   Linux
```
//再次查看分区信息,可以看到多了一个分区 sdb5


```
Command(m for help):w
```
//在此输入 w,保存分区操作,并退出 fdisk 界面
```
The partition table has been altered.
Calling ioctl()to re-read partition table.
Syncing disks.
```

⑤更新系统分区列表。

```
[root@desktop~]# partprobe
```
//输入命令 partprobe,重读分区表,使内核识别分区,或者重启系统
```
Warning:Unable to open /dev/sr0 read-write(Read-only file system). /dev/sr0
has been opened read-only.
```

```
[root@desktop~]# lsblk
```
//查看磁盘分区情况
```
NAME              MAJ:MIN RM    SIZE    RO    TYPE    MOUNTPOINT
sda                 8:0    0    25G     0     disk
├─sda1              8:1    0    1G      0     part    /boot
└─sda2              8:2    0    24G     0     part
  ├─rhel-root     253:0    0    22G     0     lvm     /
  └─rhel-swap     253:1    0    2G      0     lvm     [SWAP]
sdb                8:16    0    10G     0     disk
├─sdb1             8:17    0    2G      0     part
├─sdb2             8:18    0    2G      0     part
├─sdb3             8:19    0    2G      0     part
├─sdb4             8:20    0    512B    0     part
└─sdb5             8:21    0    1G      0     part
sr0               11:0    1    6.5G     0     rom
```

任务6.3　创建文件系统

任务描述

　　文件系统是操作系统用于明确存储设备（常见的是磁盘）或分区上的文件的方法和数据结构，即在存储设备上组织文件的方法。操作系统中负责管理和存储文件信息的软件机构称为文件管理系统，简称为文件系统。文件系统由三部分组成：文件系统的接口、对对象操

纵和管理的软件集合、对象及属性。从系统角度来看，文件系统是对文件存储设备的空间进行组织和分配，负责文件存储并对存入的文件进行保护和检索的系统。具体地说，它负责为用户建立文件，存入、读出、修改、转储文件，控制文件的存取，当用户不再使用时撤销文件等。

6.3.1　Linux 主流文件系统

在对新磁盘进行分区操作之后，还需要对这些分区进行格式化，格式化的目的在于指定磁盘或磁盘分区的文件系统。也就是说，只有在对分区建立某种文件系统之后才能使用。格式化的过程类似于在 Windows 中格式化磁盘。

文件系统是操作系统用于明确存储设备（常见的是磁盘、固态硬盘）或分区上的文件的方法和数据结构，即在存储设备上组织文件的方法。操作系统中负责管理和存储文件信息的软件机构称为文件管理系统，简称为文件系统。

从系统角度看，文件系统是对文件存储设备的空间进行组织和分配，负责文件存储并对存入的文件进行保护和检索的系统。具体来说，它负责为用户建立文件，存入、读出、修改、转储文件，控制文件的读写，安全控制，日志，压缩，加密等。

Linux 系统最重要特征之一就是支持多种文件系统，这样它更加灵活，并可以和其他操作系统共存。随着 Linux 系统的不断发展，它所支持的文件系统类型也在迅速扩充，常见的文件系统类型有 XFS、ext2、ext3、ext4、JFS、ReiserFS、ISO 9660、VFAT、NFS 等

XFS 是一种非常优秀的日志文件系统，它是由 SGI 于 20 世纪 90 年代初开发的。XFS 推出后被业界称为先进的、最具可升级性的文件系统。它是一个全 64 位、快速、稳固的日志文件系统。

ext4 是针对 ext3 文件系统的扩展日志式文件系统。ext4 修改了 ext3 中部分重要的数据结构，而不仅仅像 ext3 对 ext2 那样，只是增加了一个日志功能而已。ext4 可以提供更佳的性能和可靠性，还有更为丰富的功能。

6.3.2　格式化文件系统

使用 mkfs 命令可以在分区上创建各种文件系统。mkfs 命令本身并不执行建立文件系统的工作，而是去调用相关的程序来执行。文件系统是需要指定的，如 xfs、ext4、ext3、vfat、或者 msdos 等。

命令语法：mkfs[options][−t type][fs−options]device[size]

示例：使用 mkfs 命令为/dev/sdb1 磁盘分区创建 xfs 文件系统，将/dev/sdb2 磁盘分区创建 ext4 文件系统。

①查看磁盘分区情况。

```
[root@desktop~]# lsblk /dev/sdb
//使用 lsblk 命令可以查看系统上所有的磁盘设备,包括分区
NAME        MAJ:MIN  RM    SIZE   RO   TYPE  MOUNTPOINT
sdb         8:16     0     10G    0    disk
├─sdb1      8:17     0     2G     0    part
```

```
├─sdb2    8:18      0      2G     0    part
├─sdb3    8:19      0      2G     0    part
├─sdb4    8:20      0    512B     0    part
└─sdb5    8:21      0      1G     0    part
//在磁盘 /dev/sdb 上有 5 个分区,其中 sdb4 是扩展分区,而非真正意义上的分区
//可以用来进行格式化的分区为 /dev/sdb1、/dev/sdb2、/dev/sdb3 和 /dev/sdb5
```

②创建/dev/sdb1 的文件系统 xfs。

```
[root@desktop ~]# mkfs.xfs  /dev/sdb1
meta-data = /dev/sdb1                  isize=512   agcount=4,agsize=131072 blks
         =                             sectsz=512  attr=2,projid32bit=1
         =                             crc=1       finobt=1,sparse=1,rmapbt=0
         =                             reflink=1
data     =                             bsize=4096  blocks=524288,imaxpct=25
         =                             sunit=0     swidth=0 blks
naming   =version 2                    bsize=4096  ascii-ci=0,ftype=1
log      =internal log                 bsize=4096  blocks=2560,version=2
         =                             sectsz=512  sunit=0 blks,lazy-count=1
realtime =none                         extsz=4096  blocks=0,rtextents=0
```

③创建/dev/sdb2 的文件系统 ext4。

```
[root@desktop ~]# mkfs -t ext4 /dev/sdb2
//上述两种格式化方法均可
mke2fs 1.44.3(10-July-2018)
Creating filesystem with 524288 4k blocks and 131072 inodes
Filesystem UUID:19d0ad76-b475-4f6a-9fc5-5278ac379367
Superblock backups stored on blocks:
    32768,98304,163840,229376,294912
Allocating group tables:done
Writing inode tables:done
Creating journal(16384 blocks):done
Writing superblocks and filesystem accounting information:done
```

④查看设备上所有的文件系统。

```
[root@desktop ~]# blkid
/dev/sda1:UUID="8be1e808-e0d2-4eb0-b556-cb9405658361"TYPE="xfs"PARTUUID=
"1680a698-01"
/dev/sda2:UUID="RbkTFC-zK5q-xZK2-Nppv-oSVC-VmQL-jCH40X"TYPE="LVM2_
member"PARTUUID="1680a698-02"
/dev/sr0:UUID="2018-11-13-18-06-52-00"LABEL="RHEL-8-0-BaseOS-x86_
64"TY
PE="iso9660"PTUUID="038f0793"PTTYPE="dos"
/dev/mapper/rhel-root:UUID="a73e08a1-6c09-4950-8aec-663fe9b1c27e"TYPE=
"xfs"
```

```
    /dev/mapper/rhel － swap:UUID ＝ "32f869c9 － 344b － 47e0 － be2c － 29bb564afcd0" TYPE ＝
"swap"
    /dev/sdb1:UUID ＝ "cf0e8125 － 0faa － 40ac － a397 － 06648019198d" TYPE ＝ "xfs" PARTUUID ＝
"102b3c6a－01"
    //设备 /dev/sdb1 的文件系统为 xfs
    /dev/ sdb2:UUID ＝ "19d0ad76 － b475 － 4f6a － 9fc5 － 5278ac379367" TYPE ＝ " ext4 "
PARTUUID ＝ "102b3c6a－02"
    //设备 /dev/sd2 的文件系统为 ext4
    /dev/sdb3:PARTUUID ＝ "102b3c6a－03"
    /dev/sdb5:PARTUUID ＝ "102b3c6a－05"
    /dev/sdb5:PARTUUID ＝ "102b3c6a－05"
```

任务 6.4　挂载和卸载文件系统

任务描述

　　Linux 系统与 Windows 系统在使用文件系统时存在差异，例如对于一个 U 盘，Windows 系统是即插即用，而 Linux 系统将 U 盘插入后还需要挂载才能够使用。因此，要想在 Linux 系统中使用文件系统，需要掌握文件系统的挂载和卸载。

6.4.1　挂载文件系统

　　Linux 操作系统将所有的设备都看作文件，它将整个计算机的资源都整合成一个大的文件目录。要访问存储设备中的文件，必须将文件所在的分区挂载到一个已存在的目录中，然后通过访问这个目录来访问存储设备。

　　如果要挂载一个已创建文件系统的磁盘或磁盘分区，通过使用 mount 命令可以实现。

　　命令语法：mount[－ fnrsvw][－ t fstype][－ o options]device dir

　　示例：挂载磁盘分区/dev/sdb1 到/mnt/xfs 目录中。

　　①显示当前系统上已挂载的磁盘或磁盘分区的情况。

```
[root@desktop ~]# df －h
Filesystem                Size      Used     Avail     Use%     Mounted on
devtmpfs                  888M      0        888M      0%       /dev
tmpfs                     904M      0        904M      0%       /dev/shm
tmpfs                     904M      9.4M     894M      2%       /run
tmpfs                     904M      0        904M      0%       /sys/fs/cgroup
/dev/mapper/rhel－root     22G       4.5G     18G       21%      /
/dev/sda1                 1014M     171M     844M      17%      /boot
tmpfs                     181M      16K      181M      1%       /run/user/42
tmpfs                     181M      4.0K     181M      1%       /run/user/0
```

②挂载设备。

```
[root@desktop ~]# mkdir /mnt/xfs                //新建挂载目录
[root@desktop ~]# mount /dev/sdb1 /mnt/xfs/
//使用 mount 命令将设备 /dev/sdb1 挂载到目录 /mnt/xfs 上
[root@desktop ~]# df -h
Filesystem                Size    Used    Avail    Use%    Mounted on
devtmpfs                  888M    0       888M     0%      /dev
tmpfs                     904M    0       904M     0%      /dev/shm
tmpfs                     904M    9.4M    894M     2%      /run
tmpfs                     904M    0       904M     0%      /sys/fs/cgroup
/dev/mapper/rhel-root     22G     4.5G    18G      21%     /
/dev/sda1                 1014M   171M    844M     17%     /boot
tmpfs                     181M    16K     181M     1%      /run/user/42
tmpfs                     181M    4.0K    181M     1%      /run/user/0
/dev/sdb1                 2.0G    47M     2.0G     3%      /mnt/xfs
//再次查看,可看到
```

③挂载成功之后，在目录/mnt/xfs 下创建一个文件。

```
[root@desktop ~]# touch /mnt/xfs/test
[root@desktop ~]# ls /mnt/xfs/
test
```

6.4.2　卸载文件系统

挂载文件系统的目的是使用硬件资源，而卸载文件系统就意味着不再使用设备资源；当不再需要使用一个文件系统（或设备）时，使用 umount 命令将这个文件系统（或设备）卸载。umount 命令可以将已挂载在系统上的文件系统，如分区、光盘、U 盘或者是移动硬盘进行卸载。挂载操作就是把硬件设备与目录进行关联的动作，因此卸载操作只需要取消关联的设备文件或挂载目录的其中一项即可，一般不需要其他的选项或参数。

命令语法：umount[- dflnrv]{directory|device}

示例：卸载/dev/sdb1 设备文件。

①显示当前系统上已挂载的磁盘或磁盘分区的情况。

```
[root@desktop ~]# df -h
Filesystem                Size    Used    Avail    Use%    Mounted on
devtmpfs                  888M    0       888M     0%      /dev
tmpfs                     904M    0       904M     0%      /dev/shm
tmpfs                     904M    9.4M    894M     2%      /run
tmpfs                     904M    0       904M     0%      /sys/fs/cgroup
/dev/mapper/rhel-root     22G     4.5G    18G      21%     /
/dev/sda1                 1014M   171M    844M     17%     /boot
```

```
tmpfs                    181M      16K      181M       1%    /run/user/42
tmpfs                    181M      4.0K     181M       1%    /run/user/0
/dev/sdb1                2.0G      47M      2.0G       3%    /mnt/xfs
//设备/dev/sdb1 此时仍然挂载在/mnt/xfs 目录下
```

②卸载/dev/sdb1 设备文件。

```
[root@desktop ~]# umount /dev/sdb1
//使用 umount 命令卸载设备/dev/sdb1,也可以使用 umount /mnt/xfs 命令
[root@desktop ~]# df -h
Filesystem               Size      Used     Avail      Use%   Mounted on
devtmpfs                 888M      0        888M       0%     /dev
tmpfs                    904M      0        904M       0%     /dev/shm
tmpfs                    904M      9.4M     894M       2%     /run
tmpfs                    904M      0        904M       0%     /sys/fs/cgroup
/dev/mapper/rhel-root    22G       4.5G     18G        21%    /
/dev/sda1                1014M     171M     844M       17%    /boot
tmpfs                    181M      16K      181M       1%     /run/user/42
tmpfs                    181M      4.0K     181M       1%     /run/user/0
//此时设备/dev/sdb1 已经卸载成功
[root@desktop ~]# ls /mnt/xfs/
[root@desktop ~]#
/* 此时再次查看,发现目录/mnt/xfs 下的文件 test 已经不见了,证明文件 test 存放在设备/dev/
sdb1 上 */
```

6.4.3　挂载、卸载光盘文件系统

光盘文件（镜像文件）：是冗余的一种类型，一个磁盘上的数据在另一个磁盘上存在一个完全相同的副本即为镜像。镜像是一种文件存储形式，可以把许多文件做成一个镜像文件，与 GHOST 等程序放在一个盘里，用 GHOST 等软件打开后，又恢复成很多文件。常见的镜像文件格式有 ISO、BIN、IMG、TAO、DAO、CIF、FCD。

光盘镜像文件其实和 ZIP 压缩包类似，它将特定的一系列文件按照一定的格式制作成单一的文件，以方便用户下载和使用，例如一个测试版的操作系统、游戏等。镜像文件不仅具有 ZIP 压缩包的"合成"功能，最重要的特点是可以被特定的软件识别并可直接刻录到光盘上。其实通常意义上的镜像文件可以扩展。在镜像文件中可以包含更多的信息。

本节内容将以 RHEL 8 系统安装镜像为例，讲解镜像文件的挂载与卸载。

①挂载镜像文件。

```
[root@desktop ~]# ll /dev/cdrom
lrwxrwxrwx. 1 root root 3 Feb 25 03:47 /dev/cdrom -> sr0
//镜像文件同样以文件形式存放在/dev 目录之下
// /dev/cdrom 代表光驱,也即是加载的 RHEL 8 系统镜像文件
[root@desktop ~]# mkdir /mnt/cdrom
//创建一个镜像文件挂载的目录
```

```
[root@desktop ~]# mount /dev/cdrom /mnt/cdrom/
mount:/mnt/cdrom:WARNING:device write-protected,mounted read-only.
//镜像文件已挂载成功
[root@desktop ~]# ls /mnt/cdrom/
AppStream  BaseOS  EFI  images  isolinux  TRANS.TBL
//挂载目录下有新内容出现,验证挂载成功
```

②卸载镜像文件。

```
root@desktop ~]# umount /mnt/cdrom
[root@desktop ~]# ls /mnt/cdrom/
[root@desktop ~]#
//目录/mnt/cdrom下文件没有了,卸载成功
```

6.4.4 /etc/fstab 文件介绍

在上面内容中,将分区设备进行了挂载之后,重启服务器之后,会发现之前挂载好的文件系统不在了,需要再一次手动进行挂载。倘若想要磁盘设备(文件系统)在服务器重启或开机之后,能够自动挂载文件系统,则需要修改/etc/fstab 文件来实现。

/etc/fstab 文件包含了服务器上的存储设备及其文件系统的信息,其中包含磁盘分区和存储设备如何挂载。具体来说,/etc/fstab 可以自动挂载各种系统格式的硬盘、分区、可移动设备和远程设备等。

/etc/fstab 是一个文本文件,必须是 root 用户才能编辑它。由于每一台服务器系统的磁盘分区和设备属性都不同,/etc/fstab 文件也不尽相同,但是基本的配置内容是相似的。/etc/fstab文件中每一行内容是一个设备或磁盘分区的信息。下面将详细讲述/etc/fstab 文件的具体组成。

```
[root@desktop ~]# vim /etc/fstab
/dev/mapper/rhel-root                              /        xfs   defaults   0 0
UUID=8be1e808-e0d2-4eb0-b556-cb9405658361 /boot   xfs   defaults   0 0
/dev/mapper/rhel-swap                           swap     swap  defaults   0 0
//每一行是一个设备或磁盘分区的信息,一行又有多个列的信息,列与列之间用空格分隔
//第一列:设备,可以使用设备名和 UUID 来指定设备
//第二列:挂载目录(挂载点),Linux 系统为每个设备或磁盘分区指定挂载目录
//第三列:文件系统类型,指定设备和磁盘分区的文件系统类型
//第四列:挂载选项,指定设备或磁盘分区的挂载方式
/* 第五列:备份命令,dump 选项检查文件系统并用一个数字来决定该文件系统是否需要备份:0,忽略这个文件系统;1,dump 就会作一个备份 */
/* 第六列:文件系统检查,在系统启动过程中,fsck 命令如何检查挂载点;fsck 选项通过数字来决定以什么顺序来检查文件系统:0,不要检验;1,最早检验;2,次早检验 */
```

挂载选项补充,见表 6-1。

表 6 – 1

选项	含义
auto	auto 设备会在系统启动时自动挂载，是默认选项
noauto	noauto 不会自动挂载，需要的时候才挂载设备
user	user 允许任何用户挂载设备
nouser	nouser 只允许 root 用户挂载，是默认选项
exec	exec 可以执行分区中的二进制文件，是默认选项
noexec	noexec 不允许执行分区中的二进制文件
ro	以只读方式挂载文件系统
rw	以可读可写方式挂载文件系统
sync	sync 表示文件系统的 I/O 将会同步进行
async	async 表示文件系统的 I/O 将会被异步执行
defaults	使用此选项与使用 rw、suid、dev、exec、auto、nouser、async 挂载选项的功能是一样的，是常用默认选项
owner	允许设备所有者挂载

示例：自动挂载/dev/sdb1、/dev/sdb2 以及 RHEL 8 光盘镜像文件。

①使用设备名挂载设备/dev/sdb1 到/mnt/xfs 目录下。

```
[root@desktop ~]# vim /etc/fstab
/dev/mapper/rhel – root                              /        xfs    defaults    0 0
UUID = 8be1e808 – e0d2 – 4eb0 – b556 – cb9405658361 /boot    xfs    defaults    0 0
/dev/mapper/rhel – swap                              swap     swap   defaults    0 0
/dev/sdb1                                            /mnt/xfs xfs    defaults    0 0
//在 /etc/fstab 文件中,添加上述一行内容,保存配置内容,并退出
```

②使用设备/dev/sdb2 的 UUID 来进行挂载，将设备挂载/mnt/ext4 目录下。

```
[root@desktop ~]# blkid
//可以使用命令 blkid 来查看系统中文件系统设备的 UUID
/dev/sdb1:UUID = "cf0e8125 – 0faa – 40ac – a397 – 06648019198d" TYPE = "xfs"
PARTUUID = "102b3c6a – 01"
/dev/sdb2:UUID = "19d0ad76 – b475 – 4f6a – 9fc5 – 5278ac379367" TYPE = "ext4"
PARTUUID = "102b3c6a – 02"
//找到需要进行挂载的文件系统设备
/dev/sda1:UUID = "8be1e808 – e0d2 – 4eb0 – b556 – cb9405658361" TYPE = "xfs"
PARTUUID = "1680a698 – 01"
/dev/sda2:UUID = "RbkTFC – zK5q – xZK2 – Nppv – oSVC – VmQL – jCH40X" TYPE = "LVM2_
member" PARTUUID = "1680a698 – 02"
```

```
/dev/sr0:UUID = "2018 - 11 - 13 - 18 - 06 - 52 - 00" LABEL = "RHEL - 8 - 0 - BaseOS - x86_
64" TYPE = "
iso9660" PTUUID = "038f0793" PTTYPE = "dos"
/dev/mapper/rhel - root:UUID = "a73e08a1 - 6c09 - 4950 - 8aec - 663fe9b1c27e" TYPE =
"xfs"
/dev/mapper/rhel - swap:UUID = "32f869c9 - 344b - 47e0 - be2c - 29bb564afcd0" TYPE =
"swap"
/dev/sdb3:PARTUUID = "102b3c6a - 03"
/dev/sdb5:PARTUUID = "102b3c6a - 05"
[root@desktop ~]# vim /etc/fstab
[root@desktop ~]# vim /etc/fstab
/dev/mapper/rhel - root                          /          xfs    defaults    0 0
UUID = 8be1e808 - e0d2 - 4eb0 - b556 - cb9405658361 /boot     xfs    defaults    0 0
/dev/mapper/rhel - swap                        swap    swap   defaults    0 0
/dev/sdb1                                   /mnt/xfs    xfs    defaults    0 0
UUID =19d0ad76 - b475 - 4f6a - 9fc5 - 5278ac379367 /mnt/ext4 ext4    defauls    0 0
//在 /etc/fstab 文件中,添加上述一行内容,保存配置内容,并退出
```

③将光盘镜像文件自动挂载到/mnt/cdrom 目录下。

```
[root@desktop ~]# vim /etc/fstab
/dev/mapper/rhel - root                          /          xfs    defaults 0 0
UUID =8be1e808 - e0d2 - 4eb0 - b556 - cb9405658361 /boot      xfs    defaults 0 0
/dev/mapper/rhel - swap                        swap    swap   defaults 0 0
/dev/sdb1                                   /mnt/xfs    xfs    defaults 0 0
    UUID =19d0ad76 - b475 - 4f6a - 9fc5 - 5278ac379367 /mnt/ext4    ext4    defauls 0 0
    /dev/cdrom                              /mnt/cdrom iso9660 defauits 0 0
//在 /etc/fstab 文件中,添加上述一行内容。保存配置内容,并退出
//注意:在进行光盘镜像挂载时,文件系统类型为 iso9660
```

④执行挂载或重启服务器。

```
[root@desktop ~]# mount - a
//使用 mount 命令加 - a 选项,加载文件 /etc/fstab 中的所有文件系统
//或者重启服务器,自动挂载 /etc/fstab 文件中的文件系统
[root@desktop ~]# df - h
Filesystem                  Size    Used    Avail    Use%    Mounted on
devtmpfs                    888M     0     888M     0%     /dev
tmpfs                       904M     0     904M     0%     /dev/shm
tmpfs                       904M    9.4M    894M     2%     /run
tmpfs                       904M     0     904M     0%     /sys/fs/cgroup
/dev/mapper/rhel - root      22G    4.6G     18G    21%     /
/dev/sda1                  1014M   171M    844M    17%     /boot
tmpfs                       181M    16K     181M     1%     /run/user/42
```

```
tmpfs                              181M    4.0K    181M    1%    /run/user/0
/dev/sdb1                          2.0G    47M     2.0G    3%    /mnt/xfs
/dev/sdb2                          2.0G    6.0M    1.8G    1%    /mnt/ext4
/dev/sr0                           6.5G    6.5G    0       100%  /mnt/cdrom
//可看到,文件系统已挂载
```

任务6.5　交换分区

任务描述

理解并掌握交换分区 swap 的概念，创建交换分区 swap。

6.5.1　创建交换分区

内存是计算机中重要的部件之一，它是与 CPU 进行沟通的桥梁。计算机中所有程序都是在内存中运行的，因此，内存的性能对计算机的影响非常大。内存（Memory）也称为内存储器，其作用是暂时存放 CPU 中的运算数据，以及与硬盘等外部存储器交换数据。计算机在运行中，CPU 会把需要运算的数据调到内存中进行运算，当运算完成后，CPU 再将结果传送出来，内存的运行也决定了计算机是否稳定运行。

Linux 操作系统中，当系统的物理内存不够用的时候，就需要将物理内存中的一部分空间释放出来，以供当前运行的程序使用。那些被释放的空间可能来自一些很长时间没有什么操作的程序，这些被释放的空间被临时保存到 swap 交换分区中，等到那些程序需要运行时，再从 swap 交换分区中恢复到内存中。

需要注意的是，swap 交换分区能够作为"虚拟"的内存，可以为带有少量的内存的服务器提供帮助，但它的速度比物理内存慢太多了。因此，如果需要大量的内存，不能寄希望于 swap 交换分区，swap 交换分区只是临时的解决方案。

命令语法：mkswap[options]device[size]

示例：创建交换分区。

①选择用来创建交换分区的磁盘分区。

```
[root@desktop ~]# lsblk /dev/sdb
NAME     MAJ:MIN RM  SIZE  RO  TYPE MOUNTPOINT
sdb        8:16   0  10G   0   disk
├─sdb1     8:17   0   2G   0   part /mnt/xfs
├─sdb2     8:18   0   2G   0   part /mnt/ext4
├─sdb3     8:19   0   2G   0   part
├─sdb4     8:20   0   1K   0   part
└─sdb5     8:21   0   1G   0   part
//在分区章节,已经做好 4 个分区,选择设备 /dev/sdb3 用作创建交换分区
```

②将/dev/sdb3 创建为交换分区。

```
[root@desktop ~]# mkswap /dev/sdb3
Setting up swapspace version 1,size = 2 GiB(2147479552 bytes)
no label,UUID = 9a57ba8a - 681f - 4fb5 - bc6a - 96f33993d720
//在 root 用户身份下,使用命令 mkswap 来将磁盘分区或文件设置为 Linux 的交换分区
```

6.5.2 使用交换分区

①查看系统中内存使用情况。

```
[root@desktop ~]# free -h
//可以使用 free 命令来查看系统中内存的使用情况
//-h 选项,可以人性化输出显示结果
              total        used        free      shared    buff/cache   available
Mem:          1.8Gi       885Mi       380Mi        9.0Mi       540Mi       751Mi
Swap:           0B          0B          0B
//从显示结果可以看到当前物理内存大小以及使用情况
//swap 交换分区,没有设置
```

②启用交换分区。

```
[root@desktop ~]# swapon /dev/sdb3
//可以使用命令 swapon 来启用交换分区 /dev/sdb3
[root@desktop ~]# free -h
              total        used        free      shared    buff/cache   available
Mem:          1.8Gi       885Mi       380Mi        9.0Mi       540Mi       751Mi
Swap:         2.0Gi          0B        2.0Gi
//已经启用交换分区 /dev/sdb3,可以看到 swap 容量变为 2GB
```

③关闭交换分区。

```
[root@desktop ~]# swapoff /dev/sdb3
//在不需要交换分区时,可以使用命令 swapoff 来关闭交换分区
[root@desktop ~]# free -h
              total        used        free      shared    buff/cache   available
Mem:          1.8Gi       885Mi       380Mi        9.0Mi       540Mi       751Mi
Swap:           0B          0B          0B
//已经关闭交换分区 /dev/sdb3,可以看到 swap 容量变为 0
```

④开机自动启用交换分区。

```
[root@desktop ~]# vim /etc/fstab
//为了能让交换分区自动启用,同样需要配置 /etc/fstab 文件
[root@desktop ~]# vim /etc/fstab
```

```
/dev/mapper/rhel-root                              /           xfs      defaults   0 0
UUID=8be1e808-e0d2-4eb0-b556-cb9405658361          /boot       xfs      defaults   0 0
/dev/mapper/rhel-swap                              swap        swap     defaults   0 0
/dev/sdb1                                          /mnt/xfs    xfs      defaults   0 0
UUID=19d0ad76-b475-4f6a-9fc5-5278ac379367          /mnt/ext4   ext4     defauls    0 0
/dev/cdrom                                         /mnt/cdrom  iso9660  defaults   0 0
/dev/sdb3                                          swap        swap     defaults   0 0
//在/etc/fstab文件中,添加上述一行内容。保存配置内容,并保存退出
//注意:交换分区没有挂载点,文件系统为swap
```

常见错误及原因解析

常见错误一

分区数量:

```
  Device       Boot     Start        End      Sectors    Size   Id Type
/dev/sdb1                2048      2099199    2097152     1G    83 Linux
/dev/sdb2             2099200      5220351    3121152    1.5G   83 Linux
/dev/sdb3             5220352      7317503    2097152     1G    83 Linux
/dev/sdb4             7317504     10485759    3168256    1.5G   83 Linux


Command(m for help):n
To create more partitions,first replace a primary with an extended partition.
```

原因分析:采用 MBR 分区方案,可以标识 4 个分区(主分区 + 扩展分区),所以最多可支持 4 个主分区。

解决方法:需要 4 个以上的分区,就需要将一个主分区用于扩展分区,在扩展分区的基础上划分逻辑分区。

常见错误二

完成分区操作之后,看不到新建分区。

原因分析:在完成磁盘分区操作之后,内核未能读取新的分区表。

解决方法:输入命令 partprobe,重读分区表,使内核识别分区,或者重启系统。

常见错误三

完成/etc/fstab 文件配置,磁盘分区的文件系统类型与配置内容不一致,重启服务器系统失败。

```
[root@server ~]# blkid /dev/sdb1
/dev/sdb1:UUID="ad58d3f6-5dbd-47ec-a4b2-72c79ee0f787" TYPE="ext4"
PARTUUID="c490e1ce-01"
/dev/sdb1  /mnt  xfs  defaults  0 0
```

原因分析：磁盘分区的文件系统类型与配置的文件系统类型不一致。

解决方法：在救援模式下修改或注释掉/etc/fstab 文件中的错误配置项。

课后习题

1. 对硬盘上的剩余空间进行分区，创建两个逻辑分区/dev/sdb5 和/dev/sdb，容量分别为 1 GB 和 3 GB。

2. 对分区/dev/sdb5 创建文件系统为 xfs，并将其以只读方式挂载到/mnt/test。

3. 修改/etc/fstab 文件，使得分区/dev/sdb5 开机自动挂载到/mnt/test 目录上。

4. 在服务器上添加交换空间，空间大小为 3 GB。

工作项目 7

控制服务和守护进程

学习知识技能点

1. 识别自动启动的系统进程
2. 控制系统服务

任务7.1 自动启动的系统进程

任务描述

systemd 是 Linux 系统中最新的初始化系统（init），它主要的设计目标是克服 sysvinit 固有的缺点，提高系统的启动速度。

7.1.1 systemd 简介

RHEL 7 版本之后，系统的第一个进程由 initd 变成了 systemd。systemd 是 Linux 系统基础组件的集合，提供了系统和服务管理器，当作为启动进程（PID1）运行时，它将作为初始化系统运行，也就是启动并维护各种用户空间的服务。

1. 相比于 initd，systemd 的新特性
- 系统引导时实现服务并行启动。
- 按需启动守护进程。
- 自动化的服务依赖关系管理。
- 同时采用 socket 式与 D–Bus 总线式激活服务。
- 系统状态快照。

2. 核心概念：unit

unit 表示不同类型 systemd 对象，通过配置文件进行标识和配置；文件中主要包含了系统服务、监听 socket、保存的系统快照以及其他与 init 相关的信息，不同的后缀代表着不同的 unit，如 service、socket、mount、target 等。

- service unit：文件扩展名为 .service，用于定义系统类服务。
- target unit：文件扩展名为 .target，用于实现模拟"运行级别"。

- device unit：文件扩展名为 .device，用于定义内核识别的设备。
- mount unit：文件扩展名为 .mount，定义文件系统挂载点，利用 logind 服务，为用户的会话进程分配 CGroup 资源。
- socket unit：文件扩展名为 .socket，用于标识进程间通信的 socket 文件。
- snapshot unit：文件扩展名为 .snapshot，管理系统快照。
- swap unit：文件扩展名为 .swap，用于标识 swap 设备。
- automount unit：文件扩展名为 .automount，文件系统自动挂载设备。
- path unit：文件扩展名为 .path，用于定义文件系统中的一个文件或目录。
- timer unit：文件扩展名为 .timer，定时器配置单元，用来定时触发用户定义的操作，这类配置单元取代了 atd、crond 等传统的定时服务。

3. 配置文件

- /usr/lib/system/system：每个服务最主要的启动脚本设置。
- /run/system/system：系统执行过程中所产生的服务脚本，比上面目录优先运行，一般这个目录不做改动。
- /etc/systemd/system：管理员建立的执行脚本，比上面目录优先运行，在这个目录里默认列出的都是开机启动的。

7.1.2 使用命令 systemctl 列出单元文件

监控和控制 systemd 主要使用的指令是 systemctl。主要是用来查看系统状态、服务状态，以及管理系统服务。

```
[root@desktop ~]# systemctl -t help
Available unit types:
service
socket
target
device
mount
automount
swap
timer
path
slice
scope
```

通常在用 systemctl 调用单元的时候，一般要用单元文件的全名，也就是要带上上述后缀。如果不带扩展名，systemctl 会默认成".service"文件。所以，为了不发生意外，一般还是推荐把名字打全。挂载点和设备会自动转化为对应的后缀单元，如/home 就等价于 home.mount，/dev/sda 等价于 dev-sda.device。

任务7.2 控制系统服务

任务描述

本节内容通过对命令 systemctl 的实例讲解，将掌握如何启动服务、重载服务、设定开机自动启动服务或者开机不启动服务，以及通过查看服务的运行状态，了解服务运行是否健康，并进行该服务配置的修改。

命令语法：systemctl[OPTIONS…]COMMAND[UNIT…]

注意：RHEL 7 和 RHEL 8 的服务命令基本相似，但与 RHEL 6 的服务命令有区别。本书以 RHEL 8 的服务命令为主，RHEL 6 的服务命令参考即可。

管理服务：

（service 命令、chkconfig 命令为 RHEL 6 版本，systemctl 命令为 RHEL 7、RHEL 8 版本）

- 启动：service name start ==> systemctl start name.service
- 停止：service name stop ==> systemctl stop name.service
- 重启：service name restart ==> systemctl restart name.service
- 状态：service name status ==> systemctl status name.service
- 启用（开机自启）：chkconfig name on ==> systemctl enable name.service
- 不启用（开机不自启）：chkconfig name off ==> systemctl disable name.service
- 条件式重启：已启动才重启，否则不做操作

  service name condrestart ==> systemctl try – restart name.service
- 重新加载服务配置文件

  systemctl reload name.service
- 显示启动失败的服务

  systemctl –– failed

示例：以 firewalld 防火墙服务为例，通过命令查看服务状态、启停服务以及设定该服务开机启动或禁止。

①查看 firewalld 防火墙服务的状态。

```
[root@desktop~]# systemctl status firewalld.service
//命令 systemctl status firewalld.service 用来查看指定服务状态
firewalld.service – firewalld – dynamic firewall daemon
    Loaded:loaded(/usr/lib/systemd/system/firewalld.service;enabled;vendor
preset:enabled)
    Active:active(running)since Thu 2019 – 02 – 28 20:18:21 EST;51min ago
      Docs:man:firewalld(1)
Main PID:1056(firewalld)
   Tasks:2(limit:11364)
   Memory:31.7M
```

```
        CGroup:/system.slice/firewalld.service
            └─1056 /usr/libexec/platform-python -s /usr/sbin/firewalld --nofork --
nopid

  Feb 28 20:18:19 desktop systemd[1]:Starting firewalld - dynamic firewall daemon...
  Feb 28 20:18:21 desktop systemd[1]:Started firewalld - dynamic firewall daemon.
  //在 Loaded 一行中,可看到"enabled",代表该服务设置为开机启动
  /*在 Active 一行中,可看到"active(running)",代表该服务已启动,并能看到服务启动时间与运
行时间 */
```

②停止 firewalld 防火墙服务。

```
[root@desktop~]# systemctl stop firewalld.service
//命令 systemctl stop firewalld.service 为关闭服务命令
//开启服务命令,把 stop 替换成 start 即可
[root@desktop~]# systemctl status firewalld.service
firewalld.service - firewalld - dynamic firewall daemon
    Loaded:loaded(/usr/lib/systemd/system/firewalld.service;enabled;vendor
preset:enabled)
    Active:inactive(dead)since Thu 2019 - 02 - 28 21:15:29 EST;11s ago
      Docs:man:firewalld(1)
   Process:1056 ExecStart = /usr/sbin/firewalld --nofork --nopid $FIREWALLD_ARGS
(code = exited,status = 0/SUCCESS)
   Main PID:1056(code = exited,status = 0/SUCCESS)
  Feb 28 20:18:19 desktop systemd[1]:Starting firewalld-dynamic firewall daemon...
  Feb 28 20:18:21 desktop systemd[1]:Started firewalld-dynamic firewall daemon.
  Feb 28 21:15:28 desktop systemd[1]:Stopping firewalld-dynamic firewall daemon...
  Feb 28 21:15:29 desktop systemd[1]:Stopped firewalld-dynamic firewall daemon.
  /*在 Active 一行中,可看到"inactive(dead)",代表该服务已停止,并能看到服务停止与停止时
长 */
```

③设定 firewalld 防火墙服务开机禁止启动。

```
[root@desktop~]# systemctl disable firewalld.service
//命令 systemctl disable firewalld.service 用来设定服务禁止开机启动
//如需设定服务开机启动,将 disable 替换成 enable
Removed /etc/systemd/system/multi - user.target.wants/firewalld.service.
Removed /etc/systemd/system/dbus - org.fedoraproject.FirewallD1.service.
[root@desktop~]# systemctl status firewalld.service
firewalld.service - firewalld - dynamic firewall daemon
    Loaded:loaded(/usr/lib/systemd/system/firewalld.service;disabled;vendor
preset:enabled)
    Active:inactive(dead)
      Docs:man:firewalld(1)

  Feb 28 20:18:19 desktop systemd[1]:Starting firewalld-dynamic firewall daemon...
  Feb 28 20:18:21 desktop systemd[1]:Started firewalld-dynamic firewall daemon.
```

```
Feb 28 21:15:28 desktop systemd[1]:Stopping firewalld－dynamic firewall daemon...
Feb 28 21:15:29 desktop systemd[1]:Stopped firewalld－dynamic firewall daemon.
//在 Loaded 一行中,可看到"disabled",代表该服务设置为开机禁止启动
```

常见错误及原因解析

服务重启报错:

```
[root@desktop~]# systemctl restart sshd
Job for sshd.service failed because the control process exited with error code.
See"systemctl status sshd.service"and"journalctl －xe"for details.
//重启 sshd 服务失败
```

原因分析:该服务的配置文件内容出错。

解决方法:重新配置该服务的配置文件。

课后习题

安装 Apache httpd 服务,设置该服务开机自动运行,并查看该服务的状态。

工作项目 8

Linux 网络基本配置

学习知识技能点

1. 了解网络概念
2. 熟练运用网络管理工具 NetworkManager
3. 熟练运用网络管理工具 Network
4. 掌握网络配置的常用命令

任务 8.1 网络概念

任务描述

网络功能是 Linux 最显著的特点之一，Linux 网络服务器可以提供安全和稳定的 Web 服务、DHCP 服务、FTP 服务等基于网络的服务。要想运用 Linux 网络来实现这些操作，首先需要理解网络概念以及 Linux 网络的基本常识，如 Linux 网络接口的命名规范。

8.1.1 IPv4 网络概念

Internet 依靠 TCP/IP 协议，在全球范围内实现不同硬件结构、不同操作系统、不同网络系统的互联。在 Internet 上，每一个节点都依靠唯一的 IP 地址互相区分和相互联系。每个 IP 地址都包含两部分：网络 ID 和主机 ID。网络 ID 标识在同一个物理网络上的所有宿主机，主机 ID 标识该物理网络上的每一个宿主机，于是整个 Internet 上的每台计算机都依靠各自唯一的 IP 地址来标识。IP 地址构成了整个 Internet 的基础，从网络的层次结构考虑，一个 IP 地址必须指明两点：

①属于哪个网络。

②是这个网络中的哪台主机。

所以，IP 地址的格式为网络号 . 主机号。

目前因特网使用的地址都是 IPv4 地址，地址位数为 32 位，通常用 4 个点分十进制数表示，如：192.168.1.100。它主要由两部分组成：一部分是用于标识所属网络的网络地址；另一部分是用于标识给定网络上的某个特定主机的主机地址。

8.1.2　网络接口名称

网络接口的命名并没有一定的规范，但网络接口名字的定义一般都有其意义，如以太网接口一般以 e 开头，无线网络接口以 w 开头，lo 则一般指本地的回环接口，即 local 的简写。除本地的回环接口外，其他网络接口名称以数字结尾，以区别多张网卡，如 eth0、eth1。

任务 8.2　验证网络配置

任务描述

在计算机与计算机之间通过网络进行数据的传输，首先，需要保证网络的连通性，是否正确设置了 IP 地址及网关是网络是否可达的决定因素；其次，服务端口是否开启也是决定是否有数据传输的关键。

8.2.1　显示 IP 地址

查看网络设备和地址信息使用命令 ip addr show，也可简写为 ip addr 或 ip a，此命令会依次显示所有的网络设备和地址信息，要想显示指定设备的信息，需在 ip addr show 后跟指定的网络设备名。

```
[root@localhost ~]# ip addr show enp0s3
2:enp0s3: <BROADCAST,MULTICAST,UP,LOWER_UP> mtu 1500 qdisc fq_codel state UP
group default qlen 1000
    link/ether 08:00:27:b3:bc:48 brd ff:ff:ff:ff:ff:ff
    inet 10.0.2.15/24 brd 10.0.2.255 scope global dynamic noprefixroute enp0s3
       valid_lft 86391sec preferred_lft 86391sec
    inet6 fe80::2a75:b567:9531:36c0/64 scope link noprefixroute
       valid_lft forever preferred_lft forever
[root@localhost ~]#
```

显示的信息有网络设备名，即网卡名、网络设备状态、UP 或 DOWN、MAC 地址、IPv4 地址、IPv6 地址。

8.2.2　路由故障排除

要想显示路由信息，使用命令 ip route show，可简写为 ip route。

```
[root@localhost ~]# ip route
default via 10.0.2.2 dev enp0s3 proto dhcp metric 100
10.0.2.0/24 dev enp0s3 proto kernel scope link src 10.0.2.15 metric 100
```

网段 10.0.2.0/24 的所有数据包通过网络设备 enp0s3 发送到目标位置，其他所有数据包发送到位于 10.0.2.2 的默认路由器，也通过网络设备 enp0s3 传输。

除查看路由信息外，ip route 命令还可以有其他用法，常用的用法如下：

- ip route get［IP 地址］　　//查看指定 IP 地址的路由包的来源
- ip route add default via［IP 地址］　　　//添加指定路由
- ip route delete default via［IP 地址］　　　　　//删除指定路由

测试网络是否可达使用 ping 命令，后跟目标 IP 地址。

```
[root@localhost ~]# ping 114.114.114.114
PING 114.114.114.114(114.114.114.114)56(84)bytes of data.
64 bytes from 114.114.114.114:icmp_seq = 1 ttl = 78 time = 41.4 ms
64 bytes from 114.114.114.114:icmp_seq = 2 ttl = 66 time = 41.1 ms
64 bytes from 114.114.114.114:icmp_seq = 3 ttl = 89 time = 41.2 ms
64 bytes from 114.114.114.114:icmp_seq = 4 ttl = 84 time = 41.4 ms
64 bytes from 114.114.114.114:icmp_seq = 5 ttl = 75 time = 41.5 ms
            （以下省略）
```

执行 ping 命令不会自动停止，需按 Ctrl + C 组合键终止进程，或通过一个 - c 选项来指定返回多少行数据。

如若网络不通，可通过之前的 ip route 命令进行排查，确保网络通畅。

8.2.3　端口和服务故障排除

服务由 IP 地址、协议和端口号组成，使用套接字作为通信的端点。服务和端口是一个一一对应关系，相互依赖，如果没有服务运行，也就没有所谓的端口，一个服务有一个或多个端口，只有保证服务的对应端口全部开启，服务才能正常运行。服务端通常侦听标准端口，客户端则使用随机分配的可用端口，如 www 服务侦听服务端的 80 端口，而客户端的浏览器在本地随机分配一个 1024 以上的端口，通过这个端口与服务端的 80 端口建立连接，实现对网页的访问。文件/etc/service 列出了标准端口常用的服务名称。

命令 ss 可用于显示套接字的统计信息，根据统计信息判断端口是否启用、服务是否正常运行。

命令语法：ss［选项］

常用选项见表 8 - 1。

表 8 - 1

选项	作用介绍
- n	显示接口和端口的编号，不显示名称
- a	显示所有（侦听中和已建立的）套接字
- t	显示 TCP 套接字
- u	显示 UDP 套接字
- l	仅显示正在侦听中的套接字
- p	显示使用套接字的进程

示例：使用 ss 命令统计正在侦听中的 TCP 套接字，判断 SSH 服务是否正常运行。

```
[root@localhost ~]# ss -tl
State          Recv-Q      Send-Q      Local Address:Port        Peer Address:Port
LISTEN         0           128         0.0.0.0:sunrpc            0.0.0.0:*
LISTEN         0           32          192.168.122.1:domain      0.0.0.0:*
LISTEN         0           128         0.0.0.0:ssh               0.0.0.0:*
LISTEN         0           128         [::]:sunrpc               [::]:*
LISTEN         0           128         [::]:ssh                  [::]:*
```

可以看到有 SSH 服务名称，说明 SSH 服务正在运行。

任务 8.3　使用 nmcli 配置网络

任务描述

在 Linux 系统中，网络配置并不是固定不变的，当网络环境发生改变时，系统的网络配置信息也要随之改变，才能保障网络通信，因此，需要一个工具来实现对 Linux 网络的管理，使其可以应对复杂多变的网络环境，称之为网络管理工具。本节任务要求掌握网络管理工具 NetworkManager 的使用。

8.3.1　NetworkManager 服务介绍

NetworkManager 是一个管理系统网络连接，并且将其状态通过 D-BUS 进行报告的后台服务，也是一个允许用户管理网络连接的客户端程序。设备也就是网络接口，连接是对网络接口的配置。一个网络接口可以有多个连接配置，但同时只能有一个连接配置生效。命令行工具和图形化工具与 NetworkManager 通信，将配置文件保存在/etc/sysconfig/network-scripts目录下，命名格式为 ifcfg-[网络连接名]。NetworkManager 服务通过 nmcli 命令变更网络配置文件内容来实现控制网络，因此，使用 nmcli 命令的前提是 NetworkManager 服务已经启动。

8.3.2　通过 nmcli 命令查看网络信息

查看网络连接信息可使用命令 nmcli connection show，该命令会显示所有的网络连接，包括不活动连接。若只想显示活动的连接，可加一个 --active 选项。

```
[root@localhost ~]# nmcli connection show
NAME     UUID                                    TYPE      DEVICE
enp0s3   9dfb7707-dc4d-483d-8dea-1764fbf89746    ethernet  enp0s3
virbr0   0a4a60ec-a37f-478b-9403-2c737a7475f7    bridge    virbr0
[root@localhost ~]# nmcli connection show-KG-*2/5|-active
NAME     UUID                                    TYPE      DEVICE
enp0s3   9dfb7707-dc4d-483d-8dea-1764fbf89746    ethernet  enp0s3
virbr0   0a4a60ec-a37f-478b-9403-2c737a7475f7    bridge    virbr0
```

要想查看网络连接的详细信息，可在命令 nmcli connection show 后跟网络连接名。

```
[root@localhost ~]# nmcli connection show enp0s3
                (此处省略)
GENERAL.STATE:                                activated
GENERAL.DEFAULT:                              yes
GENERAL.DEFAULT6:                             no
GENERAL.SPEC-OBJECT:                          --
GENERAL.VPN:                                  no
GENERAL.DBUS-PATH:
/org/freedesktop/NetworkManager/ActiveConnection/1
GENERAL.CON-PATH:
/org/freedesktop/NetworkManager/Settings/1
GENERAL.ZONE:                                 --
GENERAL.MASTER-PATH:                          --
IP4.ADDRESS[1]:                        10.0.2.15/24
IP4.GATEWAY:                           10.0.2.2
IP4.ROUTE[1]:                 dst=0.0.0.0/0,nh=10.0.2.2,mt=100
IP4.ROUTE[2]:                 dst=10.0.2.0/24,nh=0.0.0.0,mt=100
IP4.DNS[1]:                            192.168.222.254
                (以下省略)
```

查看网络设备状态使用命令 nmcli device status。

```
[root@localhost ~]# nmcli device status
DEVICE              TYPE            STATE           CONNECTION
enp0s3              ethernet        connected       enp0s3
virbr0              bridge          connected       virbr0
lo                  loopback        unmanaged       --
virbr0-nic          tun             unmanaged       --
```

查看网络设备信息可使用命令 nmcli device show，此命令会依次显示网络设备的详细信息。

```
[root@localhost ~]# nmcli device show
GENERAL.DEVICE:                               enp0s3
GENERAL.TYPE:                                 ethernet
GENERAL.HWADDR:                                08:00:27:B3:BC:48
GENERAL.MTU:                                  1500
GENERAL.STATE:                                100(connected)
GENERAL.CONNECTION:                           enp0s3
GENERAL.CON-PATH:
/org/freedesktop/NetworkManager/ActiveConnection/1
WIRED-PROPERTIES.CARRIER:                         on
IP4.ADDRESS[1]:                        10.0.2.15/24
IP4.GATEWAY:                           10.0.2.2
```

```
        IP4.ROUTE[1]:                           dst=0.0.0.0/0,nh=10.0.2.2,mt=100
        IP4.ROUTE[2]:                           dst=10.0.2.0/24,nh=0.0.0.0,mt=100
        IP4.DNS[1]:                             192.168.222.254
(此处省略)
        GENERAL.DEVICE:                         virbr0
        GENERAL.TYPE:                           bridge
        GENERAL.HWADDR:                         52:54:00:F1:2F:BC
        GENERAL.MTU:                            1500
        GENERAL.STATE:                          100(connected)
        GENERAL.CONNECTION:                     virbr0
        GENERAL.CON-PATH:
/org/freedesktop/NetworkManager/ActiveConnection/3
        IP4.ADDRESS[1]:                         192.168.122.1/24
        IP4.GATEWAY:                            --
        IP4.ROUTE[1]:                           dst=192.168.122.0/24,nh=0.0.0.0,mt=0
        IP6.GATEWAY:                            --              (以下省略)
```

若只想显示指定网络设备信息，可在命令 nmcli device show 后跟指定的网络设备名。

```
[root@localhost ~]# nmcli device show enp0s3
        GENERAL.DEVICE:                         enp0s3
        GENERAL.TYPE:                           ethernet
        GENERAL.HWADDR:                         08:00:27:B3:BC:48
        GENERAL.MTU:                            1500
        GENERAL.STATE:                          100(connected)
        GENERAL.CONNECTION:                     enp0s3
        GENERAL.CON-PATH:
/org/freedesktop/NetworkManager/ActiveConnection/1
        WIRED-PROPERTIES.CARRIER:               on
        IP4.ADDRESS[1]:                         10.0.2.15/24
        IP4.GATEWAY:                            10.0.2.2
        IP4.ROUTE[1]:                           dst=0.0.0.0/0,nh=10.0.2.2,mt=100
        IP4.ROUTE[2]:                           dst=10.0.2.0/24,nh=0.0.0.0,mt=100
        IP4.DNS[1]:                             192.168.222.254
        IP4.DOMAIN[1]:                          this-is-jiaoshi
        IP6.ADDRESS[1]:                         fe80::2a75:b567:9531:36c0/64
        IP6.GATEWAY:                            --
        IP6.ROUTE[1]:                           dst=fe80::/64,nh=::,mt=100
        IP6.ROUTE[2]:                           dst=ff00::/8,nh=::,mt=256,table=255
```

备注：connection 可简写为 con，device 可简写为 dev。

8.3.3　通过 nmcli 命令创建网络连接

创建网络连接的命令为 nmcli con add，后跟参数和参数对应值，常用参数见表 8-2。

表 8 - 2

参数	作用介绍
con - name	指定网络连接名
ifname	指定网卡设备名
type	指定类型
ipv4. method	指定获取 IP 地址的方式，跟 auto 或 manual，auto 为 DHCP 自动获取，manual 为静态指定 IP
autoconnect	指定是否开机自启动此网络连接，跟 yes 或 no，yes 为开机自启动，no 为开机不自启动
ipv4. addresses	指定 IPv4 地址及掩码位数，格式为 0. 0. 0. 0/0
ip4	指定 IPv4 地址及掩码位数，格式为 0. 0. 0. 0/0
ipv4. gateway	指定网关
gw4	指定网关
ipv4. dns	指定 DNS 地址

示例：为网络设备接口 enp0s3 添加网络连接 test1，类型为 ethernet，设置该连接开机不自启动，获取 IP 地址的方式为静态指定，IP 地址为 10.0.2.11，网关为 10.0.2.2，DNS 地址为 114.114.114.114。执行完后，查询网络连接是否添加成功。

```
[root@localhost ~]# nmcli con add ifname enp0s3 type ethernet con - name test1
ipv4.method manual autoconnect no ipv4.addresses 10.0.2.11/24 ipv4.gateway 10.0.2.2
ipv4.dns 114.114.114.114
Connection 'test1'(4e923ff2 -0505 -4e82 -adc2 -393eba341638) successfully added.
[root@localhost ~]# nmcli con show

NAME          UUID                                           TYPE        DEVICE
enp0s3        15822520 -39a7 -492f -9fbf -c1407197fa25       ethernet    enp0s3
virbr0        f523bd47 -ff23 -4c67 -a927 -e0aaa0abe968       bridge      virbr0
test1         4e923ff2 -0505 -4e82 -adc2 -393eba341638       ethernet    --
```

查询连接 test1 详细信息，验证所做配置是否应用。

```
[root@localhost ~]# nmcli con show test1
connection.id:                     test1
connection.uuid:                   4e923ff2 -0505 -4e82 -adc2 -393eba341638
connection.stable -id:             --
connection.type:                   802 -3 -ethernet
connection.interface -name:        enp0s3
connection.autoconnect:            no
        （此处省略）
```

```
ipv4.method:                        manual
ipv4.dns:                           114.114.114.114
ipv4.dns - search:                  --
ipv4.dns - options:                 ""
ipv4.dns - priority:                0
ipv4.addresses:                     10.0.2.11/24
ipv4.gateway:                       10.0.2.2
        （以下省略）
```

网络连接 test1 添加成功后，在/etc/sysconfig/network – scripts 目录下会自动生成 test1 的配置文件。

```
[root@localhost ~]# ls /etc/sysconfig/network - scripts/ |grep ifcfg -
ifcfg - enp0s3   ifcfg - test1   ifcfg - lo
```

由于一个网络设备只能生效一个网络连接，当想启动其他网络连接时，使用命令 nmcli connection up，后跟网络连接名。

```
[root@localhost ~]# nmcli connection up test1
Connection successfully activated(D - Bus active path:/org/freedesktop/NetworkManager/
ActiveConnection/4)
[root@localhost ~]#
```

为网络设备 enp0s3 启用连接 test1 后，查询网络设备 enp0s3 信息。

```
[root@localhost ~]# nmcli dev show enp0s3
GENERAL.DEVICE:                          enp0s3
GENERAL.TYPE:                            ethernet
GENERAL.HWADDR:                          08:00:27:4E:37:8A
GENERAL.MTU:                             1500
GENERAL.STATE:                           100(connected)
GENERAL.CONNECTION:                      test1
GENERAL.CON - PATH:
/org/freedesktop/NetworkManager/ActiveConnection/4
WIRED - PROPERTIES.CARRIER:              on
IP4.ADDRESS[1]:                          10.0.2.11/24
IP4.GATEWAY:                             10.0.2.2
IP4.ROUTE[1]:                            dst =10.0.2.0/24,nh =0.0.0.0,mt =100
IP4.ROUTE[2]:                            dst =0.0.0.0/0,nh =10.0.2.2,mt =100
IP4.DNS[1]:                              114.114.114.114
IP6.ADDRESS[1]:                          fe80::b0ad:cd07:ab36:8083/64
IP6.GATEWAY:                             --
IP6.ROUTE[1]:                            dst =fe80::/64,nh =::,mt =100
IP6.ROUTE[2]:                            dst =ff00::/8,nh =::,mt =256,table =255
```

可以发现，当前的信息已更改为连接 test1 的配置。为设备启用新连接时，会自动关闭原有连接，手动关闭连接的命令为 nmcli connection down，后跟连接名。

```
[root@localhost ~]# nmcli connection down test1
Connection'test1'successfully deactivated(D－Bus active path:/org/freedesktop/
NetworkManager/ActiveConnection/4)
[root@localhost ~]#
```

8.3.4 通过 nmcli 命令修改网络连接

修改网络连接的命令为 nmcli connection modify，后跟连接名及参数和参数对应值，常用参数及其使用方式与添加连接大体相同，见表 8－3。

表 8－3

参数	作用介绍
type	指定类型
ipv4. method	指定获取 IP 地址的方式，跟 auto 或 manual，auto 为 DHCP 自动获取，manual 为静态指定 IP
autoconnect	指定是否开机自启动此网络连接，跟 yes 或 no，yes 为开机自启动，no 为开机不自启动
ipv4. addresses	指定 IPv4 地址及掩码位数，格式为 0. 0. 0. 0/0
ip4	指定 IPv4 地址及掩码位数，格式为 0. 0. 0. 0/0
ipv4. gateway	指定网关
gw4	指定网关
ipv4. dns	指定 DNS 地址
+ ipv4. addresses	添加没有网关的辅助 IP 地址，格式为 0. 0. 0. 0/0
+ ipv4. dns	添加辅助 DNS 地址
－ ipv4. addresses	删除 IP 地址
－ ipv4. dns	删除 DNS 地址

示例：为 test1 添加辅助 DNS 地址 8. 8. 8. 8，查看配置是否成功应用。

```
[root@localhost ~]# nmcli connection modify test1 + ipv4.dns 8.8.8.8
[root@localhost ~]# nmcli connection show test1
        （此处省略）
ipv4.method:                        manual
ipv4.dns:                           114.114.114.114,8.8.8.8
ipv4.dns－search:                   --
ipv4.dns－options:                  ""
ipv4.dns－priority:          0
ipv4.addresses:             10.0.2.11/24
ipv4.gateway:               10.0.2.2
        （以下省略）
```

示例：删除 test1 DNS 地址 8.8.8.8 及 114.114.114.114，查看结果是否成功。

```
root@localhost ~]# nmcli connection modify test1 -ipv4.dns 8.8.8.8
[root@localhost ~]# nmcli connection modify test1 -ipv4.dns 114.114.114.114
[root@localhost ~]# nmcli connection show test1
（此处省略）
ipv4.method:                           manual
ipv4.dns:                              --
ipv4.dns-search:                       --
ipv4.dns-options:                      " "
ipv4.dns-priority:                     0
ipv4.addresses:                        10.0.2.11/24
ipv4.gateway:                          10.0.2.2              （以下省略）
```

备注：如修改的是设备正在使用的网络连接，则需在执行完修改命令后，执行 nmcli connection reload，重新加载配置，再使用 ifdown［网络设备名］&& ifup［网络设备名］重启受影响的网络设备。

8.3.5　通过网络命令删除网络连接

删除网络连接的命令为 nmcli connection delete，后跟网络连接名。

示例：删除网络连接 test1，查看是否删除成功。

```
[root@localhost ~]# nmcli connection delete test1
Connection'test1'(b85a473f-adee-44c9-8430-419578e8e2dd)successfully deleted.
[root@localhost ~]# nmcli connection show
NAME      UUID                                      TYPE      DEVICE
enp0s3    9dfb7707-dc4d-483d-8dea-1764fbf89746      ethernet  enp0s3
virbr0    e0777c4e-6f3c-48dd-9597-0173ca251bd9      bridge    virbr0
[root@localhost ~]#
```

注：删除网络连接的同时，会删除对应的配置文件。

任务 8.4　编辑网络配置文件

任务描述

Linux 网络信息保存在网络配置文件中，前面提过的使用 nmcli 命令来修改网络配置的本质也是通过更改网络配置文件来实现的，因此，直接修改网络配置文件来实现网络的管理是可行的，可以通过 vi/vim 等文本编辑工具进行编辑。

8.4.1　修改网络配置

前面也提到过，网络的配置文件全部在/etc/sysconfig/network-scripts/目录下，命名格式为 ifcfg-［网络连接名］，文件重点配置条目见表 8-4。

表 8 - 4

配置条目	作用介绍
DEVICE =	网络设备名
BOOTPROTO =	手动还是自动获取 IP 地址等配置信息，none 或 static 为手动配置，dhcp 为自动获取
IPADDR =	手动配置 IP 地址
PREFIX =	设置子网掩码，填子网掩码位数，如 24 位子网掩码填 24
NETMASK =	设置子网掩码
GATEWAY =	设置网关
DNS =	设置 DNS 地址
ONBOOT =	设置该连接是否在系统启动时自动启用

示例：编辑网络设备 enp0s3 默认连接配置文件 /etc/sysconfig/network - scripts/ifcfg - enp0s3，修改 IP 地址获取方式为静态指定，IP 地址为 10.0.2.11，子网掩码为 24 位，网关为 10.0.2.2，DNS 地址为 114.114.114.114。

```
[root@localhost ~]# vim /etc/sysconfig/network - scripts/ifcfg - enp0s3
TYPE = Ethernet
PROXY_METHOD = none
BROWSER_ONLY = no
BOOTPROTO = none
DEFROUTE = yes
IPV4_FAILURE_FATAL = no
IPV6INIT = yes
IPV6_AUTOCONF = yes
IPV6_DEFROUTE = yes
IPV6_FAILURE_FATAL = no
IPV6_ADDR_GEN_MODE = stable - privacy
NAME = enp0s3
UUID = 9dfb7707 - dc4d - 483d - 8dea - 1764fbf89746
DEVICE = enp0s3
ONBOOT = yes
IPADDR = 10.0.2.11
PREFIX = 24
GATEWAY = 10.0.2.2
DNS1 = 114.114.114.114
```

编辑完保存退出后，需执行 nmcli connection reload 重新载入配置，再重启受影响的网络设备，所做修改才会应用。

```
[root@localhost ~]# nmcli connection reload
[root@localhost ~]# ifdown enp0s3 && ifup enp0s3
WARN    :[ifdown]You are using 'ifdown' script provided by 'network-scripts',which
are now deprecated.
WARN    :[ifdown]'network-scripts' will be removed in one of the next major
releases of RHEL.
WARN    :[ifdown]It is advised to switch to 'NetworkManager' instead - it provides '
ifup/ifdown' scripts as well.
Device 'enp0s3' successfully disconnected.
WARN    :[ifup]You are using 'ifup' script provided by 'network-scripts',which are
now deprecated.
WARN    :[ifup]'network-scripts' will be removed in one of the next major releases
of RHEL.
WARN    :[ifup]It is advised to switch to 'NetworkManager' instead - it provides
'ifup/ifdown' scripts as well.
Connection successfully activated(D-Bus active path:/org/freedesktop/NetworkManager/
ActiveConnection/9)
```

验证是否配置成功。

```
[root@localhost ~]# ip addr show enp0s3
2:enp0s3:<BROADCAST,MULTICAST,UP,LOWER_UP>mtu 1500 qdisc fq_codel state UP
group default qlen 1000
    link/ether 08:00:27:b3:bc:48 brd ff:ff:ff:ff:ff:ff
    inet 10.0.2.11/24 brd 10.0.2.255 scope global noprefixroute enp0s3
        valid_lft forever preferred_lft forever
    inet6 fe80::2a75:b567:9531:36c0/64 scope link noprefixroute
        valid_lft forever preferred_lft forever
```

8.4.2　网络服务的启动与排错

Linux 系统中管理网络的服务除 NetworkManager 外，还有一个 Network 服务，使用文本编辑器修改网络配置文件后，可以直接通过重启 Network 服务来应用所做配置。相比使用 nmcli connection reload 命令先重新加载配置再重启网络设备来说，直接重启 Network 服务更加方便快捷。

需要注意的是，Network 服务和 NetworkManager 服务之间有时会相互冲突，导致没有办法正常管理网络，比如重启网络设备失败，重启 Network 服务失败。解决这一问题最有效的方式就是在选择使用 Network 服务时，将 NetworkManager 服务关闭（stop）和禁用（disable）。

示例：编辑网络设备 enp0s3 默认连接配置文件/etc/sysconfig/network-scripts/ifcfg-enp0s3，添加辅助 DNS 地址 8.8.8.8，通过重启 Network 服务应用此配置。

```
[root@localhost ~]# vim /etc/sysconfig/network-scripts/ifcfg-enp0s3
                （此处省略）
IPADDR=10.0.2.11
```

```
PREFIX = 24
GATEWAY = 10.0.2.2
DNS1 = 114.114.114.114
DNS2 = 8.8.8.8
[root@localhost ~]# systemctl restart network
[root@localhost ~]# nmcli device show enp0s3
                  (此处省略)
IP4.ROUTE[1]:                         dst = 10.0.2.0/24,nh = 0.0.0.0,mt = 100
IP4.ROUTE[2]:                         dst = 0.0.0.0/0,nh = 10.0.2.2,mt = 100
IP4.DNS[1]:                           114.114.114.114
IP4.DNS[2]:                           8.8.8.8                    (以下省略)
```

备注：最新的 Red Hat 8 版本默认没有安装 Network 服务，需要手动安装，Network 服务的软件包为 network – scripts. x86_64，安装完成后启动并启用 Network 服务，之后才能通过重启 Network 服务来更新网络配置。

重启 Network 服务报错的原因及排错方法：

- 原因 1：网络配置文件内容错误。
- 解决方法：查看网络配置文件内容，将错误内容修改为正确内容，再重启 Network 服务。
- 原因 2：Network 与 NetworkManager 冲突。
- 解决方法：关闭并禁用 NetworkManager 服务，再重启 Network 服务。

任务 8.5　配置主机名和名称解析

任务描述

在一个局域网中，每台机器都有一个主机名，便于区分主机，可以根据每台主机的作用来为其命名。

无论是在局域网上还是 Internet 网上，每台主机都有一个 IP 地址，通过 IP 地址进行网络通信和主机区分，但 IP 地址不方便记忆，所以有了域名，每个域名对应一个 IP 地址，可以通过域名解析到 IP 地址。而在局域网中，还可以设置主机名和 IP 地址的映射，即通过主机名解析到 IP 地址，统称为名称解析。

8.5.1　更改系统主机名

hostname 命令用于显示和临时修改系统主机名，要显示系统主机名，则直接执行命令 hostname。

命令语法为：hostname[系统主机名]

示例如下：

```
[root@localhost ~]# hostname
localhost.localdomain
[root@localhost ~]# hostname server
[root@localhost ~]# hostname
server
[root@localhost ~]#
```

原先的系统主机名为 localhost. localdomain，通过使用命令 hostname server，系统的主机名临时修改为 server。

临时修改的系统主机名在系统重启后会失效，要想永久修改系统主机名，需要在/etc/hostname 文件中指定静态主机名。hostnamectl 命令可用于更改/etc/hostname 文件，也可用于查看系统主机信息。

永久更改系统主机名的命令语法：hostnamectl set – hostname[系统主机名]

查看系统信息则使用 hostname status。

示例：永久修改系统主机名为 server，通过查看系统主机信息验证是否修改成功。

```
[root@localhost ~]# hostnamectl set – hostname server
[root@localhost ~]# hostnamectl status
    Static hostname:server
         Icon name:computer – vm
           Chassis:vm
        Machine ID:69bf20db3859490e81419dfb5ad0ea74
           Boot ID:2526491fa33141e5a749dd57eaf5b3aa
    Virtualization:oracle
Operating System:Red Hat Enterprise Linux 8.0 Beta(Ootpa)
      CPE OS Name:cpe:/o:redhat:enterprise_linux:8.0:beta
           Kernel:Linux 4.18.0 – 32.el8.x86_64
      Architecture:x86 – 64
```

除使用 hostnamectl 命令来更改/etc/hostname 文件，从而实现永久更改主机名的方法外，还可以直接通过文本编辑器 vi/vim 修改/etc/hostname 文件内容来实现永久修改系统主机名。不同的是，使用 hostnamectl 命令修改可立即生效，通过文本编辑器修改需要重启系统后才能生效。

8.5.2　配置名称解析

/etc/hosts 文件是 Linux 系统中一个负责 IP 地址与域名快速解析的文件，以 ASCII 格式保存在/etc 目录下，文件名为"hosts"（不同的 Linux 版本，这个配置文件也可能不同。比如 Debian 的对应文件是/etc/hostname）。/etc/hosts 文件包含了 IP 地址和主机名之间的映射，还包括主机名的别名。在没有域名服务器的情况下，系统上的所有网络程序都通过查询该文件来解析对应于某个主机名的 IP 地址，否则就需要使用 DNS 服务程序来解决。通常可以将常用的域名和 IP 地址映射加入 hosts 文件中，实现快速、方便的访问。

在/etc/hosts 文件中添加的内容格式为[IP 地址][主机名/域名][别名]，每行为一个主机。

示例：为 server 主机配置名称解析，使其能通过主机名 server 解析到主机 IP 地址。

```
[root@server ~]# vim /etc/hosts
127.0.0.1   localhost localhost.localdomain localhost4 localhost4.localdomain4
::1         localhost localhost.localdomain localhost6 localhost6.localdomain6
10.0.2.11       server
[root@server ~]# ping server
PING server(10.0.2.11)56(84)bytes of data.
64 bytes from server(10.0.2.11):icmp_seq=1 ttl=64 time=0.055 ms
64 bytes from server(10.0.2.11):icmp_seq=2 ttl=64 time=0.045 ms
64 bytes from server(10.0.2.11):icmp_seq=3 ttl=64 time=0.046 ms
64 bytes from server(10.0.2.11):icmp_seq=4 ttl=64 time=0.048 ms
64 bytes from server(10.0.2.11):icmp_seq=5 ttl=64 time=0.050 ms
```

任务 8.6 常用网络命令

任务描述

为了方便管理 Linux 系统网络，系统中有许多辅助工具，在发生网络不通或数据无法传输，凭常理无法找到故障原因的情况下，可以通过这些工具检测网络，排查故障原因，以修复网络。

8.6.1 traceroute：追踪网络数据包的路由途径

traceroute 是用来检测发出数据包的主机到目标主机之间所经过的网关数量的工具。traceroute 的原理是试图以最小的 TTL（存活时间）发出探测包来跟踪数据包到达目标主机所经过的网关，然后监听一个来自网关 ICMP 的应答。发送数据包的大小默认为 38 字节，可以另行设置。

traceroute 命令语法：traceroute[选项][主机]

常用选项见表 8-5。

表 8-5

选项	作用介绍
-F	不分段数据包
-g	设置来源路由网关，最多可设置 8 个
-n	不进行域名解析
-i	指定网络设备进行操作
-s	设置本地主机送出数据包的 IP 地址

续表

选项	作用介绍
−I（大写 i）	使用 ICMP ECHO 进行路由跟踪
−T	使用 TCP SYN 进行路由跟踪
−U	使用 UDP 的特定端口进行路由跟踪
−p	设置 UDP 传输协议的通信端口
−r	忽略普通的 Routing Table，直接将数据包送到远端主机上
−N	设置要尝试探测的次数，默认为 16
−m	设置检测数据包的最大存活数值 TTL 的大小

示例：跟踪主机到 www. baidu. com 网站的路由途径。

```
[root@server ~]# traceroute www.baidu.com
traceroute to www.baidu.com(61.135.169.121),30 hops max,60 byte packets
1 _gateway(10.0.2.2)1.246 ms 1.169 ms 0.977 ms
2 * * *
3 * * *
4 * * *                                                        (以下省略)
```

8.6.2　ifconfig：显示和配置网络接口

ifconfig 命令用于查看和配置网络设备，当网络环境发生改变时，可通过此命令对网络进行相应的配置。

命令语法：ifconfig[网络设备名][选项][IP 地址]。

常用选项见表 8 − 6。

表 8 − 6

选项	作用介绍
−a	显示所有网络接口的状态
add	设置网络设备的 IPv6 地址
del	删除网络设备的 IPv6 地址
media	设置网络设备的媒介类型
mtu	设置网络设备的最大传输单元
network	设置网络设备的子网掩码
up	激活指定的网络设备
down	关闭指定的网络设备

示例：查看网络设备 enp0s3。

```
[root@server ~]# ifconfig enp0s3
enp0s3:flags=4163<UP,BROADCAST,RUNNING,MULTICAST>  mtu 1500
        inet 10.0.2.11  netmask 255.255.255.0  broadcast 10.0.2.255
        inet6 fe80::2a75:b567:9531:36c0  prefixlen 64  scopeid 0x20<link>
        ether 08:00:27:b3:bc:48  txqueuelen 1000  (Ethernet)
        RX packets 845  bytes 68469(66.8 KiB)
        RX errors 0  dropped 0  overruns 0  frame 0
        TX packets 1143  bytes 89049(86.9 KiB)
        TX errors 0  dropped 0  overruns 0  carrier 0  collisions 0
```

8.6.3　ping：测试与目标主机之间的连通性

ping 命令用于测试与目标主机之间的连通性。

命令语法：ping[选项][目标主机 IP 地址]

常用选项见表 8 - 7。

表 8 - 7

选项	作用介绍
- q	不显示任何传送封包的信息，只显示最后的结果
- n	只输出数值
- R	记录路由过程
- c	指定总次数
- i	时间间隔
- t	存活数值：设置存活数值 TTL 的大小

示例：测试与 114.114.114.114 主机的连通性，回应次数为 3 次。

```
[root@server ~]# ping -c 3 114.114.114.114
PING 114.114.114.114(114.114.114.114)56(84)bytes of data.
64 bytes from 114.114.114.114:icmp_seq=1 ttl=62 time=41.4 ms
64 bytes from 114.114.114.114:icmp_seq=2 ttl=64 time=40.9 ms
64 bytes from 114.114.114.114:icmp_seq=3 ttl=65 time=41.1 ms

--- 114.114.114.114 ping statistics ---
3 packets transmitted,3 received,0% packet loss,time 6ms
rtt min/avg/max/mdev=40.905/41.119/41.386/0.259 ms
```

8.6.4　netstat：显示网络状态的信息

netstat 命令可用于列出系统上所有的网络套接字连接情况，包括 TCP、UDP 及 UNIX 套接字，还能列出处于监听状态（即等待接入请求）的套接字。

命令语法：netstat [选项]

常用选项见表 8 - 8。

表 8 - 8

选项	作用介绍
- a	列出所有当前的连接
- t	只列出 TCP 协议的连接
- u	只列出 UDP 协议的连接
- n	禁用域名解析功能，可以加快查询速度
- l	只列出正在监听中的连接
- p	显示进程信息
- s	打印统计数据
- r	打印内核路由信息
- i	打印网络接口信息
- c	持续输出信息
- g	输出 IPv4 和 IPv6 的多播组信息
- e	与 - p 选项配合使用可以同时查看进程名和用户名，如和 - n 一起使用，User 列的属性就是用户的 ID 号，而不是用户名

示例：显示 TCP 协议的连接状态。

```
[root@server ~]# netstat -t
Active Internet connections(w/o servers)
Proto Recv-Q Send-Q Local Address          Foreign Address          State
tcp        0      0 server:ssh             10.0.2.2:54674           ESTABLISHED
```

8.6.5　arp：增加、删除和显示 ARP 缓存条目

arp 命令用于操作主机的 ARP 缓冲区，可以用于显示 ARP 缓冲区中的所有条目、添加静态的 IP 地址与 MAC 地址对应关系和删除指定的缓存条目。

命令语法：arp [选项] [IP 地址] [MAC 地址]

常用选项见表 8 - 9。

表 8 - 9

选项	作用介绍
- a	显示所有的 ARP 缓存条目
- s	添加一条静态的 ARP 条目

选项	作用介绍
–d	删除指定的 ARP 条目
–n	不进行域名解析
–i	指定网络设备
–v	显示详细信息

示例：显示主机当前的所有 ARP 缓存条目。

```
[root@server ~]# arp -a
_gateway(10.0.2.2)at 52:54:00:12:35:02[ether]on enp0s3
```

8.6.6　tcpdump：将网络中传送的数据包的头完全截取下来以供分析

tcpdump 是一个运行在 Linux 平台，可以根据使用者需求对网络上传输的数据包进行捕获的抓包工具，它可以将网络中传输的数据包的"包头"全部捕获过来进行分析，支持在网络层中根据特定的传输协议、数据发送和接收的主机、网卡和端口进行数据包分析和过滤，并提供 and、or、not 等语句进行逻辑组合，以捕获数据包或去掉不用的信息。

tcpdump 命令语法：tcpdump[选项][数量/文件名/网络设备名/表达式]

常用选项见表 8 – 10。

表 8 – 10

选项	作用介绍
–a	将网络地址和广播地址转变成名字
–c	指定收取数据包的次数，即在收到指定数量的数据包后退出 tcpdump
–d	将匹配信息包的代码以人们能够理解的汇编格式输出
–i	指定监听网络接口
–w	将捕获到的信息保存到文件中，且不分析和打印在屏幕
–n	不把网络地址转换为名字
–D	打印系统中所有可以监控的网络接口
–b	数据链路层上选择协议，包括 ip/arp/rarp/ipx 都在这一层
–v	输出稍微详细的信息，例如在 ip 包中可以包括 ttl 和服务类型的信息
–q	快速输出，即只输出较少的协议信息
–l（小写 L）	使标准输出变为缓冲形式，可以将数据导出到文件
–P	不将网络接口设置为混杂模式
–S	将 tcp 的序列号以绝对值形式输出，而不是相对值

示例：抓取经过网络设备 enp0s3 的数据包，收取数据包的次数为 3 次。

```
[root@server~]# tcpdump -i enp0s3 -c 3
tcpdump:verbose output suppressed,use -v or -vv for full protocol decode
listening on enp0s3,link-type EN10MB(Ethernet),capture size 262144 bytes
                    (以下省略)
```

常见错误及原因解析

常见错误一

修改完网络配置文件后无法保存。

```
[student@server~]$ vim /etc/sysconfig/network-scripts/ifcfg-enp0s3
              (此处省略)
IPADDR=10.0.2.11
PREFIX=24
GATEWAY=10.0.2.2
DNS1=114.114.114.114
DNS2=8.8.8.8
~
E505:"/etc/sysconfig/network-scripts/ifcfg-enp0s3" is read-only(add ! to override)
Press ENTER or type command to continue
```

原因分析：当前用户为普通用户，不具备修改网络配置文件的权限。

解决方法：以 root 用户权限执行此操作。

常见错误二

正确配置了 IP 地址和 DNS 地址，但 ping 不通外网。

```
[root@server~]# ping www.baidu.com
ping:www.baidu.com:Name or service not known
[root@server~]# ping 114.114.114.114
PING 114.114.114.114(114.114.114.114)56(84)bytes of data.
From 10.0.2.11 icmp_seq=1 Destination Host Unreachable
From 10.0.2.11 icmp_seq=2 Destination Host Unreachable        (以下省略)
```

原因分析：网关地址配置错误。

解决方法：修改为正确的网关地址。

备注：一个系统在启用了多张网卡的情况下，只能有一个网卡配置网关，除非定义了路由表规则才能有多个网关，否则会无法访问外网。

使用 cockpit 工具管理网络

用之前所配的 IP 地址 10.0.2.11 登录 cockpit，选择"Networking（网络）"，进入网络管理页面，如图 8－1 所示。

图 8-1

可进行添加桥、VLAN 等操作，单击网络设备可修改、停用网络配置。

示例：修改网络设备 enp0s3 的辅助 DNS 地址为 1.2.4.8，操作顺序为：单击 enp0s3 设备栏→单击 DNS 地址栏→修改辅助 DNS 地址→单击"Apply"按钮，如图 8-2 和图 8-3 所示。

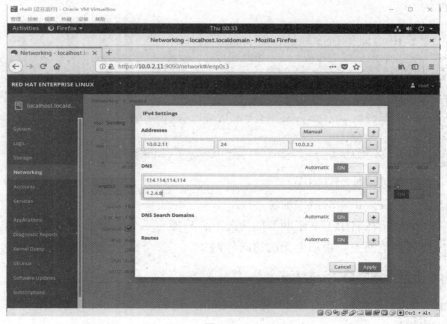

图 8-2

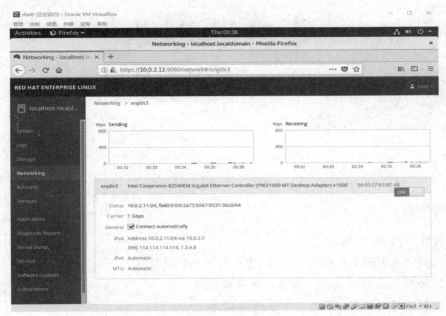

图 8 – 3

课后习题

1. 为网络设备 enp0s3 创建连接 test2，该连接默认不启用，IP 地址等信息为自动获取。

2. 为网络设备 enp0s3 的默认网络连接 enp0s3 添加辅助 IP 地址 192. 168. 10. 11，辅助 DNS 地址 1. 2. 3. 4。

3. 永久修改系统主机名为 server. student. com，配置名称解析，使本机可以通过主机名 server. student. com 及别名 server 解析到本机 IP 地址。

工 作 项 目 9

软件包管理

学习知识技能点

1. 了解什么是 RPM 软件包
2. 掌握如何在 RHEL 8 系统上使用 RPM 软件包管理软件
3. 掌握使用 yum 命令查找、安装和更新软件包
4. 启用和禁用 Red Hat 或第三方 yum 存储库
5. 检查和安装下载的软件包文件
6. 使用 tar 创建新的压缩文件,并从现有的存档文件提取文件

任务 9.1 RPM 软件包管理

任务描述

在 RPM (Red Hat Package Manager, 红帽软件包管理器) 公布之前, 要想在 Linux 系统中安装软件, 只能采取源码包的方式安装。早期在 Linux 系统中安装程序是一件非常困难、耗费耐心的事情, 而且大多数的服务程序仅仅提供源代码, 需要运维人员自行编译代码并解决许多的软件依赖关系。因此, 要安装好一个服务程序, 运维人员需要具备丰富的知识、高超的技能, 甚至良好的耐心。而且在安装、升级、卸载服务程序时还要考虑到其他程序、库的依赖关系, 所以, 在进行校验、安装、卸载、查询、升级等管理软件操作时难度都非常大。RPM 机制则是为解决这些问题而设计的。RPM 有点像 Windows 系统中的控制面板, 会建立统一的数据库文件, 详细记录软件信息并能够自动分析依赖关系。目前 RPM 的优势已经被公众所认可, 在众多的 Linux 系统上都采用 RPM 软件包, 这种软件包格式在安装、升级、删除以及查询方面非常方便, 不需要进行编译即可安装软件包。本任务主要讲述 RPM 软件包的使用和管理。

9.1.1 RPM 软件包简介

许多年前, Red Hat 开发了 RPM 软件包管理器, 该程序提供一种标准的方式来打包软件进行分发。在管理软件时, 采用 RPM 软件包的形式要比使用从存档提取到文件系统的

软件简单得多。管理员可以通过 RPM 跟踪软件包中包含的脚本、配置文件和可执行文件，并检查对其他软件包的依赖关系。有关已安装软件包的信息存储在各个系统的本地 RPM 数据库中。

Red Hat 企业 Linux 提供的所有软件都以 RPM 软件包的形式提供。RPM 软件包的命名格式采用软件包名称组合 name – version – release. arch. rpm 的方式，其中：

- name：软件包的名字。
- version：版本信息，组成部分有 major. minor. release。

  major：主版本号，重大改变。

  minor：次版本号，某个子功能产生重大变化。
- release：发行号，修正某些 bug，或者调整一点小功能。
- arch：适应平台。

  x86：i386、i486、i686 等。

  x86_64：x86_64。

  noarch：没有任何硬件的限制，在所有平台上都能安装。
- rpm：后缀名。

以 httpd – 2. 2. 15 – 53. el6. centos. x86_64. rpm 文件为例来看 RPM 包的命名规则。

- httpd：软件包名。
- 2. 2. 15：软件版本。
- 53：软件发布的次数。
- el6. centos：适合 Linux 平台。
- x86_64：适合的硬件平台，这里表示 64 位。
- rpm：RPM 包的扩展名。注意，Linux 没有扩展名的概念，这里是告诉管理员这是一个 RPM 包文件。

RPM 软件包可由为其打包的组织进行数字签名。某一特定来源的所有软件包通常使用相同的 GPG 私钥签名。如果软件被改动或损坏，签名将不再有效。这可以使系统在安装软件包之前验证其完整性。Red Hat 发布的所有 RPM 软件包都具有数字签名。

9.1.2　管理 RPM 软件包

RPM 软件包管理主要有安装（添加）、删除（卸载）、刷新、升级、查询这五种基本操作模式。

常用的 RPM 软件包命令见表 9 – 1。

表 9 – 1

安装软件的命令格式	rpm　– ivh filename. rpm
升级软件的命令格式	rpm　– Uvh filename. rpm
卸载软件的命令格式	rpm　– e filename. rpm

续表

查询软件描述信息的命令格式	rpm –qpi filename. rpm
列出软件文件信息的命令格式	rpm –qpl filename. rpm
查询文件属于哪个 RPM 的命令格式	rpm –qf filename

RPM 软件包在安装时，如果满足依赖关系，则允许安装；如果不满足依赖关系，则需要先安装其他软件包。

首先进入 rpm 文件的挂载目录，RHEL 8 系统安装好之后，默认的 RPM 文件挂载目录为/run/media/student/RHEL – 8 – 0 – BaseOS – x86_64/BaseOS/Packages，进入该安装目录之后，可以看到各种安装包。

```
[root@localhost ~]# cd /run/media/student/RHEL - 8 - 0 - BaseOS - x86_64/BaseOS/
Packages
[root@localhost Packages]# ls
aajohan - comfortaa - fonts - 3.001 - 2.el8.noarch.rpm
acl - 2.2.53 - 1.el8.x86_64.rpm
acpica - tools - 20180629 - 3.el8.x86_64.rpm
.........
yum - 4.0.4 - 1.el8.noarch.rpm
zip - 3.0 - 21.el8.x86_64.rpm
zlib - 1.2.11 - 10.el8.i686.rpm
zlib - 1.2.11 - 10.el8.x86_64.rpm
zlib - devel - 1.2.11 - 10.el8.i686.rpm
zlib - devel - 1.2.11 - 10.el8.x86_64.rpm
zsh - 5.5.1 - 4.el8.x86_64.rpm
[root@localhost Packages]#
```

安装 yum – 4. 0. 4 – 1. el8. noarch. rpm 软件包，并显示安装过程中的详细信息和水平进度条。

```
[root@localhost Packages]# rpm -ivh yum - 4.0.4 -1.el8.noarch.rpm
warning:yum - 4.0.4 - 1.el8.noarch.rpm:Header V3 RSA/SHA256 Signature, key ID
f21541eb:NOKEY
Verifying...                          ###############################[100%]
Preparing...                          ###############################[100%]
Updating /installing...
    1:yum -4.0.4 -1.el8                 ###############################[100%]
[root@localhost Packages]#
```

选项：
- –i：安装（install）。
- –v：显示更详细的信息（verbose）。
- –h：打印#，显示安装进度（hash）。

注意：这种安装方法在安装软件的时候可能需要先安装各种依赖，安装过程特别烦琐，后面介绍的 yum 安装会简单得多。

如果还有其他安装要求，比如想强制安装某个软件包而不管它是否有依赖性，就可以通过选项进行调整：

① – nodeps：不检测依赖性，直接进行安装。软件安装时会检测依赖性，确定所需的底层软件是否安装，如果没有安装，则会报错。如果不管依赖性，想强制安装，则可以使用这个选项。注意：这样不检测依赖性安装的软件基本上是不能使用的，所以不建议这样做。

② – replacefiles：替换文件安装。如果要安装软件包，但是包中的部分文件已经存在，那么在正常安装时会报"某个文件已经存在"的错误，从而导致软件无法安装。使用这个选项可以忽略这个报错而覆盖安装。

③ – replacepkgs：替换软件包安装。如果软件包已经安装，那么此选项可以把软件包重复安装一遍。

④ – force：强制安装。不管是否已经安装，都重新安装。也就是 – replacefiles 和 – replacepkgs 的综合。

⑤ – test：测试安装。不会实际安装，只是检测一下依赖性。

⑥ – prefix：指定安装路径。为安装软件指定安装路径，而不使用默认安装路径。注意：如果指定了安装路径，软件没有安装到系统默认路径中，那么系统会找不到这些安装的软件，需要进行手工配置才能被系统识别，所以采用默认路径安装 RPM 包。

删除 sqlite 软件：

```
[root@localhost Packages]# rpm – e sqlite
```

在删除软件包时，不是使用软件包文件名称 sqlite – 3.24.0 – 1.el8.x86_64.rpm，而是使用软件包名称 sqlite。在删除软件包时也会遇到依赖关系错误。当另一个已安装的软件包依赖于用户试图删除的软件包时，依赖关系错误就会发生。

升级 sqlite – 3.24.0 – 1.el8.x86_64.rpm 软件包：

```
[root@localhost Packages]# rpm – Uvh sqlite – 3.24.0 – 1.el8.x86_64.rpm
warning:sqlite – 3.24.0 – 1.el8.x86_64.rpm:Header V3 RSA/SHA256 Signature,key ID
f21541eb:NOKEY
Verifying...                          ################################[100%]
Preparing...                          ################################[100%]
Updating /installing...
1:sqlite – 3.24.0 – 1.el8               ################################[100%]
[root@localhost Packages]#
```

9.1.3 检查 RPM 软件包文件

RPM 软件包的查询功能非常强大，使用 rpm 命令的查询功能可以查看某个软件包是否已经安装、软件包的用途以及软件包复制到系统中的文件等相关信息，以便更好地管理 Linux 操作系统中的应用程序。使用 rpm – q 相关命令可以查询软件包的众多信息。

1. 查询已安装的 RPM 软件信息

命令语法：rpm –q[子选项][软件名]

选项：

- –qa：显示当前系统中以 RPM 方式安装的所有软件列表。
- –qi：查看指定软件包的名称、版本、许可协议、用途描述等详细信息。
- –ql：显示指定的软件包在当前系统中安装的所有目录、文件列表。
- –qf：查看当前指定的文件或目录是由哪个软件包所安装的。

2. 查询未安装的 RPM 软件包文件中的信息

使用"–qp"选项时，必须以 RPM 软件包文件的路径作为参数（可以有多个），而不是软件包名称。

- –qpi：查看指定软件包的名称、版本、许可协议、用途描述等详细信息。
- –qpl：显示指定的软件包准备要安装的所有目录、文件列表。

3. 常用的检查 RPM 软件包相应的操作

查询 sqlite 和 http 软件包是否已经安装。

```
[root@localhost Packages]# rpm -q sqlite
sqlite-3.24.0-1.el8.x86_64
[root@localhost Packages]# rpm -q http
package http is not installed
[root@localhost Packages]#
```

查询系统内所有已经安装的 RPM 软件包。

```
[root@localhost Packages]# rpm -qa
qemu-kvm-block-rbd-2.12.0-41.el8+2104+3e32e6f8.x86_64
kyotocabinet-libs-1.2.76-17.el8.x86_64
.........
firewalld-filesystem-0.6.3-3.el8.noarch
ndctl-62-2.el8.x86_64
pciutils-3.5.6-4.el8.x86_64
[root@localhost Packages]#
```

查询软件包 sqlite–3.24.0–1.el8.x86_64.rpm 的描述信息。

```
[root@localhost Packages]# rpm -qpi sqlite-3.24.0-1.el8.x86_64.rpm
warning:sqlite-3.24.0-1.el8.x86_64.rpm:Header V3 RSA/SHA256 Signature,key ID
f21541eb:NOKEY
Name        :sqlite
Version     :3.24.0
Release     :1.el8
Architecture:x86_64
Install Date:(not installed)
Group       :Applications/Databases
Size        :1275476
License     :Public Domain
```

```
Signature      :RSA/SHA256,Mon 13 Aug 2018 09:53:21 PM CST,Key ID 938a80caf21541eb
Source RPM :sqlite-3.24.0-1.el8.src.rpm
Build Date :Mon 13 Aug 2018 02:26:02 AM CST
Build Host :x86-vm-01.build.eng.bos.redhat.com
Relocations :(not relocatable)
Packager       :Red Hat,Inc. <http://bugzilla.redhat.com/bugzilla >
Vendor         :Red Hat,Inc.
URL            :http://www.sqlite.org/
Summary        :Library that implements an embeddable SQL database engine
Description :
SQLite is a C library that implements an SQL database engine. A large
subset of SQL92 is supported. A complete database is stored in a
single disk file. The API is designed for convenience and ease of use.
Applications that link against SQLite can enjoy the power and
flexibility of an SQL database without the administrative hassles of
supporting a separate database server. Version 2 and version 3 binaries
are named to permit each to be installed on a single host
[root@localhost Packages]#
```

查询 sqlite 软件包所包含的文件列表。

```
[root@localhost Packages]# rpm -ql sqlite
/usr/bin/sqlite3
/usr/lib/.build-id
/usr/lib/.build-id/af
/usr/lib/.build-id/af/377b803929f22c5ea6a3728a4175bc5dd26602
/usr/share/man/man1/sqlite3.1.gz
[root@localhost Packages]#
```

查询 sqlite 软件包的依赖关系。

```
[root@localhost Packages]# rpm -qR sqlite
libc.so.6()(64bit)
libc.so.6(GLIBC_2.14)(64bit)
libc.so.6(GLIBC_2.2.5)(64bit)
libc.so.6(GLIBC_2.28)(64bit)
libc.so.6(GLIBC_2.3)(64bit)
libc.so.6(GLIBC_2.3.4)(64bit)
libc.so.6(GLIBC_2.4)(64bit)
libdl.so.2()(64bit)
                                            （此处省略）
libz.so.1(ZLIB_1.2.0)(64bit)
rpmlib(CompressedFileNames) <= 3.0.4-1
rpmlib(FileDigests) <= 4.6.0-1
rpmlib(PayloadFilesHavePrefix) <= 4.0-1
rpmlib(PayloadIsXz) <= 5.2-1
rtld(GNU_HASH)
sqlite-libs=3.24.0-1.el8
[root@localhost Packages]#
```

查询/etc/crontab 文件属于哪个软件包。

```
[root@localhost Packages]# rpm -qf /etc/crontab
crontabs-1.11-16.20150630git.el8.noarch
[root@localhost Packages]#
```

任务 9.2　使用 yum 安装和更新软件

任务描述

安装系统后，可以通过 rpm 命令安装、更新、删除和查询 RPM 软件包。然而，它不能自动解析依赖关系，而必须要列出所有软件包。PackageKit 和 yum 等工具是 RPM 的前端应用，可用于安装单个软件包或软件包集合（有时称为软件包组）。RHEL 8 中默认使用的软件批量管理工具由原版本的 yum 换成了速度更快的 dnf，原有的 yum 命令仅为 dnf 的软链接，当然，依旧是可以使用的。

9.2.1　yum 的概念

yum 起初是由 Terra Soft 研发的，其宗旨是自动化地升级、安装和删除 RPM 软件包、收集 RPM 软件包的相关信息、检查依赖性并且一次安装所有依赖的软件包，无须烦琐地一次次安装。

9.2.2　使用 yum 查找软件

yum help 命令将显示使用信息。

yum list 显示已安装和可用的包。

```
[root@localhost ~]# yum list 'http*'
Updating Subscription Management repositories.
Unable to read consumer identity
This system is not registered to Red Hat Subscription Management. You can use
subscription-manager to register.
Updating Subscription Management repositories.
Unable to read consumer identity
This system is not registered to Red Hat Subscription Management. You can use
subscription-manager to register.
Last metadata expiration check:0:00:25 ago on Fri 01 Mar 2019 11:55:26 AM CST.
Installed Packages
httpd.x86_64                     2.4.35-6.el8+2089+57a79027      @rhel8_dvd1
httpd-filesystem.noarch          2.4.35-6.el8+2089+57a79027      @rhel8_dvd1
httpd-tools.x86_64               2.4.35-6.el8+2089+57a79027      @rhel8_dvd1
Available Packages
http-parser.i686                 2.8.0-1.el8                     rhel8_dvd1
http-parser.x86_64               2.8.0-1.el8                     rhel8_dvd1
```

```
http - parser - devel.i686            2.8.0 - 1.el8                        rhe18_dvd1
http - parser - devel.x86_64          2.8.0 - 1.el8                        rhe18_dvd1
httpcomponents - client.noarch        4.5.5 - 4.el8 + 1518 + efba52e6      rhe18_dvd1
httpcomponents - core.noarch          4.4.10 - 3.el8 + 1518 + efba52e6     rhe18_dvd1
httpd - devel.x86_64                  2.4.35 - 6.el8 + 2089 + 57a79027     rhe18_dvd1
httpd - manual.noarch                 2.4.35 - 6.el8 + 2089 + 57a79027     rhe18_dvd1
[root@localhost ~]#
```

yum search KEYWORD 根据在名称和摘要字段中找到的关键字列出软件包。

```
[root@localhost ~]# yum search 'http *'
Updating Subscription Management repositories.
This system is registered to Red Hat Subscription Management,but is not receiving
updates. You can use subscription - manager to assign subscriptions.
Updating Subscription Management repositories.
This system is registered to Red Hat Subscription Management,but is not receiving
updates. You can use subscription - manager to assign subscriptions.
Last metadata expiration check:0:05:03 ago on Fri 01 Mar 2019 11:55:26 AM CST.
=================== Summary & Name Matched:http * =====================
http - parser.i686:HTTP request /response parser for C
http - parser.x86_64:HTTP request /response parser for C
httpcomponents - client.noarch:HTTP agent implementation based on
                                  :httpcomponents HttpCore
========================= Name Matched:http * ===========================
httpd.x86_64 :Apache HTTP Server
httpd.x86_64 :Apache HTTP Server
httpd - tools.x86_64:Tools for use with the Apache HTTP Server
httpd - devel.x86_64:Development interfaces for the Apache HTTP server
httpd - tools.x86_64:Tools for use with the Apache HTTP Server
............
========================= Summary Matched:http * =========================
perl - HTTP - Cookies.noarch:HTTP cookie jars
perl - HTTP - Message.noarch:HTTP style message
maven - wagon - http.noarch:http module for maven - wagon
maven - wagon - http - shared.noarch :http - shared module for maven - wagon
python3 - requests.noarch:HTTP library,written in Python,for human
                                  :beings
python3 - requests.noarch:HTTP library,written in Python,for human
                                  :beings
python2 - requests.noarch:HTTP library,written in Python,for human
                                  :beings
[root@localhost ~]#
```

yum info PACKAGENAME 提供与软件包相关的详细信息，包括安装所需的磁盘空间。

```
[root@localhost ~]# yum info httpd
Updating Subscription Management repositories.
```

```
Updating Subscription Management repositories.
Last metadata expiration check:0:09:41 ago on Fri 01 Mar 2019 11:55:26 AM CST.
Installed Packages
Name            :httpd
Version         :2.4.35
Release         :6.el8 +2089 +57a79027
Arch            :x86_64
Size            :4.3 M
Source          :httpd -2.4.35 -6.el8 +2089 +57a79027.src.rpm
Repo            :@System
From repo       :rhel8_dvd1
Summary         :Apache HTTP Server
URL             :https://httpd.apache.org/
License         :ASL 2.0
Description     :The Apache HTTP Server is a powerful,efficient,and
                :extensible web server.
[root@localhost ~]#
```

yum provides PATHNAME 显示与指定的路径名（通常包含通配符）匹配的软件包。如查找 /var/www/html 目录的软件包。

```
[root@localhost ~]# yum provides /var/www/html
Updating Subscription Management repositories.
Updating Subscription Management repositories.
Last metadata expiration check:1:08:20 ago on Fri 01 Mar 2019 11:55:26 AM CST.
httpd -filesystem -2.4.35 -6.el8 +2089 +57a79027.noarch :The basic directory
     ...:layout for the Apache HTTP server
Repo            :@System
Matched from:
Filename       :/var/www/html

httpd -filesystem -2.4.35 -6.el8 +2089 +57a79027.noarch :The basic directory
     ...:layout for the Apache HTTP server
Repo            :rhel8_dvd1
Matched from:
Filename       :/var/www/html

[root@localhost ~]#
```

9.2.3 使用 yum 安装和删除软件包

yum install PACKAGENAME 获取并安装软件包，包括所有依赖项。

```
[root@localhost ~]# yum install httpd
Updating Subscription Management repositories.
Updating Subscription Management repositories.
```

```
Last metadata expiration check:0:04:26 ago on Fri 01 Mar 2019 01:19:49 PM CST.
Dependencies resolved.
=================================================================
Package  Arch  Version  Repository                          Size
=================================================================
Installing:
...........
Transaction Summary
=================================================================
Install  9 Packages

Total download size:2.0 M
     Installed size:5.4 M
     Is this ok[y/N]:
```
（以下省略）

yum update PACKAGENAME 获取并安装更新版本的软件包，包括所有依赖项。通常，该进程尝试适当保留配置文件，但是在某些情况下，如果打包商认为旧文件在更新后将无法使用，则可能对其进行重命名。如果未指定软件包名称，它将安装所有相关更新。

```
[root@localhost ~]# yum update
Updating Subscription Management repositories.
Updating Subscription Management repositories.
Last metadata expiration check:0:06:32 ago on Fri 01 Mar 2019 01:19:49 PM CST.
Dependencies resolved.
Nothing to do.
Complete!
[root@localhost ~]#
```

yum remove PACKAGENAME 删除安装的软件包，包括所有受支持的包。

```
[root@localhost ~]# yum remove httpd
Updating Subscription Management repositories.
Updating Subscription Management repositories.
Dependencies resolved.
......
Removed:
  httpd-2.4.35-6.el8+2089+57a79027.x86_64
  apr-1.6.3-8.el8.x86_64
  apr-util-1.6.1-6.el8.x86_64
  apr-util-bdb-1.6.1-6.el8.x86_64
  apr-util-openssl-1.6.1-6.el8.x86_64
  httpd-filesystem-2.4.35-6.el8+2089+57a79027.noarch
  httpd-tools-2.4.35-6.el8+2089+57a79027.x86_64
  mod_http2-1.11.3-1.el8+2087+db8dc917.x86_64
  redhat-logos-httpd-80.5-1.el8.noarch

Complete!
[root@localhost ~]#
```

9.2.4 使用 yum 安装和删除软件组

yum 也具有组的概念，即针对特定目的而一起安装的相关软件集合。有两种类型的组：常规组是软件包集合，环境组是其他组的集合，这些组包含自己的软件包。一个组提供的软件包或组可能为必选（安装该组时必须予以安装）、默认（安装该组时必须予以安装）或可选（安装该组时不予以安装，除非特别要求）。

与 yum list 相似，yum group list（或 yum grouplist）命令将列出已安装和可用的组的名称。有些组一般通过环境组安装，默认为隐藏。这些隐藏组也可通过 yum group list hidden 命令列出。如果添加 ids 选项，则也会显示组 ID。

yum group list hidden 命令将列出已安装和可用的组的名称。

```
[root@localhost ~]# yum group list
Updating Subscription Management repositories.
Updating Subscription Management repositories.
Last metadata expiration check:0:21:19 ago on Fri 01 Mar 2019 01:19:49 PM CST.
Available Environment Groups:
    Minimal Install
    Custom Operating System
    Server
Installed Environment Groups:
    Workstation
Available Groups:
Legacy UNIX Compatibility
    Container Management
    Development Tools
    .NET Core Development
    Graphical Administration Tools
    Headless Management
    Network Servers
    RPM Development Tools
    Scientific Support
    Security Tools
    Smart Card Support
    System Tools
[root@localhost ~]#
```

yum group info（或 yum groupinfo）命令可以显示组的相关信息。它将列出必选、默认和可选软件包名称或组 ID，软件包名称或组 ID 前面可能有标记。

```
[root@localhost ~]# yum group info "Graphical Administration Tools"
Updating Subscription Management repositories.
Updating Subscription Management repositories.
Last metadata expiration check:0:34:05 ago on Fri 01 Mar 2019 01:19:49 PM CST.

Group:Graphical Administration Tools
```

```
    Description:Graphical system administration tools for managing many aspects of
a system.
    Optional Packages:
       gnome-disk-utility
       policycoreutils-gui
       setools-console
       setroubleshoot
       wireshark
[root@localhost ~]#
```

yum group install（或 yum groupinstall）命令将安装一个组，同时安装其必选和默认的软件包以及它们的依赖软件包。

```
[root@localhost ~]# yum group install "Server"
Updating Subscription Management repositories.
Updating Subscription Management repositories.
Last metadata expiration check:0:30:50 ago on Fri 01 Mar 2019 01:19:49 PM CST.
Dependencies resolved.
================================================================
 Package              Arch  Version
                                     Repository         Size
================================================================
............
Transaction Summary
================================================================
Install  12 Packages

Total download size:26 M
Installed size:101 M
Is this ok[y/N]:
............
Complete!
```

yum group remove <软件组名> 用于删除软件组。

```
[root@server ~]# yum group remove "Server"
Updating Subscription Management repositories.
Unable to read consumer identity
Remove 14 Packages
............
Freed space:117 M
Is this ok[y/N]:y
Running transaction check
Transaction check succeeded.
Running transaction test
Transaction test succeeded.
Running transaction
```

```
............
Removed:
  NetworkManager - config - server -1:1.14.0 -14.el8.noarch
  buildah -1.5 -3.gite94b4f9.module +el8 +2769 +577ad176.x86_64
  containernetworking - plugins -0.7.4 -3.git9ebe139.module +el8 +2769 +577ad176.
x86_64
  podman -1.0.0 -2.git921f98f.module +el8 +2785 + ff8a053f.x86_64
  container - selinux -2:2.75 -1.git99e2cfd.module +el8 +2769 +577ad176.noarch
  containers - common -1:0.1.32 -3.git1715c90.module +el8 +2769 +577ad176.x86_64
  criu -3.10 -7.el8.x86_64
  fuse - overlayfs -0.3 -2.module +el8 +2769 +577ad176.x86_64
  fuse3 - libs -3.2.1 -12.el8.x86_64
  libnet -1.1.6 -15.el8.x86_64
  oci - systemd - hook -1:0.1.15 -2.git2d0b8a3.module +el8 +2769 +577ad176.x86_64
  protobuf - c -1.3.0 -4.el8.x86_64
  runc -1.0.0 -54.rc5.dev.git2abd837.module +el8 +2769 +577ad176.x86_64
  slirp4netns -0.1 -2.dev.gitc4e1bc5.module +el8 +2769 +577ad176.x86_64

Complete!
```

9.2.5   查看 yum 事务历史记录

RHEL 8 包管理系统 yum 基于 dnf，可以通过 dnf history 查看安装和删除事务的摘要。

```
[root@localhost ~]# dnf history
Updating Subscription Management repositories.
Updating Subscription Management repositories.

ID |Command line          |Date and time        |Action(s)   |Altered
-----------------------------------------------------------------------------
13 |group install Server  |2019 -03 -01 13:51   |Install     |19
12 |autoremove httpd      |2019 -03 -01 13:34   |Removed     |9
11 |install httpd         |2019 -03 -01 13:33   |Install     |9
10 |remove httpd          |2019 -03 -01 13:32   |Removed     |9
 9 |install httpd         |2019 -03 -01 13:31   |Install     |9
 8 |autoremove httpd      |2019 -03 -01 13:20   |Removed     |9
 7 |install httpd         |2019 -03 -01 13:14   |Install     |9
 6 |autoremove httpd      |2019 -03 -01 13:14   |Removed     |9
 5 |-y install httpd      |2019 -02 -28 15:44   |Install     |9
 4 |autoremove httpd      |2019 -02 -28 15:44   |Removed     |9
 3 |-y install mariadb    |2019 -02 -27 18:21   |Install     |4
 2 |-y install httpd      |2019 -02 -27 16:00   |Install     |9
 1 |                      |2019 -02 -19 09:22   |Install     |1417 EE
```

通过 dnf history undo 撤销事务。

```
[root@localhost ~]# dnf history undo 8
Updating Subscription Management repositories.
Updating Subscription Management repositories.
Last metadata expiration check:0:10:14 ago on Fri 01 Mar 2019 03:09:31 PM CST.
Undoing transaction 8,from Fri 01 Mar 2019 01:20:59 PM CST
      Removed apr-1.6.3-8.el8.x86_64                                    @@System
............
      Removed apr-util-openssl-1.6.1-6.el8.x86_64                       @@System
      Removed httpd-2.4.35-6.el8+2089+57a79027.x86_64                   @@System
      Removed httpd-filesystem-2.4.35-6.el8+2089+57a79027.noarch        @@System
      Removed httpd-tools-2.4.35-6.el8+2089+57a79027.x86_64             @@System
      Removed mod_http2-1.11.3-1.el8+2087+db8dc917.x86_64               @@System
      Removed redhat-logos-httpd-80.5-1.el8.noarch                      @@System
Dependencies resolved.
............
```

任务 9.3　配置和启用软件仓库

任务描述

　　yum 命令在多个存储库中搜索软件包和其依赖项，以便一起安装它们，从而能缓和依赖性问题。yum 的主要配置文件为/etc/yum.conf，其他存储库配置文件位于/etc/yum.repos.d 目录中。存储库配置文件至少包含一个存储库 ID（在方括号中）、一个名称以及软件包存储库的 URL 位置。URL 可以指向本地目录（文件）或远程网络共享（http 和 ftp 等）。如果将该 URL 粘贴到浏览器中，则显示的内容应该有 RPM 软件包（可能位于一个或多个子目录中），以及包含可用软件包相关信息的 repodata 目录（其中包含依赖信息数据库、软件包列表文件以及包组列表文件）。

9.3.1　启用 Red Hat 软件存储库

　　Red Hat 订阅管理提供可用于向计算机授权产品订阅的工具，让管理员能够获取软件包的更新，跟踪系统所用支持合同和订阅的相关信息。PackageKit 和 yum 等标准工具可以通过 Red Hat 提供的内容分发网络来获取软件包和更新。将系统注册到订阅管理服务可根据所附加的订阅，自动配置软件存储库的访问。

　　可以通过 Red Hat 订阅管理工具执行下列基本任务：

　　①注册系统，将该系统与某一 Red Hat 账户关联。这可以让订阅管理器唯一地清查该系统。不再使用某一系统时，可以取消注册。

　　通过 subscription-manager 命令可以自动将系统关联到最适合该系统的兼容订阅，注册到 Red Hat 账户。

```
[root@localhost ~]# subscription-manager register --username=yourusername --
password=
  yourpassword
```

其中，yourusername 与 yourpassword 分别是已经在 Red Hat 官网上注册的账号与密码。

取消注册系统：

```
[root@localhost ~]# subscription-manager unregister
```

②订阅系统，授权它获取所选 Red Hat 产品的更新。订阅包含特定的支持级别、到期日期和默认存储库。可以通过工具自动附加，或选择具体的授权。随着需求的变化，可以移除订阅。

在注册到 Red Hat 账户之后，进行订阅：

```
[root@localhost ~]# subscription-manager subscribe
Installed Product Current Status:
Product Name:Red Hat Enterprise Linux for x86_64 Beta
Status:        Subscribed
[root@localhost ~]#
```

查看已订阅信息：

```
[root@localhost ~]# subscription-manager list
+ ------------------------------------------+
      Installed Product Status
+ ------------------------------------------+
Product Name:    Red Hat Enterprise Linux for x86_64 Beta
Product ID:      486
Version:         8.0 Beta
Arch:            x86_64
Status:          Subscribed
Status Details:
Starts:          02/17/2019
Ends:            02/17/2020
[root@localhost ~]#
```

③启用存储库，以提供软件包。默认情况下每一订阅会启用多个存储库，但可以根据需要启用或禁用更新或源代码等其他存储库。

查看系统内所有可用的软件存储库：

```
[root@localhost ~]# yum repolist all
Updating Subscription Management repositories.
Updating Subscription Management repositories.
Last metadata expiration check:0:03:21 ago on Wed 27 Feb 2019 06:03:26 PM CST.
repo id                                              repo name         status
codeready-builder-beta-for-rhel-8-x86_64-debug-rpms  Red Hat CodeRe    disabled
codeready-builder-beta-for-rhel-8-x86_64-rpms        Red Hat CodeRe    disabled
```

```
      codeready -builder -beta -for -rhel -8 -x86_64 -source -rpms    Red Hat CodeRe    disabled
      fast -datapath -beta -for -rhel -8 -x86_64 -debug -rpms         Fast Datapath     disabled
      fast -datapath -beta -for -rhel -8 -x86_64 -rpms               Fast Datapath     disabled
      fast -datapath -beta -for -rhel -8 -x86_64 -source -rpms        Fast Datapath     disabled
      rhel -8 -for -x86_64 -appstream -beta -debug -rpms              Red Hat Enterp    disabled
      rhel -8 -for -x86_64 -appstream -beta -rpms                     Red Hat Enterp    enabled:4,594
      rhel -8 -for -x86_64 -appstream -beta -source -rpms             Red Hat Enterp    disabled
      rhel -8 -for -x86_64 -baseos -beta -debug -rpms                 Red Hat Enterp    disabled
      rhel -8 -for -x86_64 -baseos -beta -rpms                        Red Hat Enterp    enabled:1,686
      ............
      rhel -8 -for -x86_64 -supplementary -beta -source -rpms         Red Hat Enterp    disabled
      [root@localhost ~]#
```

可以通过更改/etc/yum. repos. d/redhat. repo 文件中的 enable 参数来启用和禁用 Red Hat 软件存储库。启用 Red Hat 软件存储库，将 enable 参数设置为 true，否则设置为 false。

```
      [root@localhost ~]# cat /etc/yum.repos.d/redhat.repo
      ……
      [rhel -8 -for -x86_64 -appstream -beta -rpms]
      name = Red Hat Enterprise Linux 8 for x86_64 - AppStream Beta(RPMs)
      baseurl = https://cdn.redhat.com/content/beta/rhel8/8/x86_64/appstream/os
      enabled = true
      gpgkey = file:///etc/pki/rpm -gpg/RPM -GPG -KEY -redhat -beta,file:///etc/pki/
      rpm -gpg/RPM -GPG -KEY -redhat -release
      gpgcheck = true
      metadata_expire = 86400
      sslclientcert = /etc/pki/entitlement/1406395243341349872.pem
      sslclientkey = /etc/pki/entitlement/1406395243341349872 -key.pem
      sslcacert = /etc/rhsm/ca/redhat -uep.pem
      sslverify = true

      [rhel -8 -for -x86_64 -baseos -beta -debug -rpms]
      name = Red Hat Enterprise Linux 8 for x86_64 - BaseOS Beta(Debug RPMs)
      baseurl = https://cdn.redhat.com/content/beta/rhel8/8/x86_64/baseos/debug
      enabled = false
      gpgkey = file:///etc/pki/rpm -gpg/RPM -GPG -KEY -redhat -beta,file:///etc/pki/
      rpm -gpg/RPM -GPG -KEY -redhat -release
      gpgcheck = true
      metadata_expire = 86400
      sslclientcert = /etc/pki/entitlement/1406395243341349872.pem
      sslclientkey = /etc/pki/entitlement/1406395243341349872 -key.pem
      sslcacert = /etc/rhsm/ca/redhat -uep.pem
      sslverify = true

      [rhel -8 -for -x86_64 -baseos -beta -rpms]
      name = Red Hat Enterprise Linux 8 for x86_64 - BaseOS Beta(RPMs)
```

```
baseurl=https://cdn.redhat.com/content/beta/rhe18/8/x86_64/baseos/os
enabled=true
gpgkey=file:///etc/pki/rpm-gpg/RPM-GPG-KEY-redhat-beta,file:///etc/pki/
rpm-gpg/RPM
 -GPG-KEY-redhat-release
gpgcheck=true
metadata_expire=86400
sslclientkey=/etc/pki/entitlement/1406395243341349872-key.pem
sslcacert=/etc/rhsm/ca/redhat-uep.pem
sslverify=true
......
```

查看已启用的软件仓库：

```
[root@localhost ~]# yum repolist
Updating Subscription Management repositories.
Updating Subscription Management repositories.
Last metadata expiration check:0:19:26 ago on Thu 28 Feb 2019 01:03:05 PM CST.
repo id                                    repo name                        status
rhel-8-for-x86_64-appstream-beta-rpms Red Hat Enterprise Linux 8    4,594
rhel-8-for-x86_64-baseos-beta-rpms    Red Hat Enterprise Linux 8    1,686
[root@localhost ~]#
```

④审核和跟踪可用或已用的授权。可以在具体系统中查看订阅信息，也可在 Red Hat 客户门户 Subscriptions 页面或订阅资产管理器（SAM）查看具体账户的订阅信息。

查看已用的订阅：

```
[root@localhost ~]# subscription-manager list --consumed
 +--------------------------------------------+
Consumed Subscriptions
 +--------------------------------------------+
Subscription Name:  Red Hat Beta Access
Provides:           Red Hat Enterprise Linux for Power,little endian Beta
                    Red Hat CodeReady Linux Builder for x86_64 Beta
                    Red Hat Enterprise Linux for ARM 64 Beta
                    Red Hat CodeReady Linux Builder for Power,little endian Beta
                    Red Hat Enterprise Linux Fast Datapath Beta for Power,little
                    endian
                    Red Hat Enterprise Linux for x86_64 Beta
                    Red Hat CodeReady Linux Builder for ARM 64 Beta
                    Red Hat Enterprise Linux High Availability Beta
                    Red Hat CodeReady Linux Builder for IBM z Systems Beta
                    Red Hat Enterprise Linux for Real Time Beta
                    Red Hat Enterprise Linux for IBM z Systems Beta
                    Red Hat Enterprise Linux Resilient Storage Beta
                    Red Hat Enterprise Linux for Real Time for NFV Beta
                    Red Hat Enterprise Linux Fast Datapath Beta for x86_64
```

```
SKU:                    RH00069
Contract:               11864327
Account:                6199910
Serial:                 1406395243341349872
Pool ID:                8a85f99a68b938ff0168fe8d706656e4
Provides Management:No
Active:                 True
Quantity Used:          1
Service Level:          Self-Support
Service Type:           L1-L3
Status Details:         Subscription is current
Subscription Type:Standard
Starts:                 02/17/2019
Ends:                   02/17/2020
System Type:            Physical
[root@localhost ~]#
```

9.3.2 启用第三方软件存储库

启用 Red Hat 软件系统存储库后，yum 源配置文件默认不需要进行任何修改就可以使用，只要网络可用就行。如果没有将系统注册到 Red Hat 的订阅管理服务，那么就需要使用第三方软件存储库来自己创建 yum 软件存储库。第三方存储库是并非官方提供的软件包存储库，可以由 yum 从网站、FTP 服务器或本地文件系统进行访问。yum 存储库由非 Red Hat 软件分销商使用，或用于本地包的小型集合（例如，Adobe 通过 yum 存储库提供一些适用于 Linux 的免费软件）。要使用网络 yum 源，主机必须是正常联网的。

要启用第三方软件存储库，首先取消 Red Hat 官网上的注册系统。

```
[root@localhost ~]# subscription-manager unregister
Unregistering from:subscription.rhsm.redhat.com:443/subscription
System has been unregistered.
[root@localhost ~]#
```

运行 yum repolist，确保当前电脑中没有 yum 仓库。

```
[root@localhost ~]# yum repolist
Updating Subscription Management repositories.
Unable to read consumer identity
This system is not registered to Red Hat Subscription Management. You can use
subscription-manager to register.
Updating Subscription Management repositories.
Unable to read consumer identity
This system is not registered to Red Hat Subscription Management. You can use
subscription-manager to register.
No repositories available
[root@localhost ~]#
```

　　yum 源配置文件保存在 /etc/yum. repos. d/目录中，文件的扩展名一定是"＊. repo"。repo 文件是 Fedora 中 yum 源（软件仓库）的配置文件，通常一个 repo 文件定义了一个或多个软件仓库的细节内容，例如将从哪里下载需要安装或者升级的软件包，repo 文件中的设置内容将被 yum 读取和应用。也就是说，yum 源配置文件只要扩展名是"＊. repo"，就会生效。

　　将文件放到/etc/yum. repos. d/ 目录中，以启用对新第三方存储库的支持。存储库定义包含存储库的 URL 和名称，也定义是否使用 GPG 检查软件包签名，如果是，则还检查 URL 是否指向受信任的 GPG 密钥。

　　下面为大家演示搭建本地 yum 仓库的方法，使用的软件仓库来源于本地的镜像（rhel － 8. 0 － 1 － x86_64 － dvd. iso），从网站、FTP 服务器的软件仓库可以使用相同的步骤进行配置。在镜像文件所在的目录中，包含可用软件包相关信息的 repodata 目录。

　　查看光盘镜像默认挂载的目录：

```
[root@localhost ~]# lsblk
NAME                    MAJ:MIN RM  SIZE RO TYPE MOUNTPOINT
sda                     8:0     0    16G  0 disk
├─sda1                  8:1     0     1G  0 part /boot
└─sda2                  8:2     0    15G  0 part
  ├─rhel－root 253:0         0 13.4G  0 lvm  /
  └─rhel－swap 253:1         0  1.6G  0 lvm  [SWAP]
sr0                     11:0    1   6.5G  0 rom  /run/media/root/RHEL－8－0－BaseOS－x
[root@localhost ~]#
```

　　系统默认的挂载目录为/run/media/root/RHEL － 8 － 0 － BaseOS － x，由于该目录为一个临时目录并且书写麻烦，首先将光盘镜像挂载到自定义的目录中，本任务中使用/media 目录。

　　卸载光盘镜像默认的挂载位置并进行验证：

```
[root@localhost ~]# umount /dev/sr0
[root@localhost ~]# lsblk
NAME                    MAJ:MIN RM  SIZE RO TYPE MOUNTPOINT
sda                     8:0     0    16G  0 disk
├─sda1                  8:1     0     1G  0 part /boot
└─sda2                  8:2     0    15G  0 part
  ├─rhel－root 253:0         0 13.4G  0 lvm  /
  └─rhel－swap 253:1         0  1.6G  0 lvm  [SWAP]
sr0                     11:0    1   6.5G  0 rom
[root@localhost ~]#
```

　　验证语句也可以使用 df － h 命令。

　　将光盘镜像永久挂载到/media 目录，在/etc/fstab 文件中写入挂载条目之后进行挂载。

```
[root@localhost ~]# vim /etc/fstab
```

　　写入条目为：

```
/dev/sr0    /media   iso9660    defaults    0    0
```

/etc/fstab 中原有条目不变，如图 9 – 1 所示。

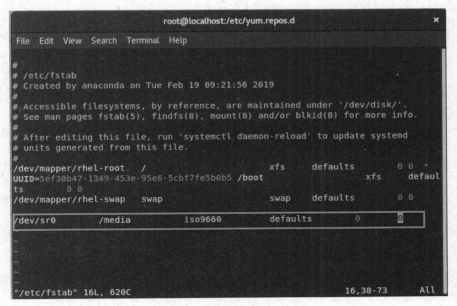

图 9 – 1

进行挂载：

```
[root@localhost ~]# mount – a
mount:/media:WARNING:device write – protected,mounted read – only.
[root@localhost ~]
```

验证镜像文件是否挂载成功：

```
[root@localhost ~]# lsblk
NAME                    MAJ:MIN RM SIZE RO TYPE MOUNTPOINT
sda                     8:0    0   16G   0 disk
├─sda1                  8:1    0    1G   0 part /boot
└─sda2                  8:2    0   15G   0 part
  ├─rhel – root 253:0   0 13.4G   0 lvm  /
  └─rhel – swap 253:1   0  1.6G   0 lvm [SWAP]
sr0                     11:0   1  6.5G   0 rom /media
[root@localhost ~]#
```

挂载成功之后，就可以将镜像文件中包含的可用软件包目录及 repodata 目录作为软件包存储库的 URL，对以 ". repo" 结尾的仓库文件进行配置。如果使用的是远程网络共享（http 和 ftp 等）的软件包信息，则可以不用进行上面的挂载镜像的操作，直接进行之后的操作来启用第三方软件存储库。

首先，确认可用软件包相关信息的 repodata 目录的位置。

查看光盘镜像所在的挂载目录。

```
[root@localhost ~]# ls -l /media/
total 51
dr-xr-xr-x. 4 root root  2048 Dec 14 02:19 AppStream
dr-xr-xr-x. 4 root root  2048 Dec 14 02:19 BaseOS
dr-xr-xr-x. 3 root root  2048 Dec 14 02:19 EFI
-r--r--r--. 1 root root  8266 Sep 27 20:05 EULA
-r--r--r--. 1 root root  1455 Dec 14 02:16 extra_files.json
-r--r--r--. 1 root root 18092 Sep 27 20:05 GPL
dr-xr-xr-x. 3 root root  2048 Dec 14 02:19 images
dr-xr-xr-x. 2 root root  2048 Dec 14 02:19 isolinux
-r--r--r--. 1 root root   101 Dec 14 02:16 media.repo
-r--r--r--. 1 root root  3375 Sep 27 20:05 RPM-GPG-KEY-redhat-beta
-r--r--r--. 1 root root  6636 Sep 27 20:05 RPM-GPG-KEY-redhat-release
-r--r--r--. 1 root root  1796 Dec 14 02:19 TRANS.TBL
[root@localhost ~]#
```

在 /media 目录下的 AppStream 目录与 BaseOS 目录下，找到有两个 repodata 目录。

```
[root@localhost ~]# ls -l /media/BaseOS/
total 298
dr-xr-xr-x. 2 root root 303104 Dec 14 02:19 Packages
dr-xr-xr-x. 2 root root   2048 Dec 14 02:19 repodata
[root@localhost ~]# ls -l /media/AppStream/
total 896
dr-xr-xr-x. 2 root root 915456 Dec 14 02:19 Packages
dr-xr-xr-x. 2 root root   2048 Dec 14 02:19 repodata
[root@localhost ~]#
```

锁定软件包存储库的 URL 为 file:///media/BaseOS 与 file:///media/AppStream。

在 /etc/yum.repos.d 目录中创建一个仓库文件 rhel8_dvd.repo，软件包的目录为本地主机文件系统中的 file:///media/BaseOS 与 file:///media/AppStream，需要写两个 yum 源的配置。

```
[root@localhost ~]# vim /etc/yum.repos.d/rhel8_dvd.repo
```

rhel8_dvd.repo 文件的内容。

```
[rhel8_dvd]
name = added from:file:///media/BaseOS
baseurl = file:///media/BaseOS
enabled = 1
gpgcheck = 0

[rhel8_dvd1]
name = added from:file:///media/AppStream
baseurl = file:///media/AppStream
enabled = 1
gpgcheck = 0
```

其中，[ ] 里的为 yum 源的名称，这与仓库文件 rhel8_dvd. repo 中 . repo 前的名字保持一致；name 为该 yum 源的说明；baseurl 为 yum 软件包存储库所在的地址；enabled = 1 表示此 yum 源启用，写成 enable = 0 则表示此 yum 源不启用；gpgcheck 如果为 1，则表示使用 GPG 检查软件包签名，这时就需要提供指定 GPG 密钥的位置，如果为 0，则表示不使用 GPG 检查软件包签名，在这里选择不使用 GPG 检查软件包。由于镜像文件所在的挂载目录中有两个目录中含有 repodata 目录，所以在这里写了两个条目。rhel8_dvd. repo 文件编辑完之后，保存退出即可。

　　使用 yum repolist 进行验证：

```
[root@localhost ~]# yum repolist
Updating Subscription Management repositories.
Unable to read consumer identity
This system is not registered to Red Hat Subscription Management. You can use
subscription - manager to register.
Updating Subscription Management repositories.
Unable to read consumer identity
This system is not registered to Red Hat Subscription Management. You can use
subscription - manager to register.
added from:file:///media/BaseOS        1.1 MB/s｜2.2 MB    00:02
added from:file:///media/AppStream      2.4 MB/s｜5.1 MB    00:02
Last metadata expiration check:0:00:01 ago on Thu 28 Feb 2019 03:40:40 PM CST.
repo id          repo name                                    status
rhel8_dvd        added from:file:///media/BaseOS              1,686
rhel8_dvd1       added from:file:///media/AppStream          4,594
[root@localhost ~]#
```

　　安装软件测试 yum 是否正常使用：

```
[root@localhost ~]# yum install httpd
Updating Subscription Management repositories.
Updating Subscription Management repositories.
Red Hat Enterprise Linux 8 for x86_64 -1.7 kB/s｜4.1 kB    00:02
Red Hat Enterprise Linux 8 for x86_64 -2.0 kB/s｜4.1 kB    00:01
Dependencies resolved.
 ==================================================================

Package         Arch    Version
                        Repository                           Size
 ==================================================================
Installing:
 httpd          x86_64 2.4.35 - 6.el8 +2089 +57a79027
                        rhel - 8 - for - x86_64 - appstream - beta - rpms 1.4 M
Installing dependencies:
.....
 Verifying      :apr - util - openssl - 1.6.1 - 6.el8.x86_64        6/9
```

```
   Verifying        :apr-util-1.6.1-6.el8.x86_64                          7/9
   Verifying        :mod_http2-1.11.3-1.el8+2087+db8dc917.x86_64          8/9
   Verifying        :redhat-logos-httpd-80.5-1.el8.noarch         9/9

 Installed:
  httpd-2.4.35-6.el8+2089+57a79027.x86_64
  apr-util-bdb-1.6.1-6.el8.x86_64
  apr-util-openssl-1.6.1-6.el8.x86_64
  httpd-filesystem-2.4.35-6.el8+2089+57a79027.noarch
  apr-1.6.3-8.el8.x86_64
  httpd-tools-2.4.35-6.el8+2089+57a79027.x86_64
  apr-util-1.6.1-6.el8.x86_64
  mod_http2-1.11.3-1.el8+2087+db8dc917.x86_64
  redhat-logos-httpd-80.5-1.el8.noarch

Complete!
[root@localhost ~]#
```

RHEL 8 包管理系统 yum 基于 dnf，dnf 源文件所在目录依旧为/etc/yum. repos. d/，所以，可以通过 dnf config-manager 在/etc/yum. repos. d 目录中创建一个仓库文件 rhel8_dvd. repo。

```
[root@localhost ~]# dnf config-manager --add-repo=file:///media
```

使用该命令后，在/etc/yum. repos. d 目录中会自动创建一个名为 media. repo 的文件。

```
[root@localhost ~]# dnf config-manager --add-repo=file:///media
Updating Subscription Management repositories.
Unable to read consumer identity
This system is not registered to Red Hat Subscription Management. You can use
subscription-manager to register.
Updating Subscription Management repositories.
Unable to read consumer identity
This system is not registered to Red Hat Subscription Management. You can use
subscription-manager to register.
Adding repo from:file:///media
[root@localhost ~]# ls -l /etc/yum.repos.d/
total 8
-rw-r--r--. 1 root root 94 Feb 28 15:52 media.repo
-rw-r--r--. 1 root root 0 Feb 28 14:09 redhat.repo
-rw-r--r--. 1 root root 208 Feb 28 15:40 rhel8_dvd.repo
[root@localhost ~]#
```

media. repo 文件的内容如下：

```
[root@localhost ~]# cat /etc/yum.repos.d/media.repo
[media]
name=created by dnf config-manager from file:///media
```

```
baseurl = file:///media
enabled = 1
[root@localhost ~]#
```

之后可以对 media.repo 文件进行编辑：添加条目 gpgcheck = 0，如果有多个软件仓库，则添加多个软件仓库的细节内容。

```
[root@localhost ~]# vim /etc/yum.repos.d/media.repo
```

media.repo 文件的内容如下：

```
[media_app]
name = created by dnf config - manager from file:///media
baseurl = file:///media/AppStream
enabled = 1
gpgcheck = 0

[media_base]
name = created by dnf config - manager from file:///media
baseurl = file:///media/BaseOS
enabled = 1
gpgcheck = 0
```

之后则可以进行验证与安装软件操作。

常用 yum 命令的摘要见表 9 - 2。

表 9 - 2

命令	作用
yum repolist all	列出所有仓库
yum list all	列出仓库中所有软件包
yum list［NAME - PATTERN］	按名称列出已安装和可用的软件包
yum grouplist	列出已安装和可用的组
yum search KEYWORD	按关键字搜索软件包
yum info PACKAGENAME	显示软件包的详细信息
yum install PACKAGENAME	安装软件包
yum groupinstall "GROUPNAME"	安装软件包组
yum update	更新所有软件包
yum remove PACKAGENAME	删除软件包
dnf history	显示 yum 使用事务历史记录
dnf history undo	撤销事务
dnf clean all	清除缓存目录下的软件包及旧的头文件
yum makecache	生成源数据缓存

任务 9.4　　tar 包管理

任务描述

在网络上，人们越来越倾向于传输压缩格式的文件，原因是网络传输不能并行发送文件，当把多个文件或目录打包后再传输，可节省网络带宽的占用时间，并且压缩后文件体积小，在网速相同的情况下，传输时间短。在 Linux 系统中使用 tar 命令可以将文件和目录进行归档或压缩以作备份用，本任务主要讲述 tar 包的使用和管理。

9.4.1　tar 包简介

tar 最初被用来在磁带上创建备份，现在用户可以在任何设备上创建备份，创建备份和通过网络传输数据时，归档和压缩文件非常有用。利用 tar 命令可以把一大堆的文件和目录打包成一个文件（存档），该存档可以使用 gzip、bzip2 或 xz 压缩方式压缩，tar 命令还能够列出存档内容，或者将其文件提取到当前系统中。

9.4.2　tar 包的使用和管理

使用 tar 命令可以将许多文件一起保存到一个单独的磁带或磁盘归档，并能从归档中单独还原所需文件。

tar 命令语法：tar［选项］［文件｜目录］（注：在使用 tar 命令指定选项时，可以不在选项前面输入 " – "）

要使用 tar 命令，需要执行以下 3 个选项之一（这 3 个选项不能同时使用）：

- c（创建一个存档）
- t（列出存档的内容，查看已经备份了哪些文件）
- x（提取存档）

tar 命令中常用选项的见表 9 – 3。

表 9 – 3

选项	选项含义
c	创建一个新存档
x	从现有存档提取内容
t	列出存档的内容
f	使用归档文件或设备，即要操作的存档的文件名
v	详细报告，用于查看添加到存档中或从中提取的文件有哪些
A	追加 tar 文件至归档

选项	选项含义
r	追加文件至归档结尾
u	仅追加比归档中副本更新的文件
k	保存已经存在的文件。在还原文件时，遇到相同的文件时，不会进行覆盖
m	不要解压文件的修改时间
M	创建多卷的归档文件，以便在几个磁盘中存放
w	每一步操作都要求确认
−C	解压缩到特定目录
z	使用 gzip 压缩（.tar.gz）
j	使用 bzip2 压缩（.tar.bz2）。bzip2 的压缩率通常比 gzip 高
J	使用 xz 压缩（.tar.xz）。xz 的压缩率通常比 bzip2 高
p	保留原始的权限与属性

创建名为 text.tar 的存档，其内容为当前用户的主目录中的 text1.txt、text2.txt 和 text3.txt。

```
[root@localhost ~]# ls
anaconda-ks.cfg  Downloads                Pictures    text1.txt  Videos
Desktop          initial-setup-ks.cfg  Public      text2.txt
Documents        Music                    Templates text3.txt
[root@localhost ~]# tar cvf text.tar text1.txt text2.txt text3.txt
text1.txt
text2.txt
text3.txt
[root@localhost ~]# ls -l text.tar
-rw-r--r--. 1 root root 10240 Mar  4 10:48 text.tar
[root@localhost ~]#
```

归档/etc 目录，生成文件为/root/etc.tar。

```
[root@localhost ~]# tar cf /root/etc.tar /etc/
tar:Removing leading'/'from member names
[root@localhost ~]# ls -l etc.tar
-rw-r--r--. 1 root root 27576320 Mar 4 10:52 etc.tar
[root@localhost ~]#
```

列出/root/etc.tar 归档文件的内容。

```
[root@localhost ~]# tar tf /root/etc.tar
etc/
```

```
etc/mtab
etc/fstab
etc/crypttab
etc/dnf/
etc/dnf/modules.d/
............
[root@localhost ~]#
```

将归档文件/root/etc. tar 提取到/root/etcbackup 目录。

```
[root@localhost ~]#mkdir /root/etcbackup
[root@localhost ~]#cd /root/etcbackup/
[root@localhost etcbackup]#tar xf /root/etc.tar
[root@localhost etcbackup]#ls
etc
[root@localhost etcbackup]#
```

或者通过 -C 选项，将 tar 包中的文件内容提取到指定的、已存在的目录中。

```
[root@localhost ~]#mkdir /root/etcbackup
[root@localhost ~]#tar xf /root/etc.tar -C /root/etcbackup
[root@localhost ~]#ls -l /root/etcbackup/
total 12
drwxr-xr-x. 136 root root 8192 Mar  4 10:43 etc
[root@localhost ~]#
```

9.4.3 tar 包的特殊使用

使用 tar 命令可以在打包或解包的同时调用其他的压缩程序，比如调用 gzip、bzip2 和 xz 等。gzip 压缩速度最快，历史最久，而且使用也最为广泛。bzip2 压缩生成的存档文件通常比 gzip 生成的文件小，但可用性不如 gzip 广泛；而 xz 压缩方式相对较新，但通常提供可用方式中最佳的压缩率。

为/etc 目录创建 gzip 压缩 tar 存档/root/etcbackup. tar. gz。

```
[root@localhost ~]#tar czf /root/etcbackup.tar.gz /etc
tar:Removing leading '/' from member names
[root@localhost ~]#ls -l /root/etcbackup.tar.gz
-rw-r--r--. 1 root root 6161085 Mar  4 11:40 /root/etcbackup.tar.gz
[root@localhost ~]#
```

为/etc 目录创建 bzip2 压缩 tar 存档/root/etcbackup. tar. bz2。

```
[root@localhost ~]#tar cjf /root/etcbackup.tar.bz2 /etc
tar:Removing leading '/' from member names
[root@localhost ~]#ls -l /root/etcbackup.tar.bz2
-rw-r--r--. 1 root root 4519912 Mar  4 11:45 /root/etcbackup.tar.bz2
[root@localhost ~]#
```

为/etc 目录创建 xz 压缩 tar 存档/root/etcbackup. tar. xz。

```
[root@localhost ~]# tar cJf /root/etcbackup.tar.xz /etc
tar:Removing leading '/' from member names
[root@localhost ~]# ls -l /root/etcbackup.tar.xz
-rw-r--r--. 1 root root 3767652 Mar  4 11:46 /root/etcbackup.tar.xz
[root@localhost ~]#
```

查看使用不同压缩方式生成的 tar 存档，可以看到压缩率的提升。

```
[root@localhost ~]# ls -l -S /root/etcbackup. *
-rw-r--r--. 1 root root 6161085 Mar  4 11:40 /root/etcbackup.tar.gz
-rw-r--r--. 1 root root 4519912 Mar  4 11:45 /root/etcbackup.tar.bz2
-rw-r--r--. 1 root root 3767652 Mar  4 11:46 /root/etcbackup.tar.xz
[root@localhost ~]#
```

提取压缩的 tar 存档时，要执行的第一步是决定存档文件应提取到的位置，然后创建并更改到目标目录或者使用 - C 选项指定存档文件应提取到的位置。要成功提取存档，通常不需要使用在创建存档时所用的同一压缩选项，因为 tar 命令会判断之前使用的压缩方式。可以在 tar 选项中添加解压缩方式。

将名为/root/etcbackup. tar. gz 的 gzip 压缩的 tar 存档内容提取到/tmp/etcgzip 目录。

```
[root@localhost ~]# mkdir /tmp/etcgzip
[root@localhost ~]# tar xzf /root/etcbackup.tar.gz -C /tmp/etcgzip
[root@localhost ~]# ls -l /tmp/etcgzip
total 12
drwxr-xr-x. 136 root root 8192 Mar  4 10:43 etc
[root@localhost ~]#
```

将名为/root/etcbackup. tar. bz2 的 bzip2 压缩的 tar 存档内容提取到/tmp/etcbz2 目录。

```
[root@localhost ~]# mkdir /tmp/etcbz2
[root@localhost ~]# tar xjf /root/etcbackup.tar.bz2 -C /tmp/etcbz2
[root@localhost ~]# ls -l /tmp/etcbz2
total 12
drwxr-xr-x. 136 root root 8192 Mar  4 10:43 etc
[root@localhost ~]#
```

将名为/root/etcbackup. tar. xz 的 xz 压缩的 tar 存档内容提取到/tmp/etcxz 目录。

```
[root@localhost ~]# mkdir /tmp/etcxz
[root@localhost ~]# tar xJf /root/etcbackup.tar.xz -C /tmp/etcxz
[root@localhost ~]# ls -l /tmp/etcxz
total 12
drwxr-xr-x. 136 root root 8192 Mar  4 10:43 etc
[root@localhost ~]#
```

常见错误及原因解析

在使用 dnf config－manager －－add－repo＝file：///xxxx 成功启用第三方软件存储库后，可以通过 yum repolist 或 dnf repolist 查看已经启用的第三方软件存储库。

```
[root@localhost ~]# yum repolist
Updating Subscription Management repositories.
Unable to read consumer identity
This system is not registered to Red Hat Subscription Management. You can use
subscription-manager to register.
Updating Subscription Management repositories.
Unable to read consumer identity
This system is not registered to Red Hat Subscription Management. You can use
subscription-manager to register.
Last metadata expiration check:0:18:13 ago on Thu 21 Mar 2019 08:29:00 PM CST.
repo id                    repo name                                    status
rhel8_dvd                  file:///media/BaseOS                          1,686
rhel8_dvd1                 added from file:///media/AppStream            4,594
[root@localhost ~]#
```

但在安装软件时，有可能会报错，不能安装。

```
[root@localhost ~]# yum -y install httpd
Updating Subscription Management repositories.
Unable to read consumer identity
This system is not registered to Red Hat Subscription Management. You can use
subscription-manager to register.

Updating Subscription Management repositories.
Unable to read consumer identity
This system is not registered to Red Hat Subscription Management. You can use
subscription-manager to register.

You have enabled checking of packages via GPG keys. This is a good thing.
However,you do not have any GPG public keys installed. You need to download
the keys for packages you wish to install and install them.
You can do that by running the command:
    rpm --import public.gpg.key

Alternatively you can specify the url to the key you would like to use
for a repository in the 'gpgkey' option in a repository section and DNF
will install it for you.
.....
[root@localhost ~]#
```

原因分析：通过报错信息，可以初步分析出原因在于在添加完成第三方软件仓库时没有指定 gpgkey。

解决方法：需要在第三方 yum 软件仓库配置文件中添加条目 gpgcheck = 0，不启用 GPG 检查即可。

```
[root@localhost ~]# vim /etc/yum.repos.d/rhel8_dev.repo

[rhel8_dvd]
name = file:///media/BaseOS
baseurl = file:///media/BaseOS
enabled = 1
gpgcheck = 0

[rhel8_dvd1]
name = added from file:///media/AppStream
baseurl = file:///media/AppStream
enabled = 1
gpgcheck = 0
```

课后习题

1. 使用 rpm 命令查询 crontabs 软件包所包含的文件列表。

2. 在 Linux 系统上创建本地软件仓库。创建之后使用 yum 命令安装 Samba 软件包。

3. 使用 tar 命令调用 gzip 压缩程序将/var/log 目录压缩成/root/log. tar. gz 文件。将之前压缩的文件解压到/tmp/log 目录中。

工作项目 10

网络服务配置与管理

学习知识技能点

1. SSH 和 OpenSSH
2. OpenSSH 服务器安装和配置
3. 配置 OpenSSH 客户端
4. VNC 服务器配置
5. 连接 VNC 服务器

任务 10.1 什么是 SSH 和 OpenSSH

任务描述

　　SSH 为 Secure Shell 的缩写，由 IETF 的网络小组（Network Working Group）所制定；SSH 为建立在应用层基础上的安全协议。SSH 是目前较可靠，专为远程登录会话和其他网络服务提供安全性的协议。利用 SSH 协议可以有效防止远程管理过程中的信息泄露问题。通过学习 SSH 相关知识，能够完成远程对操作系统的控制。

　　在需要对远端的服务器进行操作时，为了尽可能节省时间完成对服务器进行配置，可以使用 OpenSSH 加密的方式将本地主机连接到远程服务器，以提高数据传输的安全性。

　　SSH 协议是为远程登录或其他网络服务（如 sftp、scp）提供安全保障的一种协议，是创建在应用层和传输层基础上的安全协议。它在设计之初的主要目的是替代 telnet 远程登录协议，由于 telnet 协议是以明文的方式在互联网上传递数据和服务器账户口令的，这种方式很容易受到中间人攻击（Man – in – the – Middle Attack，简称为 MITM 攻击），就是入侵者通过各种手段将其控制的一台计算机虚拟放置在网络连接中的两台通信计算机之间，以达到窃取信息的目的。因此，使用 SSH 协议可以有效防止远程管理过程中的信息泄露问题。

　　SSH 最初是 UNIX 系统上的一个程序，后来又迅速扩展到其他操作平台上。SSH 在正确使用时可弥补网络中的漏洞。SSH 客户端适用于多种平台，几乎所有 UNIX 平台（如 Linux）以及其他平台都可以运行 SSH。

　　SSH 安全协议有两种登录验证方式：

1. SSH 基于口令的登录验证

①客户端向 SSH 服务器发出登录请求，相关信息通过明文发送。

②根据客户端所使用的服务协议版本及算法设置，返回相应公钥信息。

③客户端接收到服务端公钥信息后，会进行比对，并让用户对相关信息进行确认。

④服务端公钥校验及确认后，客户端会生成一对临时密钥用于客户端加密。

⑤客户端向服务端发送前述生成的临时密钥对中的公钥信息。相关信息通过明文发送。

2. SSH 基于密钥的登录验证

①客户端生成密钥对。

②将公钥信息写入目标服务器、目标账户的配置文件。该操作隐含表示了客户端拥有对目标服务器的控制权。

3. 登录交互过程

①客户端向服务器发出登录请求。在 SSH 服务启用了密钥验证登录方式后，会优先通过密钥验证方式进行登录验证。

②服务器根据 SSH 服务配置，在用户对应目录及文件中读取到有效的公钥信息。

③服务器生成一串随机数，然后使用相应的公钥对其加密。

④目标服务器将加密后的密文发回客户端。

⑤客户端使用默认目录或 -i 参数指定的私钥尝试解密。

⑥如果解密失败，则会继续尝试密码验证等其他方式进行登录校验。如果解密成功，则将解密后的原文信息重新发送给目标服务器。

⑦目标服务器对客户端返回的信息进行比对。如果比对成功，则表示认证成功，客户端可以登录。如果对比失败，则表示认证失败，会继续尝试密码验证等其他方式进行登录校验。

⑧SSH 因为受版权和加密算法的限制，现在很多人都转而使用 OpenSSH（Open Secure Shell），是 SSH 协议的免费开源实现。

任务 10.2　OpenSSH 服务器安装和配置

任务描述

掌握服务端软件包 OpenSSH 的安装以及 SSH 服务的启停。

10.2.1　安装 OpenSSH 服务软件包

安装并启动服务：

```
[root@server ~]# yum install openssh -y
//安装 OpenSSH 软件包
//系统安装成功之后,OpenSSH 已默认安装好
[root@server ~]# systemctl enable sshd.service      //设置 SSH 开机启动
[root@server ~]# systemctl start sshd.service       //启动 SSH 服务
```

10. 2. 2 /etc/ssh/sshd_config 文件详解

/etc/ssh/sshd_config 文件常用条目如下：

```
[root@server ~]# vim /etc/ssh/sshd_config
port 22
//该参数用于设置 OpenSSH 服务器监听的端口号，默认为 22
ListenAddress 0.0.0.0
//该参数用于设置 OpenSSH 服务器侦听的 IP 地址
LoginGraceTime 2m
//输入密码时的等待时长默认为 2 分钟，超出则断开会话；
PermitRootLogin yes
//该参数用于设置 root 用户是否能够使用 SSH 登录
PasswordAuthentication yes
//是否允许密码登录，建议禁止密码登录，使用 key 验证登录
PubkeyAuthentication yes
//该参数用于设置是否开启 RSA 密钥验证
MaxAuthTries 6
//密码最多试错次数，是设置数值的一半次数
```

任务 10. 3 OpenSSH 客户端以及连接

任务描述

掌握客户端软件包 OpenSSH 的安装、SSH 服务的启停、Linux 客户端的连接以及 Windows 客户端连接。

在 Linux 系统中配置 OpenSSH 服务器可以支持 Linux 客户端和非 Linux 客户端（如 Windows）进行远程连接。

10. 3. 1 Linux 客户安装与启动

安装并启动客户端：

```
[root@desktop ~]# yum install openssh-clients openssh
//在客户端需要安装 OpenSSH 和 openssh-clients 两个软件包
[root@desktop ~]# yum list installed|grep openssh
//查看软件包是否安装
[root@desktop ~]# systemctl enable sshd.service
//设置 OpenSSH 服务开机启动
[root@desktop ~]# systemctl start sshd.service
//启动 OpenSSH 服务
```

10. 3. 2 第一次 Linux 客户端连接

Linux 客户端使用 SSH 远程连接服务端，远端服务器 IP 地址为 192. 168. 100. 15。

```
[root@desktop ~]# ssh[username]@<IP 或主机名>-p port
//使用 ssh 命令来进行远程连接
[root@desktop ~]# ssh root@192.168.100.15 -p 22
//root:指使用 root 身份登录到 192.168.100.15 这台主机上
//-p 22:指使用指定端口。若端口号为默认 22,-p 选项可以不使用
The authenticity of host '192.168.100.15(192.168.100.15)'can't be established.
ECDSA key fingerprint is SHA256:M2Q0mHKJc1IIWFRWt+WgoomWfHzXtazJcAw2sGfDbxE.
Are you sure you want to continue connecting(yes/no)?
//当第一次输入远程连接命令之后,会弹出一些信息
/* 无法确认 host 的真实性,它的公钥指纹为 M2Q0mHKJc1IIWFRWt+WgoomWfHzXtazJc///
Aw2sGfDbxE,你确定是否继续连接。*/

Are you sure you want to continue connecting(yes/no)? no
Host key verification failed.
//输入 no,主机密钥验证失败
Are you sure you want to continue connecting(yes/no)? yes
Warning:Permanently added '192.168.100.15'(ECDSA)to the list of known hosts.
root@192.168.100.15's password:
Last login:Sun Mar 10 21:45:41 2019 from 192.168.100.1
[root@server ~]#
//输入 yes,永久添加主机到已知主机列表中。验证正确密码之后,即可登录

[root@desktop .ssh]# vim ~/.ssh/known_hosts
/*192.168.100.15 ecdsa-sha2-nistp256 AAAAE2VjZHNhLXNoYTItbmlzdHAyNTYAAAAI
bmlzdHAyNTYAAABBBCdUTyju9FozJCPemoTVA4m1wmrM8aoXgpRomvhOrItb5uzYgFBOfRPMtZagk
Fo71yAczbJhX9WOzQraCDTiaYk = */
//系统会将已成功连接主机的信息存放在 ~/.ssh/known_hosts 文件中

[root@desktop .ssh]# rm -rf ~/.ssh/known_hosts
/* 如果服务端因重装系统等因素导致公钥指纹出现变化,则会直接导致连接失败 Host key
verification failed,需要删除已保存的条目后再重新连接。*/
```

10.3.3　第一次 Windows 客户端连接

使用 Windows 客户端远程连接服务端，远端服务器 IP 地址为 192.168.100.15。可以使用的客户端工具有 Xshell、PuTTY 以及 SecureCRT，均可网上下载。本书使用 Xshell 作为演示。

创建连接，如图 10-1 所示。

输入登录用户身份，如图 10-2 所示。

输入与登录身份匹配的密码，如图 10-3 所示。

密码验证成功，即成功登录界面，如图 10-4 所示。

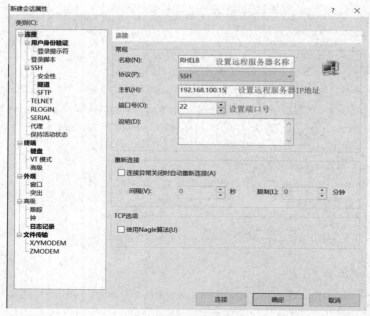

图 10 – 1

图 10 – 2

图 10 – 3

```
Connecting to 192.168.100.15:22...
Connection established.
To escape to local shell, press 'Ctrl+Alt+]'.

WARNING! The remote SSH server rejected X11 forwarding request.
Last login: Sun Mar 10 23:02:22 2019 from 192.168.100.1
[root@server ~]#
```

图 10 - 4

10.3.4　OpenSSH 配置实例

禁止以 root 身份远程连接。

```
[root@server ~]# vim /etc/ssh/sshd_config
PermitRootLogin no
//修改配置文件/etc/ssh/sshd_config,将参数 PermitRootLogin 设置为 no
//保存退出
[root@server ~]# systemctl restart sshd.service
//重启 sshd 服务,使配置文件生效
[root@desktop ~]# ssh root@192.168.100.15
root@192.168.100.15's password:
Permission denied,please try again.
/* 在客户端验证,远程以 root 身份登录服务端,在输入正确密码之后,提示"许可被拒绝,请再试一
次"。登录失败 */
```

任务 10.4　VNC 服务器配置

任务描述

掌握 VNC 服务端软件包的安装以及服务的启停。

10.4.1　VNC 简介

VNC（Virtual Network Computing），为一种使用 RFB 协议的屏幕画面分享及远程操作软件。此软件借由网络，可发送键盘与鼠标的动作及即时的屏幕画面。VNC 与操作系统无关，因此可跨平台使用，例如可用 Windows 连线到某 Linux 的计算机，反之亦同。

VNC 由 Olivetti & Oracle 研究室所开发，此研究室在 1999 年并入美国电话电报公司（AT&T）。AT&T 于 2002 年终止了此研究室的运作，并把 VNC 以 GPL 发布。因为它是免费的，以及可用于数量庞大的不同操作系统，它的简单、可靠和向后兼容性，使之进化为最为广泛使用的远程控制软件，多平台的支持对网络管理员是十分重要的，这使得网络管理员可以使用一种工具管理几乎所有系统。原来的 AT&T 版本已经不再使用，因为更多有重大改善的分支版本已经出现，像是 RealVNC、TightVNC 和 UltraVNC，它们具有全面的向后兼容。VNC 对于简单的远程控制几乎完美，但是缺少对于大机构的桌面帮助功能，主要是日志记录和安全功能没有达到此目的。VNC 为远程工作人员或客户机提供连

接，因为当前还没有支持远程应用程序的本地打印。因为 VNC 本来是开发用在局域网的环境，因此，用在互联网上存在安全问题，当计划在远程位置访问远程计算机时，应该考虑一个专用的调制解调器或 ISDN 的拨号连接，建立 VPN 隧道，使用 SSL 来加密 VNC 通信。

VNC 系统由客户端、服务端和一个协议组成。VNC 的服务端目的是分享其所运行机器的屏幕，服务端被动地允许客户端控制它。VNC 客户端（或 Viewer）观察控制服务端，与服务端交互。VNC 协议 Protocol（RFB）是一个简单的协议，传送服务端的原始图像到客户端，客户端传送事件消息到服务端。

VNC 默认使用 TCP 端口 5900~5906，而 Java 的 VNC 客户端使用 5800~5806。一个服务端可以在 5900 端口用"监听模式"连接一个客户端。

由于 VNC 以 GPL 授权，派生出了几个 VNC 软件：

- RealVNC：由 VNC 团队部分成员开发，分为全功能商业版及免费版。
- TightVNC：强调节省带宽使用。
- UltraVNC：加入了 TightVNC 的部分程序及加强性能的图形映射驱动程序，并结合 Active Directory 及 NTLM 的账号密码认证，但仅有 Windows 版本。

VineViewer：MacOSX 的 VNC 客户端。

- TigerVNC：提供运行 3D 和视频应用程序所需的性能级别，并尝试在可能的情况下，在其支持的各种平台上保持通用的外观和重用组件。TigerVNC 还提供高级身份验证方法和 TLS 加密的扩展。

10.4.2 VNC 服务器配置

本节内容以安装 TigerVNC 为例进行讲解。

```
[root@server ~]# yum install tigervnc-server.x86_64 -y
//安装 tigervnc-server.x86_64 软件包
[root@server ~]# vncpasswd
Password:
//设置用户 root 的 VNC 登录密码
Verify:
//再次输入用户 root 的 VNC 登录密码
[root@server ~]# vncserver :1
//启动 VNCServer,1 为 sessionnumber,如不指定,则默认为 1。

[root@server ~]# firewall-cmd --permanent --zone=public --add-port=5901/tcp
//VNC 默认使用 TCP 端口 5900~5906,一个端口监听一个客户端
//根据上面的 sessionnumber 来添加防火墙端口:1 对应 5901;2 对应 5902;
//依此类推
[root@server ~]# firewall-cmd --reload
//重载防火墙,使配置生效
```

```
[root@server ~]# lsof -i :5901
COMMAND   PID USER     FD     TYPE DEVICE SIZE/OFF NODE NAME
Xvnc     13947 root    8u     IPv4 61803    0t0   TCP *:5901(LISTEN)
Xvnc     13947 root    9u     IPv6 61804    0t0   TCP *:5901(LISTEN)
//查看端口 5901 监听的服务
```

任务 10.5　连接 VNC 服务器

任务描述

掌握 VNC 客户端软件包的安装以及使用方法。

10.5.1　Linux 客户端连接

①安装 VNC 客户端。

```
[root@desktop ~]# yum install tigervnc.x86_64 -y
//客户端安装 tigervnc.x86_64 软件包
```

②VNC 客户端连接服务端，IP 地址为 192.168.100.25，端口号为 5901。

```
[root@desktop ~]# vncviewer
//使用命令 vncviewer 打开对话框
```

安装完成 tigervnc - server. x86_64 软件包之后，在客户端 Terminal 输入"vncviewer"，弹出对话框。输入服务端 IP 地址和对应的端口号之后，验证服务端设置的 VNC 密码，完成远程桌面的连接，如图 10 - 5 和图 10 - 6 所示。

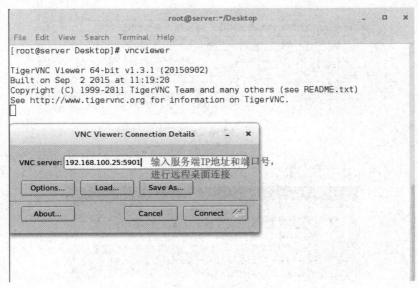

图 10 - 5

图 10 − 6

10.5.2　Windows 客户端连接

在 Windows 上安装 TigerVNC 客户端，下载地址：http://dl. bintray. com/tigervnc/stable/，选择合适的版本进行下载并安装。

VNC 客户端连接服务端，IP 地址为 192. 168. 100. 25，端口号为 5901，如图 10 − 7 ~ 图 10 − 9 所示。

图 10 − 7

图 10 − 8

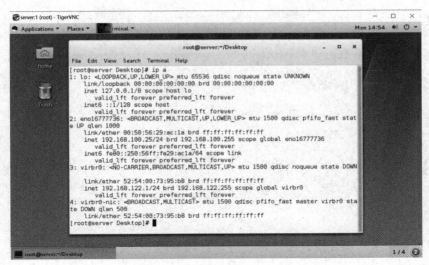

图 10 – 9

验证密码成功之后，即可进行远程桌面连接服务端。

常见错误及原因解析

常见错误一

启动 VNC 服务，提示错误信息。

```
[root@server ~]# vncserver :1

Warning:server:1 is taken because of /tmp/.X11 – unix/X1
Remove this file if there is no X server server:1
A VNC server is already running as:1
```

原因分析：VNC 非正常退出，X1 文件没有被删除。VNCServer 第一次启动时会有该文件。

解决方法：根据错误提示内容，删除该文件：rm – rf/tmp/.X11 – unix/X1。

常见错误二

VNC 服务未能正常启动。

原因分析：VNC 监听端口被占用。

解决方法：

```
[root@server ~]# lsof – i :5901
//使用命令 lsof 查看指定端口监听的服务是否为 Xvnc
//如果没有发现监听服务,则重新启动 VNCServer
//如果端口被其他服务占用,则杀死该服务进程
[root@server ~]# kill – 9 < PID >
//使用命令 kill 杀死服务进程
```

常见错误三

VNC 客户端连接不上。

```
[root@server ~]# vncserver :1

Starting applications specified in /root/.vnc/xstartup
Log file is /root/.vnc/server:1.log
[root@server ~]# lsof -i:5901
COMMAND    PID USER    FD    TYPE DEVICE SIZE/OFF NODE NAME
Xvnc     12052 root   8u   IPv4  43131    0t0  TCP *:5901(LISTEN)
Xvnc     12052 root   9u   IPv6 43132    0t0  TCP *:5901(LISTEN)
//VNC 服务正常启动
```

通过 Windows 客户端连接，连接超时，如图 10-10 所示。

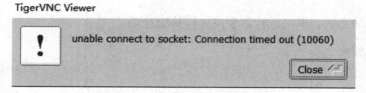

图 10-10

原因分析：在防火墙上，未添加端口。

```
[root@server ~]# firewall-cmd --list-ports
[root@server ~]#
//VNC 监听服务端口,未添加
```

解决方法：配置防火墙，添加 VNC 监听服务端口。

```
[root@server ~]# firewall-cmd --add-port=5901/tcp --permanent
success
[root@server ~]# firewall-cmd --reload
success
[root@server ~]# firewall-cmd --list-ports
5901/tcp
```

课后习题

1. 在 Windows 系统中使用 Xshell 软件连接到 server 服务器上，IP 地址为 192.168.100.25。

2. 修改 OpenSSH 监听的端口为 2200。

3. 禁止以 root 用户身份远程登录。

4. 把主机 desktop 上的文件 /etc/passwd 复制到主机 server 的/home/student 目录下。

5. 在 Linux 系统中配置 VNC 服务器，然后在 Windows 系统中使用 VNC Viewer 软件连接到该服务器。

工作项目 11

进程管理与计划任务

学习知识技能点

1. 了解进程的概念
2. 监控进程占用的资源
3. 熟练运用进程监控及 top、ps、kill 管理工具
4. 熟练运用 crontab 管理计划任务

任务 11.1　进程管理

任务描述

所谓进程，就是已经启动的程序，Linux 系统中时刻运行着许多进程，如果能够合理地管理它们，则可以优化系统的性能。

11.1.1　进程概述

在 Linux 系统中，进程由以下部分组成：

- 已分配内存的地址空间；
- 安全属性，包括所有凭据和特权；
- 进程状态。

在 Red Hat Enterprise Linux 8 中，第一个系统进程是 systemd，所有进程都是 systemd 的后代。

如图 11-1 所示，父进程通过 fork 例程创建子进程，子进程继承父进程的安全性身份、过去和当前的文件描述符、端口和资源特权、环境变量，以及程序代码。随后子进程可 exec 自己的程序代码。父进程在子进程运行期间，会进入睡眠状态，并设置一个让子进程完成时发出信号的请求（wait）。在退出时，子进程可能已经关闭或丢弃了其资源和环境，称为僵停。父进程在子进程退出时收到信号而被唤醒，清理剩余的结构，然后继续执行自己的程序代码。

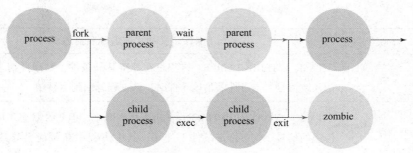

图 11 - 1　进程生命周期

11.1.2　查看进程

1. 查看系统进程信息

在 Linux 操作系统中，每个 CPU（或 CPU 核心）在一个时间点上仅处理一个进程。在进程运行时，对于 CPU 时间和资源的需求是在不断变化的，进程分配的资源会随着环境需求而改变，进程状态如图 11 - 2 所示。

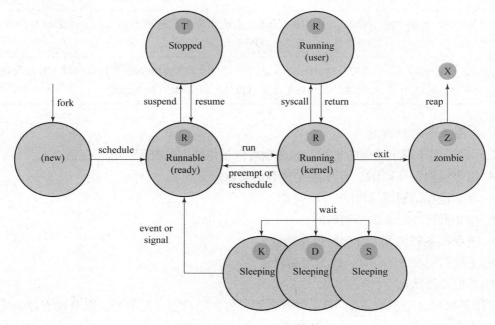

图 11 - 2　Linux 进程状态

内核定义的状态名称和描述见表 11 - 1。

表 11 - 1

名称	标志	内核定义的状态名称和描述
运行	R	TASK_RUNNING：进程在 CPU 上执行，或者正在等待运行。处于该状态时，进程可能正在执行用户例程或内核例程（system calls），或已排队并就绪

名称	标志	内核定义的状态名称和描述
睡眠	S	TASK_INTERRUPTIBLE：进程正在等待某一条件，如硬件请求、系统资源访问或信号。当事件满足该条件时，该进程返回到运行中
	D	TASK_UNINTERRUPTIBLE：此进程也在睡眠，但与 S 状态不同，不会响应传递的信号。仅在特定条件下使用，其中进程中断可能会导致意外的设备状态
	K	TASK_KILLABLE：与不可中断的 D 状态相同，但有所修改，允许等待中的任务通过响应信号而被中断（彻底退出）
已停止	T	TASK_STOPPED：进程已被停止（暂停），通常是其他用户或进程发出信号。进程可以通过另一信号返回运行中状态，继续执行（恢复）
	T	TASK_TRACED：正在被调试的进程也会被临时停止，并且共享同一个 T 状态标志
僵死	Z	EXIT_ZOMBIE：子进程在退出时向父进程发出信号。除进程身份（PID）之外的所有资源都已释放
	X	EXIT_DEAD：当父进程清理（获取）剩余的子进程结构时，进程现在已彻底释放。此状态不会在进程列出的实用程序中看到

2. 查看系统进程信息

①ps 命令用于理出当前的进程。该命令可以提供详细的进程信息，包括：

- 用户识别符（UID），用于确定进程的特权。
- 唯一进程识别符（PID）。
- CPU 和已经花费的实时时间。
- 进程在各种位置上分配的内存数量。
- 进程的位置 STDOUT，称为终端控制。
- 当前进程状态。

常用显示列表（参数 aux）显示所有进程，包含用户感兴趣的列，以及没有控制终端的进程。

```
[root@desktop ~]# ps aux
USER       PID %CPU %MEM     VSZ    RSS TTY    STAT START    TIME COMMAND
root   1   0.0  0.1  176568  11116? Ss   Feb15    0:05
/usr/lib/systemd/systemd
root   2   0.0  0.0     0      0?    S    Feb15    0:00[kthreadd]
root   3   0.0  0.0     0      0?    I<   Feb15    0:00[rcu_gp]
root   4   0.0  0.0     0      0?    I<   Feb15    0:00[rcu_par_gp]
root   6   0.0  0.0     0      0?    I<   Feb15    0:00[kworker/0:0H-kblockd]
root   8   0.0  0.0     0      0?    I<   Feb15    0:00[mm_percpu_wq]
```

长列表（选项 lax）提供更多技术参数详细信息，但可以通过屏蔽查询用户名来加快显示。

```
[root@desktop ~]# ps lax
F  UID PID PPID PRI NI  VSZ    RSS WCHAN   STAT TTY  TIME COMMAND
4   0  1  0   20   0  176568 11116  do_epo Ss    ?   0:05
/usr/lib/systemd/systemd
1   0  2  0   20   0   0     0 -        S     ?   0:00[kthreadd]
1   0  3  2   0  -20   0     0 -        I<    ?   0:00[rcu_gp]
1   0  4  2   0  -20   0     0 -        I<    ?   0:00[rcu_par_gp]
1   0  6  2   0  -20   0     0 -        I<    ?   0:00[kworker/0:0H-kblockd]
```

②top 命令用于动态地监视进程活动与系统负载等信息，top 命令相当强大，能够动态地查看系统运维状态。

```
[root@desktop ~]# top
top -08:59:55 up 3 days,15:32,  2 users,  load average:0.00,0.00,0.00
Tasks:142 total,  1 running,141 sleeping,  0 stopped,V0 zombie
% Cpu(s):0.0 us,  0.0 sy,  0.0 ni,99.8 id,  0.0 wa,  0.0 hi,  0.0 si,  0.2 st
MiB Mem:  7812.6 total,  7092.5 free,  311.6 used,  408.4 buff/cache
MiB Swap:  8084.0 total,  8084.0 free,  0.0 used.  7254.8 avail Mem


PID USER    PR  NI   VIRT    RES    SHR S  % CPU  % MEM  TIME + COMMAND
1 root    20   0  176568  11116  8160 S  0.0   0.1  0:05.48 systemd
2 root    20   0   0       0      0 S  0.0   0.0  0:00.01 kthreadd
3 root    0  -20   0       0      0 I  0.0   0.0  0:00.00 rcu_gp
4 root    0  -20   0       0      0 I  0.0   0.0  0:00.00 rcu_par_gp
```

top 命令执行结果的前 5 行为系统整体的统计信息，其所代表的含义如下：

- 第 1 行：系统当前时间、系统运行了多长时间、登录终端数、系统平均工作负载。
- 第 2 行：进程总数、运行中的进程数、睡眠中的进程数、停止的进程数、僵死的进程数。
- 第 3 行：用户占用资源百分比、系统内核占用资源百分比、改变过优先级的进程资源百分比、空闲的资源百分比等。
- 第 4 行：物理内存总量、内存使用量、内存空闲量、作为内核缓存的内存量。
- 第 5 行：虚拟内存总量、虚拟内存使用量、虚拟内存空闲量、已被提前加载的内存量。

11.1.3 使用信号控制进程

信号是传递至进程的软件中断，信号向执行中的程序报告事件，生成信号的事件可以是错误或外部事件（如 I/O 请求或计时器过期），或者来自明确请求（如使用信号发送命令或键盘序列）。程序可以通过实施句柄历程来为预期的事件信号做准备，以忽略、替换或扩展信号的默认操作。用户可以中断自己的进程，但需要 root 特权才能终止其他人拥有的进程。

Intel x86 系统常用的日常管理基本信号见表 11 – 2。

表 11 – 2

信号编号	短名称	定义	目的
1	HUP	挂起	用于报告终端控制进程的终止，也用于请求进程重新初始化（重新加载配置）而不终止
2	INT	键盘中断	导致程序终止，可以被拦截或处理，通过 INT 组合键（Ctrl + c）发送
3	QUIT	键盘退出	与 SIGINT 相似，但也在终止时生成进程转储，通过按 QUIT 组合键（Ctrl + \）发送
9	KILL	强制中断	导致立即终止程序，无法被拦截、忽略或处理；总是致命的，一般用于强制终止进程
15（默认值）	TERM	终止	导致程序终止，和 SIGKILL 不同，TERM 执行过程中，可以被拦截、忽略或处理，属于程序终止运行的正常方式，允许进程自我清理
18	CONT	继续	发送至暂停的进程使其恢复，无法被拦截，即使被处理，也始终恢复进程
19	STOP	强制停止	暂停进程，无法被拦截或处理
20	TSTP	键盘停止	和 SIGSTOP 不同，可以被拦截、忽略或处理。通过按 TSTP 组合键（Ctrl + z）发送

kill 命令根据信号编号向进程发送信号，虽然名称为 kill，但该命令可用于发送任何信号，而不仅仅用于终止程序，通过 kill –l 命令可以列出 kill 命令中数字所代表的短名称。

```
[root@desktop ~]# kill -l
 1)SIGHUP        2)SIGINT       3)SIGQUIT      4)SIGILL       5)SIGTRAP
 6)SIGABRT       7)SIGBUS       8)SIGFPE       9)SIGKILL     10)SIGUSR1
11)SIGSEGV      12)SIGUSR2     13)SIGPIPE     14)SIGALRM     15)SIGTERM
16)SIGSTKFLT    17)SIGCHLD     18)SIGCONT     19)SIGSTOP     20)SIGTSTP
21)SIGTTIN      22)SIGTTOU     23)SIGURG      24)SIGXCPU     25)SIGXFSZ
26)SIGVTALRM    27)SIGPROF     28)SIGWINCH    29)SIGIO       30)SIGPWR
31)SIGSYS       34)SIGRTMIN    35)SIGRTMIN +1 36)SIGRTMIN +2 37)SIGRTMIN +3
38)SIGRTMIN +4  39)SIGRTMIN +5 40)SIGRTMIN +6
41)SIGRTMIN +7  42)SIGRTMIN +8
```

kill 命令向某一进程传递信号的语法为：kill［参数］［进程 PID］

示例：选择 KILL 信号终止 vmstat 进程。

①运行 vmstat 5，让其每 5 秒收集一次信息。

```
[root@desktop ~]# vmstat 5
procs -----------memory------------- swap -------io----
 r  b   swpd     free     buff    cache   si   so   bi   bo
 3  0    0     7255252    2120   416696   0    0    1    0
 0  0    0     7254872    2120   416696   0    0    0    0
 0  0    0     7254764    2120   416704   0    0    0    0
```

②重新打开一个终端，并查询 vmstat 5 进程的 PID。

```
[root@desktop ~]# ps aux |grep vmstat
root   19655  0.0  0.0  251296  1896 pts/0  S+  vmstat 5
root   19657  0.0  0.0  219332  1080 pts/1  S+  grep --color=auto vmstat
```

③根据输出信息可知，vmstat 5 的 PID 为 19655，执行 kill − 9 19655 即可强制终止 vmstat 5 进程，再次执行 ps aux| grep vmstat，已经查询不到 vmstat 5 进程。

```
[root@desktop ~]# kill − 9 19655
[root@desktop ~]# ps aux |grep vmstat
root   19659  0.0  0.0 219332  1088 pts/1   S+  grep --color=auto vmstat
```

④返回先前执行 vmstat 5 的终端，看到该进程已经结束。

```
[root@desktop ~]# vmstat 5
procs -----------memory------------- swap -------io----
 r  b   swpd     free     buff    cache   si   so   bi   bo
 0  0    0     7254276    2120   416720   0    0    1    0
 1  0    0     7253860    2120   416720   0    0    0    0
 0  0    0     7253944    2120   416728   0    0    0    0
Killed
[root@desktop ~]#
```

通常来讲，复杂软件的服务程序会有多个进程协同为用户提供服务，如果逐个去结束这些进程会比较麻烦，此时可以使用 killall 命令来批量结束某个服务程序带有的全部进程。下面以服务程序为例，来结束其全部进程。killall 命令可以发送信号到一个或多个与选择条件匹配的进程，如命令名称、由特定用户拥有的进程，或系统范围内的所有进程。

命令语法：killall[参数][服务名称]

示例：killall 命令选择 KILL 信号终止多个 httpd 进程（如未安装该应用，应先执行 yum install httpd）。

①打开终端，执行 systemctl start httpd 启动 httpd 服务。

```
[root@desktop conf]# systemctl start httpd
[root@desktop conf]# ps aux |grep httpd
root     3886   0.0  0.1  280108     8256 ?   Ss   httpd
apache   23723  0.0  0.1  292388     8372 ?   S    httpd
apache   23724  0.0  0.1  1808876   11768 ?   Sl   httpd
apache   23725  0.0  0.1  1940012   13816 ?   Sl   httpd
```

②执行 killall – KILL httpd 即可结束所有 httpd 进程。

```
[root@desktop conf]# killall -KILL httpd
[root@desktop conf]# ps aux |grep httpd
root    31478  0.0  0.0  219332  988 pts/2    S+ grep --color=auto
```

任务 11.2   计划任务

任务描述

如果希望 Linux 系统能够周期性地、有规律地执行某些具体的任务，则可以通过 Linux 系统中的 crond 服务来完成。

11.2.1   crontab 命令

用户一般以 crontab 命令管理任务，常用命令见表 11 – 3。

表 11 – 3

命令	用途
crontab – l	列出当前用户计划任务
crontab – r	删除当前用户所有计划任务
crontab – e	编辑当前用户计划任务

如果是以管理员的身份登录的系统，还可以在 crontab 命令中加上 – u 参数来编辑或查看其他人的计划任务。

```
[root@desktop ~]# crontab -u student -l
*/2 * * * * /usr/bin/tar czvf /home/student/www.tar.bz2 /home/student/www
```

上述输出表示每两分钟执行一次压缩操作。

11.2.2   计划任务格式

使用 crontab 编辑作业时，会默认使用 vi 编辑器，所编辑的文件每一行均是一个计划任务，各个作业都包含 6 个字段，分别为"分、时、日、月、星期、命令"，有些字段没有设置（或者进行任意设置），则需要使用星号（＊）占位。如果前 5 个字段都与当前日期和时间相匹配，则会执行第 6 个字段的命令。为了提高命令执行的成功率，应在计划任务中写上命令的绝对路径（可通过 whereis 命令查找某一命令的绝对路径）。

管理员也可以通过编写/etc/crontab 来执行计划任务。编辑该文件：

```
[root@desktop tmp]# cat /etc/crontab
SHELL = /bin/bash
```

```
PATH = /sbin: /bin: /usr/sbin: /usr/bin
MAILTO = root
*/1 * * * * student id >> /tmp/whose_id
*/1 * * * * root id >> /tmp/whose_id
```

注：直接编辑/etc/crontab 文件时，每个任务包含 7 个字段，分别为"分、时、日、月、星期、执行该计划任务的用户、命令"。

root 用户与 student 用户将会每分钟向/tmp/whose_id 文件中写入自己的 id 信息（ */n 代表每 n 分钟）。

```
[root@desktop tmp]# cat /tmp/whose_id
uid = 1002(student)gid = 1002(student)groups = 1002(student)
uid = 0(root)gid = 0(root)groups = 0(root)
uid = 1002(student)gid = 1002(student)groups = 1002(student)
uid = 0(root)gid = 0(root)groups = 0(root)
```

常见错误及原因解析

计划任务无法执行。

检测本机是否安装了 cronie 软件包。若已经安装，应有如下输出：

```
[root@desktop ~]# rpm -q cronie
cronie -1.5.2 -2.el8.x86_64
```

通过 systemctl is – enabled crond 与 systemctl status crond 查看 crond 是否配置了开机启动，并处于正常运行状态，正常输出时，服务状态应为 active。

```
[root@desktop ~]# systemctl is – enabled crond
enabled
[root@desktop ~]# systemctl status crond
  crond.service – Command Scheduler
  Loaded: loaded ( /usr/lib/systemd/system/crond.service; enabled; vendor preset:
enabled)
  Active: active(running) since Tue 2019 – 02 – 19 13:33:54 CST; 2h 49min ago
Main PID: 884(crond)
  Tasks: 1(limit: 26213)
  Memory: 2.1M
  CGroup: /system.slice/crond.service
          └─884 /usr/sbin/crond – n
```

若服务未启动，执行以下两条命令将 crond 服务配置为开机自动运行，并启动该服务。

```
[root@desktop ~]# systemctl enable crond
Created symlink /etc/systemd/system/multi – user.target.wants/crond.service →
/usr/lib/systemd/system/crond.service.
[root@desktop ~]# systemctl start crond
```

课后习题

1. 在每周一备份服务器的日志到/root 目录下，备份的日志以 tar. bz2 格式保存。文件名为 log_back – Y – M – D. tar. bz2。（命令提示：tar cjvf /root/log – back – $（date +％Y％m％d）. tar. bz2 /var/log/）

2. 创建 dent 用户，并以 dent 用户创建计划任务，每 10 分钟将 vmstat 命令的输出结果保存在/home/student/vmstat. txt 中。

工作项目 12

使用firewalld限制网络通信

学习知识技能点

1. 管理 firewalld
2. 伪装和端口转发

任务 **管理 firewalld**

任务描述

本任务将着重了解 firewalld（动态防火墙）的功能以及用法。firewalld 是 iptables 的前端控制器，通过命令 firewall－cmd 来详细讲解 firewalld 的用法。

1. firewalld 简介

RHEL 7 以上的发行版都自带了 firewalld 服务，它提供了一个动态管理的防火墙，支持网络/区域来定义网络连接或接口的信任级别。它支持 IPv4、IPv6 防火墙设置和以太网网桥，并且具有运行时和永久配置选项的分离。

2. firewalld 区域概念

相较于传统的防火墙管理配置工具，firewalld 支持动态更新技术并加入了区域（zone）概念。简单来说，区域就是 firewalld 预先准备了几套防火墙策略合集（策略模板），用户可以根据生产场景的不同而选择合适的策略集合，从而实现防火墙策略之间的快速切换。比如，有一台笔记本电脑，在办公室、咖啡厅、出差以及家中使用。希望这台笔记本电脑在各种情况下执行如下防火墙策略规则：在家中允许访问所有服务；在办公室内仅允许访问文件共享服务；出差仅允许远程访问服务；在咖啡厅仅允许上网浏览服务。

之前需要频繁地手动设置防火墙策略规则，而现在只需要预设好区域集合，然后自动切换即可，从而极大地提升了防火墙策略的应用效率。

firewalld 中常见的区域名称见表 12－1。

表 12 – 1

网络区名称	默认配置
trusted（信任）	可接受所有的网络连接
home（家庭）	用于家庭网络，仅接受 ssh、mdns、ipp – client、samba – client 或 dhcpv6 – client 服务连接
work（工作）	用于工作区，仅接受 ssh、ipp – client 或 dhcpv6 – client 服务连接
public（公共）	在公共区域内使用，仅接受 ssh 或 dhcpv6 – client 服务连接，是 firewalld 的默认区域
external（外部）	出去的 IPv4 网络连接通过此区域伪装和转发，仅接受 ssh 服务连接
dmz（非军事区）	仅接受 ssh 服务连接
block（限制）	拒绝所有网络连接
drop（丢弃）	任何接收的网络数据包都被丢弃，没有任何回复

3. firewalld 管理
①安装防火墙。

```
[root@server ~]# yum install firewalld firewall – config
//安装防火墙。RHEL 7 以上已默认安装,此步可省略
```

②禁用防火墙。

```
[root@server ~]# systemctl enable firewalld.service
//设置开机自动启动 firewalld,推荐配置
[root@server ~]# systemctl start firewalld.service
//启动 firewalld
[root@server ~]# systemctl disable firewalld.service
//设置开机禁止启动 firewalld,不推荐配置
[root@server ~]# systemctl stop firewalld.service
//停止 firewalld
```

③命令配置防火墙。

```
[root@server ~]# firewall – cmd –– reload
//重载防火墙配置,让配置生效
[root@server ~]# firewall – cmd –– state
//查看防火墙运行状态
[root@server ~]# firewall – cmd –– list – all
//查看默认区域的设置
public (active)
  target: default
  icmp – block – inversion: no
```

```
    //ICMP 协议类型黑白名单开关(yes/no)
    interfaces: enp0s3
    //关联的网卡接口
    sources:
    //来源地址,可以是 IP,也可以是 MAC 地址
    services: cockpit dhcpv6 - client ssh
    //允许的服务
    ports:
    //允许的目标端口,即本地开放的端口
    protocols:
    //允许通过的协议
    masquerade: no
    //是否允许伪装(yes/no),可改写来源 IP 地址及 MAC 地址
    forward - ports:
    //允许转发的端口
    source - ports:
//允许的来源端口
icmp - blocks:
    //可添加 ICMP 类型,当 icmp - block - inversion 为 no 时,ICMP 类型被拒绝
    //当 icmp - block - inversion 为 yes 时,ICMP 类型被允许
    rich rules:
    //富规则,即更详细的防火墙规则策略,它的优先级在所有的防火墙策略中也是最高的
```

④添加、移除端口。

```
[root@server ~]# firewall - cmd -- add - port =<port >/<protocol > -- permanent
//添加端口/协议(TCP/UDP),选项 -- permanent 为永久生效
//不加选项 -- permanent,则只在系统运行时生效;重启之后失效
[root@server ~]# firewall - cmd -- remove - port =<port >/<protocol >
//移除端口/协议(TCP/UDP)
[root@server ~]# firewall - cmd -- list - ports
//查看防火墙允许端口
[root@server ~]# firewall - cmd -- add - port =9000/tcp -- permanent
//永久添加端口 9000
[root@server ~]# firewall - cmd -- remove - port =9000/tcp -- permanent
//永久移除端口 9000
[root@server ~]# firewall - cmd -- list - ports
//查看开放的端口
```

⑤添加、移除服务。

```
[root@server ~]# firewall - cmd -- add - service =<service name >
//添加服务[root@server ~]# firewall - cmd -- remove - service =<service name >
//移除服务
[root@server ~]# firewall - cmd -- list - services
dhcpv6 - client ssh
```

```
//查看防火墙允许的服务
[root@server ~]# firewall-cmd --add-service=http
//添加 HTTP 服务
[root@server ~]# firewall-cmd --list-services
dhcpv6-client http ssh
//防火墙已添加 HTTP 服务
[root@server ~]# firewall-cmd --remove-service=http
//移除 HTTP 服务
```

⑥添加、移除协议。

```
[root@server ~]# firewall-cmd --add-protocol=<protocol>
//添加服务
[root@server ~]# firewall-cmd --remove-protocol=<protocol>
//移除服务
[root@server ~]# firewall-cmd --list-protocols
//查看允许的协议
```

⑦允许指定 IP 的所有流量。

```
[root@server ~]# firewall-cmd --add-rich-rule="rule family="ipv4" source
address="<ip>" accept"
//允许某 IP 的所有流量,实例如下
[root@server ~]# firewall-cmd --add-rich-rule="rule family="ipv4" source
address="192.168.2.1" accept"
//表示允许来自 192.168.2.1 的所有流量
```

⑧允许指定 IP 的指定协议。

```
[root@server ~]# firewall-cmd --add-rich-rule="rule family="ipv4" source
address="<ip>" protocol value="<protocol>" accept"
//允许某 IP 的某个协议
[root@server ~]# firewall-cmd --add-rich-rule="rule family="ipv4" source
address="192.168.2.208" protocol value="icmp" accept"
//允许 192.168.2.208 主机的 ICMP 协议,即允许 192.168.2.208 主机 ping
```

⑨查看系统默认活动区域、关联网卡。

```
[root@server ~]# firewall-cmd --get-active-zones
Public
//服务默认活动区域
  interfaces:enp0s3
  //关联网卡
```

⑩查看所有可用区域和查看指定区域的所有设置。

```
[root@server ~]# firewall-cmd --get-zones
block dmz drop external home internal libvirt public trusted work
//所有可用区域
[root@server ~]# firewall-cmd --zone=internal --list-all
```

```
//指定区域设置
internal
    target: default
    icmp - block - inversion: no
    interfaces:
    sources:
    services: cockpit dhcpv6 - client mdns samba - client ssh
    ports:
        protocols:
        masquerade: no
        forward - ports:
        source - ports:
        icmp - blocks:
        rich rules:
```

⑪把 firewall 服务当前默认区域设置为 drop，此为永久设置。同时，将网卡 enp0s3 关联区域修改为 drop。

```
[root@server ~]# firewall - cmd -- set - default - zone = drop
Success
[root@server ~]# firewall - cmd -- permanent -- zone = drop -- change - interface = enp0s3
//永久生效
[root@server ~]# firewall - cmd -- zone = drop -- change - interface = enp0s3
//当前生效
```

⑫添加富规则，允许或拒绝 192.168.100.10 主机使用 ICMP 协议进行访问。

```
[root@server ~]# firewall - cmd -- add - rich - rule = "rule family = "ipv4" source
address = "192.168.100.10" protocol value = "icmp" accept" -- permanent
//允许 ping 本机
[root@server ~]# firewall - cmd -- add - rich - rule = "rule family = "ipv4" source
address = "192.168.100.10" protocol value = "icmp" reject" -- permanent
//拒绝 ping 本机
```

⑬添加富规则，允许或拒绝 192.168.100.10 主机通过 ssh 服务访问本机。

```
[root@server ~]# firewall - cmd -- add - rich - rule = "rule family = "ipv4" source
address = "192.168.100.10" service name = "ssh" accept" -- permanent
//允许远程登录本机
[root@server ~]# firewall - cmd -- add - rich - rule = "rule family = "ipv4" source
address = "192.168.100.10" service name = "ssh" reject" -- permanent
//拒绝远程登录本机
```

⑭添加富规则：允许或拒绝 192.168.100.2 主机访问本机 22 端口。

```
[root@server ~]# firewall - cmd -- add - rich - rule = "rule family = "ipv4" source
address = "192.168.100.10/24" port protocol = "tcp" port = "22" accept" -- permanent
//允许访问 22 端口
[root@server ~]# firewall - cmd -- add - rich - rule = "rule family = "ipv4" source
address = "192.168.100.10/24" port protocol = "tcp" port = "22" reject" -- permanent
//拒绝访问 22 端口
```

常见错误及原因解析

常见错误一

添加富规则不成功，或查看不到富规则。

```
[root@server ~]# firewall-cmd --zone=drop --add-rich-rule="rule family="
ipv4" source address="192.168.100.10" accept"
success
//提示富规则已添加成功
[root@server ~]# firewall-cmd --reload
success
//重新加载防火墙配置
[root@server ~]# firewall-cmd --list-rich-rules
//没有看到富规则
```

原因分析：在添加富规则时，没有添加选项 --permanent。

解决方法：

```
[root@server ~]# firewall-cmd --zone=drop --add-rich-rule="rule family="
ipv4" source address="192.168.100.10" accept" --permanent
success
[root@server ~]# firewall-cmd --reload
success
[root@server ~]# firewall-cmd --list-rich-rules
rule family="ipv4" source address="192.168.100.10" accept
//可以看到富规则
```

常见错误二

修改防火墙的设置不生效。

```
[root@server ~]# firewall-cmd --add-rich-rule="rule family="ipv4" source
address="192.168.100.11" protocol value="icmp" reject" --permanent
success
//修改防火墙,禁止 ping 主机
[root@desktop ~]# ping 192.168.100.11
PING 192.168.100.11 (192.168.100.11) 56(84) bytes of data.
64 bytes from 192.168.100.11: icmp_seq=2 ttl=64 time=0.494 ms
64 bytes from 192.168.100.11: icmp_seq=3 ttl=64 time=1.12 ms
64 bytes from 192.168.100.11: icmp_seq=4 ttl=64 time=1.18 ms
//从 desktop 主机依旧能 ping
```

原因分析：配置成功防火墙之后，没有重新加载防火墙

解决方法：完成防火墙配置之后，需要重新加载防火墙。

```
[root@server ~]# firewall-cmd --reload
success
[root@desktop ~]# ping 192.168.100.11
PING 192.168.100.11 (192.168.100.11) 56(84) bytes of data.
From 192.168.100.11 icmp_seq=1 Destination Port Unreachable
From 192.168.100.11 icmp_seq=2 Destination Port Unreachable
From 192.168.100.11 icmp_seq=3 Destination Port Unreachable
//目标端口无法访问,防火墙设置生效
```

课后习题

1. 重载当前防火墙配置，并查看当前 firewalld 列表状态。

2. 列出所有预设服务。

3. 列出当前服务。

4. 配置防火墙，允许外部用户访问 SMTP 服务。

工作项目 13

NFS服务器配置

学习知识技能点

1. 了解 NFS 的概念与作用
2. 掌握 NFS 服务器端安装与配置方法
3. 熟练掌握客户端访问 NFS 共享的方法
4. 理解自动挂载的含义并进行配置

任务 13.1　NFS 简介

任务描述

NFS（Network File System，网络文件系统）可以将远程 Linux 系统上的文件共享资源挂载到本地主机的目录上，从而使得本地主机（Linux 客户端）基于 TCP/IP 协议，透明地读写位于远端 NFS 服务器上的文件，就像访问本地文件一样。

13.1.1　NFS 的概念

NFS 是一种使用于分散式文件系统的协议，由 Sun 公司开发，并于 1984 年向外公布此项技术。NFS 的功能是通过网络让不同的操作系统、不同的机器之间能够彼此分享各自的数据，让应用程序在客户端通过网络访问位于服务器磁盘中的数据，是在类 UNIX 系统间实现磁盘文件共享的一种方法。

NFS 是由 Linux、UNIX 及类似操作系统用作本地网络文件系统的一种互联网标准协议。它是一种活动扩展之下的开放标准，可支持本地 Linux 权限和文件系统功能。

NFS 的基本原则是"容许不同的客户端及服务端通过一组 RPC 分享相同的文件系统"，允许不同的操作系统进行文件共享。

NFS 在文件传送或信息传送过程中依赖于 RPC（Remote Procedure Call，远程过程调用）协议。RPC 是能使客户端执行其他系统中程序的一种机制。NFS 本身没有提供信息传输的协议和功能，但却能通过网络进行资料的分享，这是因为 NFS 使用了一些其他的传输协议，而这些传输协议用到 RPC 功能。可以说 NFS 本身就是使用 RPC 的一个程序，或者说 NFS 也是一个 RPC 服务器端，所以，只要是用到 NFS 的地方，都要启动 RPC 服务，不论是 NFS 服务器端还是 NFS 客户端。这样服务器端和客户端才能通过 RPC 来实现项目端口的对应。可以这么理解 RPC 和 NFS 的关系：NFS 是一个文件系统，而 RPC 负责信息的传输。

13.1.2 NFS 协议

客户端使用 NFS 可以透明地访问服务器中的文件系统，这不同于提供文件传输的 FTP 协议。FTP 会产生文件的一个完整的副本。NFS 只访问一个进程引用文件部分，并且其中的一个目的就是使得这种访问透明。这就意味着任何能够访问本地文件的客户端程序不需要做任何修改，就应该能够访问 NFS 文件。

NFS 是一个使用 SunRPC 构造的"客户端/服务器"应用程序，其客户端通过向一台 NFS 服务器发送 RPC 请求来访问其中的文件。尽管这一工作可以使用一般的用户进程来实现，即 NFS 客户端可以是一个用户进程，对服务器进行显式调用，而服务器也可以是一个用户进程。

首先，访问一个 NFS 文件必须对客户端透明，因此，NFS 的客户端调用是由客户端操作系统代表用户进程来完成的；其次，出于效率的考虑，NFS 服务器在服务器操作系统中实现。如果 NFS 服务器是一个用户进程，每个客户端请求和服务器应答（包括读和写的数据）将不得不在内核与用户进程之间进行切换，这个代价太大。

NFS 协议从诞生到现在，已经有 NFSv2、NFSv3 和 NFSv4 等多个版本。

NFSv4 相对于 NFSv3 来说，有了以下 3 处改进：

- 改进了 Internet 上的存取和执行效能。
- 在协议中增强了安全方面的特性。
- 增强的跨平台特性。

Red Hat Enterprise Linux 8 在默认情况下支持 NFSv4（该协议的版本 4），并在该版本不可用的情况下自动回退到 NFSv3 和 NFSv2。NFSv4 使用 TCP 协议与服务器进行通信，而较早版本的 NFS 则可能使用 TCP 或 UDP。

任务 13.2 NFS 服务器端安装和配置

任务描述

NFS 体系至少有两个主要部分：一台 NFS 服务器和若干台客户机。具体文件共享的实现过程就是客户机通过 TCP/IP 网络远程访问存放在 NFS 服务器上的数据。

本任务中，为了检验 NFS 服务配置的效果，需要使用两台 Linux 主机（一台充当 NFS 服务器，一台充当 NFS 客户端），并按照表 13-1 来设置它们所使用的 IP 地址。

表 13 – 1

主机名称	在 NFS 服务配置中扮演的身份	IP 地址
server	NFS 服务器端	10. 0. 2. 11/24
desktop	NFS 客户端	10. 0. 2. 10/24

在本任务中，将首先介绍 NFS 服务器端的配置。

13. 2. 1　安装 NFS 服务器软件包

NFS 服务器的安装要求安装 nfs – utils 软件包，这是 NFS 服务主程序（包含 rpc. nfsd、rpc. mountd、daemons），提供了使用 NFS 将目录导出到客户端而必需的所有实用程序。

①首先检查当前系统中是否已安装 nfs – utils 软件包。

```
[root@server ~]# rpm -q nfs-utils
package nfs-utils is not installed
```

②如果没有，则首先安装好此包。

```
[root@server ~]# yum install nfs-utils.x86_64
 (安装包搜索过程,此处省略)
Is this ok [y/N]: y

Installed:
  nfs-utils-1:2.3.3-5.el8.x86_64
  gssproxy-0.8.0-5.el8.x86_64
  libverto-libevent-0.3.0-5.el8.x86_64
  rpcbind-1.2.5-2.el8.x86_64

Complete!
```

13. 2. 2　/etc/exports 文件实现导出

/etc/exports 文件是用于 NFS 服务程序导出的配置文件，通过此文件可以控制 NFS 服务器要通过网络导出给客户端主机使用的共享目录，以及其具体的访问权限控制。/etc/exports 文件默认情况下里面没有任何内容，也就是说，NFS 服务器默认是不共享任何目录的，需要手工编辑添加。可以按照"共享目录目录名允许访问的 NFS 客户端（共享权限参数）"的格式，定义要共享的目录与相应的权限。

由于/etc/exports 文件关系到整个 NFS 文件共享的核心部分，下面详细讲述/etc/exports 文件内容的格式。除了此文件外，也可以在/etc/exports. d/目录中创建名为"*. exports"的文件用于添加到此配置文件，文件内容格式同/etc/exports 文件。

1. 共享目录目录名

当确定某目录将作为 NFS 服务器上的共享目录并提供给客户端使用时，需要提前将该目录创建好。而在/etc/exports 文件中共享目录的目录名时，需要写共享目录的绝对路径，不可以使用相对路径。

另外，对共享目录应该设置足够的权限，以确保其他人也有写入权限，这样可以确保 NFS 客户端上的用户拥有对共享目录写入文件的能力。（需要注意的是，实际过程中能否写入，还要配合下文中提到的共享目录选项。）

使用以下命令创建目录/nfsshare 和文件/nfsshare/test. txt 作为 NFS 共享资源，并修改目录与其中文件的权限为最大权限。

```
[root@server ~]# mkdir /nfsshare
[root@server ~]# echo "Welcome to view the nfs test file" >> /nfsshare/test.txt
[root@server ~]# chmod -R 777 /nfsshare/
[root@server ~]# ls -ld /nfsshare/
drwxrwxrwx. 2 root root 22 Feb 20 17:07 /nfsshare/
[root@server ~]# ls -l /nfsshare/
total 4
-rwxrwxrwx. 1 root root 34 Feb 20 17:07 test.txt
```

2. 允许访问的 NFS 客户端

客户端是指可以访问 NFS 服务器共享目录的客户端计算机。客户端计算机可以是一台计算机，也可以是一个网段，甚至是一个域。可以按照表 13－2 中的形式在导出文件中指定客户端。

表 13－2

客户端指定方式	文件中书写格式举例
使用 IP 地址指定客户端	172. 25. 11. 10
使用 IP 地址指定网段	172. 25. 11. *
使用 IP 地址指定网段	172. 25. 11. 0/24
使用域名指定客户端	desktop. example. com
使用域名指定域内所有客户端	*. example. com
指定域名范围内的客户端	desktop［0－20］. example. com
指定多个目标（用空格分隔）	*. example. com 172. 25. 11. 0/24
使用通配符指定所有客户端	*

3. 导出选项

在导出文件中，可以使用众多的选项来设置客户端访问 NFS 服务器共享目录时的权限。每次导出可以使用一个或多个选项，多个选项间使用逗号进行分隔列表。/etc/exports 文件中常用的导出选项见表 13－3。

表 13 – 3

导出选项	描述
rw	允许 NFS 客户端对该共享目录具有读写访问权限
ro	允许 NFS 客户端对该共享目录具有只读访问权限，禁止任何写操作
root_squash（默认配置）	默认情况下，NFS 服务器将 NFS 客户端上的 root 用户视作用户 nfsnobody。也就是说，如果在客户端上 root 尝试通过挂载服务器的导出来访问文件，服务器会将其视作 nfsnobody 访问。也就是将以 nfsnobody 用户的权限限制来对共享目录进行访问控制
no_root_squash	解除 root_squash 保护
sync	所有数据在请求时即刻写入共享，在请求所做的改变被写入磁盘之前，不会处理其他请求。也称作同步挂载，适合大量写请求的情况下

举例说明如何通过在 /etc/exports 文件中添加 NFS 共享目录与选项，来配置 NFS 服务器，见表 13 – 4。

表 13 – 4

文件中书写内容	具体含义
/nfsshare 192. 168. 0. 5 (ro , sync)	允许来自主机 192. 168. 0. 5 的用户以默认的只读权限来挂载/nfsshare 目录
/nfsshare 192. 168. 0. 5 (rw , sync)	允许来自主机 192. 168. 0. 5 的用户以读写权限来挂载/nfsshare 目录
/nfsshare ＊. example. com (ro , no_root_squash)	允许 example. com 域内客户端只读，并且允许以实际的 root 用户访问导出的 NFS 目录

需要注意的是，当修改过 /etc/exports 文件后，需要执行 exportfs – r 来应用更改，exportfs 命令则会显示当前共享的目录与相应可访问的客户端。

导出 /nfsshare，允许 desktop 客户端读写，并且允许以实际的 root 用户访问导出的 NFS 目录，具体命令如下：

```
[root@server ~]# echo "/nfsshare 10.0.2.10(rw,no_root_squash)" >/etc/exports
[root@server ~]# exportfs –r
[root@server ~]# exportfs
/nfsshare             10.0.2.10
```

13. 2. 3 控制 nfs – server 服务

为了使 NFS 服务器能够正常工作，需要使用 systemctl 命令启动并设置 NFS 服务开机自动启动，与此同时，也可以使用该命令检查服务进程的状态。

①启动 nfs – server 服务。

```
[root@server ~]# systemctl start nfs–server.service
```

②查看 nfs – server 服务。

```
[root@server ~]# systemctl status nfs–server.service
●  nfs–server.service – NFS server and services
   Loaded: loaded (/usr/lib/systemd/system/nfs–server.service; d >
   Active: active (exited) since Thu 2019–02–21 17:49:04 CST; 9s >
  Process: 5658 ExecStart = /bin/sh –c if systemctl –q is–active g >
  Process: 5643 ExecStart = /usr/sbin/rpc.nfsd (code = exited, statu >
  Process: 5641 ExecStartPre = /usr/sbin/exportfs –r (code = exited, >
 Main PID: 5658 (code = exited, status = 0/SUCCESS)
```

③停止 nfs – server 服务。

```
[root@server ~]# systemctl stop nfs–server.service
```

④重新启动 nfs – server 服务。

```
[root@server ~]# systemctl restart nfs–server.service
```

⑤开机自动启动 nfs – server 服务。

```
[root@server ~]# systemctl enable nfs–server.service
Created symlink /etc/systemd/system/multi–user.target.wants/nfs–server.service →
/usr/lib/systemd/system/nfs–server.service.
```

13.2.4　服务器端防火墙的配置

由于 NFS 共享属于网络服务，客户端需要通过网络才能访问服务器上的共享目录，而在服务器端会有防火墙的默认策略来阻止客户端进行访问，所以，为了避免默认的防火墙策略禁止正常的 NFS 共享服务，需要在服务器上打开用于 NFS 共享的相关端口或者相关服务。

其中，NFS 服务支持整个 NFS 共享，添加此服务可将 firewalld 配置为支持即时访问 NFS 导出；RPC – BIND 服务主要是在 NFS 共享时负责通知客户端服务器的 NFS 端口号，简单地说，RPC 就是一个中介服务；MOUNTD 服务是一种远程过程调用，它应答客户机加载文件系统的请求。

```
[root@server ~]# firewall–cmd ––permanent ––add–service = nfssuccess
[root@server ~]# firewall–cmd ––permanent ––add–service = mountd
success
[root@server ~]# firewall–cmd ––permanent ––add–service = rpc–bind
success
[root@server ~]# firewall–cmd ––reload
success
```

任务 13.3 **管理 NFS 共享目录**

任务描述

NFS 服务器配置的重点就在于共享目录的导出与挂载，而在 NFS 服务器与客户端上，各有一个命令可以去对共享目录的导出进行管理与查看，分别是服务器端的 exports 命令与 NFS 客户端的 showmount 命令。在实际生产过程中，通过这两个命令的对比，也可验证导出成功与否。

13.3.1 维护 NFS 共享目录

使用 exportfs 命令可以导出 NFS 服务器上的共享目录、显示共享目录，或者不导出共享目录。

命令语法：exportfs［选项］［共享目录］

命令中各选项的含义见表 13－5。

表 13－5

选项	选项含义
－ a	导出或不导出所有的目录
－ y	显示导出列表的同时，也显示导出选项的列表
－ u	不导出指定的目录。当和 － a 选项一起时，不导出所有的目录
－ i	忽略/etc/exports 文件，只使用默认选项和命令行上给出的选项
－ f	指定一个新的导出文件，而不是/etc/exports 文件
－ r	重新导出所有的目录
－ o ＜选项＞	指定导出选项列表

13.3.2 查看 NFS 共享目录信息

使用 showmount 命令可以显示 NFS 服务器的挂载信息，如查看 NFS 服务器上有哪些共享目录，这些共享目录可以被哪些客户端访问，以及哪些共享目录已经被客户端挂载等。

命令语法：showmount［选项］［ NFS 服务器］

命令中各选项的含义见表 13－6。

表 13－6

选项	选项含义
－ a	同时显示客户端的主机名或 IP 地址以及所挂载的目录

续表

选项	选项含义
– e	显示 NFS 服务器的导出列表
– d	只显示已经被挂载的 NFS 共享目录信息

在 NFS 服务器上使用 showmount – e 命令，可显示当前服务器所操作的共享目录及相应可访问的客户端列表；在 NFS 客户端上使用此命令，可显示当前客户端可访问的 NFS 共享的列表。命令显示如下：

①NFS 服务器端。

```
[root@server ~]# showmount – a 10.0.2.11
All mount points on 10.0.2.11:
[root@server ~]# showmount – e 10.0.2.11
Export list for 10.0.2.11:
/nfsshare 10.0.2.10
[root@server ~]# showmount – d 10.0.2.11
Directories on 10.0.2.11:
```

②NFS 客户端。

```
[root@desktop ~]# showmount – e 10.0.2.11
Export list for 10.0.2.11:
/nfsshare 10.0.2.10
```

当客户端执行上述命令时，能够正确查看到 NFS 服务器共享的目录名，表明服务器端配置成功，才可接着进行下述客户端的挂载操作。

任务 13.4　客户端通过 NFS 挂载网络存储

任务描述

在前面几个任务中，讲述了 NFS 服务器导出共享（目录），而 NFS 客户端则负责将导出的共享挂载到本地挂载点（目录），以实现向共享目录读写文件。在进行挂载之前，本地挂载点必须已存在。

可以通过多种方式挂载 NFS 共享：

- 使用 mount 命令手动挂载 NFS 共享。
- 使用/etc/fstab 在启动时自动挂载 NFS 共享。
- 通过称为自动挂载的过程根据需要挂载 NFS 共享。

13.4.1　手动挂载和卸载 NFS 共享

在客户端计算机上使用 mount 命令可以挂载 NFS 服务器上的共享目录。

命令语法：mount -t nfs[NFS 服务器 IP 地址或者主机名:NFS 共享目录][本地挂载目录]

下面使用命令挂载前文中从 NFS 服务器导出的共享目录。

①首先验证当前系统未挂载 NFS 服务器共享目录。

```
[root@desktop ~]# df -h
Filesystem              Size    Used    Avail   Use%    Mounted on
devtmpfs                476M      0     476M     0%    /dev
tmpfs                   491M      0     491M     0%    /dev/shm
tmpfs                   491M    7.6M    484M     2%    /run
tmpfs                   491M      0     491M     0%    /sys/fs/cgroup
/dev/mapper/rhel-root    50G    4.7G     46G    10%    /
/dev/sr0                6.5G    6.5G      0    100%    /mnt/sr0
/dev/mapper/rhel-home    47G    367M     47G     1%    /home
/dev/sda1              1014M    154M    861M    16%    /boot
tmpfs                    99M     24K     99M     1%    /run/user/42
tmpfs                    99M     32K     99M     1%    /run/user/0
```

②在 NFS 客户端上创建挂载点目录，并验证目录内容为空。

```
[root@desktop ~]# mkdir /mnt/nfsmnt
[root@desktop ~]# ls /mnt/nfsmnt/
[root@desktop ~]#
```

③使用 mount 命令将服务器共享的 /nfsshare 目录挂载到客户端的 /mnt/nfsmnt 目录下，并进行验证。

```
[root@desktop ~]# mount -t nfs 10.0.2.11:/nfsshare /mnt/nfsmnt/
[root@desktop ~]# df -h
Filesystem              Size    Used    Avail   Use%    Mounted on
devtmpfs                476M      0     476M     0%    /dev
tmpfs                   491M      0     491M     0%    /dev/shm
tmpfs                   491M    7.6M    484M     2%    /run
tmpfs                   491M      0     491M     0%    /sys/fs/cgroup
/dev/mapper/rhel-root    50G    4.7G     46G    10%    /
/dev/sr0                6.5G    6.5G      0    100%    /mnt/sr0
/dev/mapper/rhel-home    47G    367M     47G     1%    /home
/dev/sda1              1014M    154M    861M    16%    /boot
tmpfs                    99M     24K     99M     1%    /run/user/42
tmpfs                    99M     32K     99M     1%    /run/user/0
10.0.2.11:/nfsshare      50G    4.7G     46G    10%    /mnt/nfsmnt
```

④查看挂载点目录中的内容是否为 NFS 服务器共享目录的内容，验证目录共享成功并尝试向共享目录写入文件。

```
[root@desktop ~]# cd /mnt/nfsmnt/
[root@desktop nfsmnt]# ls
test.txt
```

```
[root@desktop nfsmnt]# cat test.txt
Welcome to view the nfs test file
[root@desktop nfsmnt]# echo helloworld >> /mnt/nfsmnt/upload.txt
[root@desktop nfsmnt]# ls
test.txt upload.txt
```

⑤在 NFS 服务器端验证刚才写入的内容，成功上传到了 NFS 服务器的共享目录中。

```
[root@server ~]# ls /nfsshare/
test.txt upload.txt
[root@server ~]# cat /nfsshare/upload.txt
helloworld
```

⑥在客户端计算机上使用以下 umount 命令就可以卸载 NFS 服务器上的共享目录 /nfsshare（该目录当前被挂载在本地的 /mnt/nfsmnt 目录下）。

```
[root@desktop nfsmnt]# cd
[root@desktop ~]# umount /mnt/nfsmnt
[root@desktop ~]# df -h
Filesystem              Size    Used    Avail    Use%    Mounted on
devtmpfs                476M       0     476M      0%    /dev
tmpfs                   491M       0     491M      0%    /dev/shm
tmpfs                   491M    7.6M     484M      2%    /run
tmpfs                   491M       0     491M      0%    /sys/fs/cgroup
/dev/mapper/rhel-root    50G    4.7G      46G     10%    /
/dev/sr0                6.5G    6.5G        0    100%    /mnt/sr0
/dev/mapper/rhel-home    47G    367M      47G      1%    /home
/dev/sda1              1014M    154M     861M     16%    /boot
tmpfs                    99M     24K      99M      1%    /run/user/42
tmpfs                    99M     32K      99M      1%    /run/user/0
```

和之前的所有文件系统挂载一样，使用 mount 命令进行的挂载属于一次性挂载。也就是说，当系统重启后，默认不进行自动挂载，将会导致 NFS 共享不可用，需要再一次手动挂载后才可以恢复。为解决此问题，可以使用配置文件进行开机自动挂载。

13.4.2 使用配置文件实现开机自动挂载 NFS 共享

挂载 NFS 服务器上的 NPS 共享的第二种方法是在 /etc/fstab 文件中添加内容，这样每次启动客户端计算机时，都将挂载 NFS 共享目录。内容中必须声明 NFS 服务器的主机名、要导出的目录以及要挂载 NFS 共享的本地主机目录。

①首先验证当前系统未挂载 NFS 服务器共享目录。

```
[root@desktop ~]# df -h
Filesystem              Size    Used    Avail    Use%    Mounted on
devtmpfs                476M       0     476M      0%    /dev
tmpfs                   491M       0     491M      0%    /dev/shm
```

```
tmpfs                     491M     7.6M     484M      2%   /run
tmpfs                     491M        0     491M      0%   /sys/fs/cgroup
/dev/mapper/rhel-root      50G     4.7G      46G     10%   /
/dev/sr0                  6.5G     6.5G        0    100%   /mnt/sr0
/dev/mapper/rhel-home      47G     367M      47G      1%   /home
/dev/sda1                1014M     154M     861M     16%   /boot
tmpfs                      99M      24K      99M      1%   /run/user/42
tmpfs                      99M      32K      99M      1%   /run/user/0
```

②在 NFS 客户端上创建挂载点目录并验证目录内容为空。

```
[root@desktop ~]#mkdir /mnt/nfsmnt
[root@desktop ~]#ls /mnt/nfsmnt/
[root@desktop ~]#
```

③向/etc/fstab 文件中添加挂载内容。

```
[root@desktop ~]#vim /etc/fstab
```

将如下内容添加到文件最下方：

```
10.0.2.11:/nfsshare   /mnt/nfsmnt   nfs   sync   0 0
```

④启动挂载并验证成功。

```
[root@desktop ~]# mount -a
[root@desktop ~]#df -h
Filesystem                Size     Used    Avail     Use%   Mounted on
devtmpfs                  476M        0     476M      0%   /dev
tmpfs                     491M        0     491M      0%   /dev/shm
tmpfs                     491M     7.6M     484M      2%   /run
tmpfs                     491M        0     491M      0%   /sys/fs/cgroup
/dev/mapper/rhel-root      50G     4.7G      46G     10%   /
/dev/sr0                  6.5G     6.5G        0    100%   /mnt/sr0
/dev/mapper/rhel-home      47G     367M      47G      1%   /home
/dev/sda1                1014M     154M     861M     16%   /boot
tmpfs                      99M      24K      99M      1%   /run/user/42
tmpfs                      99M      32K      99M      1%   /run/user/0
10.0.2.11:/nfsshare        50G     4.7G      46G     10%   /mnt/nfsmnt
```

⑤重启系统后验证自动挂载，以及验证是否成功共享。

直接重启客户机，重启后输入 df－h 即可验证自动挂载。共享成功的验证方法同 mount 命令挂载的，此处省略。注意，验证完成后，请删除或屏蔽新添加进/etc/fstab 中的相关行，将此次挂载的 NFS 文件系统永久卸载，以确保后续验证。

任务 13.5　客户端通过 autofs 实现目录切换时自动挂载

任务描述

上述讲到的系统自动挂载网络共享，是要把挂载信息写入/etc/fstab 中，这样远程共享资源就会自动随服务器开机而进行挂载。虽然这很方便，但是如果挂载的远程资源太多，则会给网络带宽和服务器的硬件资源带来很大负载。如果在资源挂载后长期不使用，也会造成服务器硬件资源的浪费。

为解决上述问题，可以使用 autofs 自动挂载服务。与 mount 命令不同，autofs 服务程序是一种 Linux 系统守护进程，它可以"根据需要"自动挂载 NFS 共享，当检测到用户试图访问一个尚未挂载的文件系统时，将自动挂载该文件系统，并将在不再使用 NFS 共享时自动卸载这些共享。换句话说，将挂载信息填入/etc/fstab 文件后，系统在每次开机时都自动将其挂载，而 autofs 服务程序则是在用户需要使用该文件系统时才去动态挂载，从而节约了网络资源和服务器的硬件资源。

下面列出自动挂载器的优势：

- 用户无须具有 root 特权就可以运行 mount/umount 命令。
- 自动挂载器中配置的 NFS 共享可供计算机上的所有用户使用，只是要受访问权限约束。
- NFS 共享不像/etc/fstab 中的条目一样永久连接，从而可释放网络和系统资源。
- 自动挂载器完全在客户端配置，无须进行任何服务器端配置，服务器仍然只需导出目录即可。
- 自动挂载器与 mount 命令使用相同的挂载选项，包括安全性选项。
- 支持直接和间接挂载点映射，在挂载点位置方面提供了灵活性。
- 间接挂载点可通过 autofs 创建和删除，从而减少了手动管理这些挂载点的需求。
- NFS 是自动挂载器的默认文件系统，但自动挂载器也可以用于自动挂载多种不同的文件系统。
- autofs 是管理方式类似于其他系统服务的一种服务。

配置自动挂载的过程如下：

①安装 autofs 软件包。

```
[root@desktop ~]# yum install autofs.x86_64
……
Install  2 Packages
Is this ok [y/N]: y
……
Installed:
    autofs-1:5.1.4-26.el8.x86_64      hesiod-3.2.1-11.el8.x86_64
Complete!
```

②向/etc/auto. master. d 添加一个主映射文件，此文件确定用于挂载点的基础目录，并确定用于创建自动挂载的映射文件。

使用 vim 创建并编辑主映射文件。

```
[root@desktop ~]# vim /etc/auto.master.d/demo.autofs
```

注意，此处主映射文件的名称不重要，通常是一个有意义的名称。唯一的要求是它的扩展名必须为".autofs"。主映射文件可以保存多个映射条目，或者使用多个文件来将配置数据分开；因为这是 autofs 服务的配置文件，所以该文件一定放在配置目录 /etc/auto.master.d 当中；文件内容中提到的目录全部要使用绝对路径。

此文件里书写的内容的格式应为：

用于挂载点的基础目录（相当于根目录）创建自动挂载的映射文件

在此例中，将使用客户端上的 /shares 目录作为将来间接自动挂载的基础目录。/etc/auto.demo 文件包含挂载详细信息。

```
[root@desktop ~]# vim /etc/auto.master.d/demo.autofs
[root@desktop ~]# cat /etc/auto.master.d/demo.autofs
/shares   /etc/auto.demo
```

③创建映射文件。映射文件确定挂载点、挂载选项和挂载的源位置。

需要注意的是，映射文件应放在配置目录/etc 下；文件取名不重要，但一定要和主映射文件内容中右边文件名字符保持完全一致。

此文件里书写的内容的格式应为：

挂载点（位于基础目录下一级）挂载选项共享目录源位置

```
[root@desktop ~]# vim /etc/auto.demo
[root@desktop ~]# cat /etc/auto.demo
wing -rw,sync 10.0.2.11:/nfsshare
```

④启动并启用自动挂载服务。

```
[root@desktop ~]# systemctl start autofs.service
[root@desktop wing]# systemctl enable autofs.service
Created symlink /etc/systemd/system/multi-user.target.wants/autofs.service →
/usr/lib/systemd/system/autofs.service.
```

⑤验证自动挂载过程。

首先，查看当前客户端上文件系统挂载情况，暂无远程共享 NFS 文件系统的挂载。

```
[root@desktop ~]# df -h
Filesystem               Size    Used    Avail    Use%    Mounted on
devtmpfs                 476M       0     476M      0%    /dev
tmpfs                    491M       0     491M      0%    /dev/shm
tmpfs                    491M     7.6M    484M      2%    /run
tmpfs                    491M       0     491M      0%    /sys/fs/cgroup
/dev/mapper/rhel-root     50G     4.7G     46G     10%    /
/dev/sr0                 6.5G     6.5G       0    100%    /mnt/sr0
/dev/mapper/rhel-home     47G     367M     47G      1%    /home
/dev/sda1               1014M     154M    861M     16%    /boot
tmpfs                     99M      24K     99M      1%    /run/user/42
tmpfs                     99M      28K     99M      1%    /run/user/0
```

接着切换至挂载点基础目录，此时使用 ls 命令会发现挂载点基础目录下无任何内容。并且此时再一次检查文件系统挂载情况，仍然处于暂无远程共享 NFS 文件系统的挂载状态。

```
[root@desktop ~]# cd /shares/
[root@desktop shares]# ls
[root@desktop shares]# df -h
Filesystem              Size      Used     Avail     Use%     Mounted on
devtmpfs                476M         0      476M       0%     /dev
tmpfs                   491M         0      491M       0%     /dev/shm
tmpfs                   491M      7.6M      484M       2%     /run
tmpfs                   491M         0      491M       0%     /sys/fs/cgroup
/dev/mapper/rhel-root    50G      4.7G       46G      10%     /
/dev/sr0                6.5G      6.5G         0     100%     /mnt/sr0
/dev/mapper/rhel-home    47G      367M       47G       1%     /home
/dev/sda1              1014M      154M      861M      16%     /boot
tmpfs                    99M       24K       99M       1%     /run/user/42
tmpfs                    99M       28K       99M       1%     /run/user/0
```

此时虽然基础目录下无任何内容，但可以尝试 cd 到文件中所写的挂载点目录，并检查其中内容是否为之前在服务器端创建的内容。

```
[root@desktop shares]# cd wing
[root@desktop wing]# ls
test.txt upload.txt
```

再一次检查文件系统挂载情况，会发现远程共享 NFS 文件系统已挂载在本地/shares/wing 目录下。至此，即验证了其按需自动挂载。

```
[root@desktop wing]# df -h
Filesystem              Size      Used     Avail     Use%     Mounted on
devtmpfs                476M         0      476M       0%     /dev
tmpfs                   491M         0      491M       0%     /dev/shm
tmpfs                   491M      7.6M      484M       2%     /run
tmpfs                   491M         0      491M       0%     /sys/fs/cgroup
/dev/mapper/rhel-root    50G      4.7G       46G       0%     /
/dev/sr0                6.5G      6.5G         0     100%     /mnt/sr0
/dev/mapper/rhel-home    47G      367M       47G       1%     /home
/dev/sda1              1014M      154M      861M      16%     /boot
tmpfs                    99M       24K       99M       1%     /run/user/42
tmpfs                    99M       28K       99M       1%     /run/user/0
10.0.2.11:/nfsshare      50G      4.7G       46G      10%     /shares/wing
```

常见错误及原因解析

常见错误一

当服务器端配置完成后，在客户端使用 showmount 命令查看服务器共享时，出现如下所示错误。

```
[root@desktop ~]# showmount -e 10.0.2.11
clnt_create: RPC: Unable to receive
```

原因解析：NFS 服务端防火墙未添加 NFS 服务。

解决方法：检查 NFS 服务器端防火墙服务添加是否正确并完全。

```
[root@server ~]# firewall - cmd -- permanent -- add - service = nfs
success
[root@server ~]# firewall - cmd -- permanent -- add - service = rpc - bind
success
[root@server ~]# firewall - cmd -- permanent -- add - service = mountd
success
[root@server ~]# firewall - cmd -- reload
success
```

常见错误二

已在 /etc/exports 文件中设定为用户可读写，但是当客户端成功挂载 NFS 共享目录后，不能往里面写入内容。

```
[root@desktop ~]# mount - a
[root@desktop ~]# df - h
Filesystem                Size    Used    Avail    Use%    Mounted on
......
tmpfs                     99M     16K     99M      1%      /run/user/42
tmpfs                     99M     4.0K    99M      1%      /run/user/0
10.0.2.11:/nfsshare       50G     4.8G    46G      10%     /mnt/nfsmount
[root@desktop ~]# cd /mnt/nfsmount/
[root@desktop nfsmount]# ls
[root@desktop nfsmount]# touch test.txt
touch: cannot touch'test.txt': Permission denied
```

原因解析：未开放权限。

解决方法：在明确/etc/exports 文件中设定为用户可读写的情况下，应当检查 NFS 服务器上共享目录的实际读写权限是否对相应用户或所有用户开放。

```
[root@server ~]# ls - ld /nfsshare/
drwxr - xr - x.2 root root 6 Mar 6 15:32 /nfsshare/
[root@server ~]# chmod - R 777 /nfsshare/
[root@server ~]# ls - ld /nfsshare/
drwxrwxrwx.2 root root 6 Mar 6 15:32 /nfsshare/
```

再到客户端进行测试。

```
[root@desktop nfsmount]# cd /mnt/nfsmount/
[root@desktop nfsmount]# ls
[root@desktop nfsmount]# touch test.txt
[root@desktop nfsmount]# ls
test.txt
```

课后习题

1. 在 Linux 系统中按以下要求配置 NFS 服务器，然后在 NFS 客户端 10.0.2.10/24 上将共享目录开机自动挂载到客户端的 /mnt/nfsmount 目录下。

- 共享目录：/nfsshare。
- 客户端：10.0.2.10/24。
- 导出选项：共享目录具有读取和写入的权限。

2. 在 Linux 系统中按以下要求配置 NFS 服务器，然后在 NFS 客户端 10.0.2.10/24 上将共享目录配置为 autofs，自动挂载到客户端的 /mnt/wing 目录下。

- 共享目录：/shares。
- 客户端：所有客户端均可访问此共享。
- 导出选项：共享目录具有读取权限，并且客户端以 root 用户身份进行访问时，获得的是匿名用户的权限。

工作项目 14

Samba服务器配置

学习知识技能点

1. 了解 Samba 的概念与作用
2. 掌握 SMB 服务器与客户端共享文件系统的方法，并使用用户名和密码控制访问权限
3. 熟练掌握客户端访问 Samba 共享的方法
4. 掌握通过 multiuser 安装选项挂载 SMB 共享，使用基于密码的验证和 cifscreds 控制访问权限

任务 14.1　Samba 简介

任务描述

Samba 是指通过服务器信息块（Server Message Block，SMB）协议在网络上的计算机之间远程共享 Linux 文件和打印服务。其是用于 Microsoft Windows 服务器和客户端的标准文件共享协议。通过 Samba 共享的 Linux 资源就像在另一台 Windows 服务器上一样，不需要其他任何桌面客户软件就可以访问。

Samba 是在 Linux 和 UNIX 系统上实现 SMB 协议的一个免费软件，由服务器及客户端程序构成。可以采用多种不同方法配置 SMB 文件服务器。其中一种最简单的方法是将文件服务器及其客户端配置为普通 Windows 工作组的成员，工作组可向本地子网宣布服务器和客户端。文件服务器分别独立管理自己的本地用户账户和密码。更复杂的配置可以是 Windows 域的成员并且通过域控制器来协调用户身份验证。

SMB 基于网络基本输入/输出系统（Network Basic Input/Output System，NetBIOS）的协议，传统上用在 Linux、Windows 和 OS/2 网络中访问远程文件和打印机，统称为共享服务。SMB 为网络资源和桌面应用之间提供了紧密的接口，与使用 NFS、FTP 和 LPR 等协议相比，使用 SMB 协议能把二者结合得更加紧密。通过 Samba 共享的 Linux 资源就像在另一台 Windows 服务器上一样，不需要其他任何桌面客户软件就可以访问。

Linux 系统可以与各种操作系统轻松连接，实现多种网络服务。在一些中小型网络或企业的内部网中，利用 Linux 建立文件服务器是一个很好的解决方案。针对企业内部网中

的绝大部分客户机都采用 Windows 的情况，可以通过使用 Samba 来实现文件服务器的功能。通过使用名为 Samba 的软件包，Red Hat 企业 Linux 可以充当 SMB 文件共享的服务器。将 SMB 文件共享挂载为客户端是由 cifs – utils 软件包中包含的内核驱动程序和实用程序来处理的。

SMB 协议被用于局域网管理和 Windows 服务器系统管理中，可以实现不同计算机之间共享打印机和文件等。因此，为了让 Windows 和 UNIX/Linux 计算机相集成，最好的办法就是在 UNIX/Linux 计算机中安装支持 SMB 协议的软件，这样使用 Windows 的客户端不需要更改设置，就能像使用 Windows 一样使用 UNIX/Linux 系统上的共享资源了。

Samba 的核心是 smbd 和 nmbd 两个守护进程，在服务器启动时持续运行。smbd 和 nmbd 使用的配置信息全部保存在/etc/samba/smb. conf 文件中。/etc/samba/smb. conf 文件向守护进程 smbd 和 nmbd 说明共享的内容、共享输出给谁以及如何进行输出。smbd 进程的作用是为使用该软件包资源的客户机与 Linux 服务器进行协商，nmbd 进程的作用是使客户机能浏览 Linux 服务器的共享资源。

任务 14. 2　Samba 服务器端安装和配置

任务描述

Samba 服务可以将 Linux 文件系统作为 SMB 网络文件来进行共享。本任务将涵盖 Samba 服务器为 Windows 工作组成员提供文件共享（以在本地管理其用户）而需要的基本配置步骤。本任务不会讨论使 Samba 服务器成为 Windows 域成员而需要的更复杂配置。

在本书中，为了向读者展示通过 Samba 服务在共享 Linux 文件系统与通过 Linux 操作系统的客户端访问 Samba 共享，将准备两台 Linux 主机（一台充当 Samba 服务器端，一台充当 Samba 客户端），并按照表 14 – 1 来设置它们所使用的 IP 地址。

表 14 –1

主机名称	在 Samba 服务配置中扮演的角色	IP 地址
server	Samba 服务器端	10. 0. 2. 11/24
desktop	Samba 客户端	10. 0. 2. 10/24

在本任务中，将首先介绍 Samba 服务器端的配置。

14. 2. 1　安装 Samba 服务器软件包

要在 Red Hat 企业 Linux 系统上配置 Samba 服务器，就要在 Linux 系统中查看 samba – common、samba – client、samba 和 samba – libs 软件包是否已经安装；如果没有，则先安装。其中，samba – common 用于存放服务器端和客户端通用的工具及宏文件的软件包，必须安装在服务器端和客户端；samba – client 作为 Samba 客户端软件包，必须安装在客户端，同时，如果想要在服务器端创建可连接到本 Samba 服务器的用户，也须在服务器端安装此包；samba 作为 Samba 服务主程序软件包，包必须安装在服务器端；samba – libs 为 Samba 库。

在服务器端可以只安装 samba – client、samba 两个包，samba – common 和 samba – libs 将会作为依赖包自动安装。

```
[root@server ~]# yum install samba.x86_64 samba – client.x86_64
（安装包搜索过程,此处省略）
Is this ok [y/N]: y

Installed:
    samba – 4.9.1 – 4.el8.x86_64
    samba – client – 4.9.1 – 4.el8.x86_64
    samba – common – tools – 4.9.1 – 4.el8.x86_64
    samba – libs – 4.9.1 – 4.el8.x86_64

Complete!
```

14.2.2 /etc/samba/smb. conf 文件详解

Samba 的主配置文件是 /etc/samba/smb. conf。此文件分为多个节，每节以节名称（括在方括号中）开头，后面是设置为特定值的参数的列表。

/etc/samba/smb. conf 以［global］节开头，此节用于常规服务器配置，其属性选项是全局可见的，但是在需要的时候，可以在其他小节中定义某些属性来覆盖［global］的对应选项定义。随后各节分别定义 Samba 服务器提供的文件共享或打印机共享。存在两个特殊节：［homes］和［printers］。当客户端发起访问共享服务请求时，Samba 服务器查询 smb. conf 文件是否定义了该共享服务，如果没有指定的共享服务其他小节，但 smb. conf 文件定义了［homes］，则 Samba 服务器会将请求的共享服务名看作某个用户的用户名，并在本地的 password 文件中查询该用户，若用户名存在并且密码正确，则 Samba 服务器会将［homes］这个小节中的选项定义复制出一个共享服务给客户端，该共享的名称是用户的用户名；［printers］小节用于提供打印服务。当客户端发起访问共享服务请求时，没有特定的服务与之对应，并且［homes］也没有找到存在的用户，则 Samba 服务器将把请求的共享服务名当作一个打印机的名称进行处理。

任何以分号（;）或井号（#）字符开头的行都将被注释掉。以"#"开头的行是注释行，它为用户配置参数，起到解释作用，这样的语句默认不会被系统执行；以";"开头的行都是 Samba 配置的参数范例，这样的语句默认不会被系统执行，如果将";"去掉，并对该范例进行设置，那么该语句将会被系统执行。

在 /etc/samba/smb. conf 配置文件中，所有的配置参数都是以"配置项目 = 值"这样的格式表示的。而在修改文件内容进行 Samba 共享之前，首先应该做的就是创建共享目录，并修改目录与其中文件的权限为最大权限。

注意：系统不支持使用 NFS 和 Samba 导出同一目录，因为 NFS 和 Samba 使用不同的文件锁定机制，同时，做两种形式的导出可能导致文件损坏。

示例如下：

创建共享目录。

```
[root@server ~]# mkdir /sharesmb
[root@server ~]# ls -ld /sharesmb/
drwxr-xr-x. 2 root root 6 Feb 27 15:25 /sharesmb/
[root@server sr0]# chmod 777 /sharesmb/
[root@server sr0]# ls -ld /sharesmb/
drwxrwxrwx. 2 root root 28 Feb 27 15:25 /sharesmb/
[root@server ~]# cd /sharesmb/
[root@server sharesmb]# echo "Welcome to view the samba test file" >>text.txt
```

另外，对于 Samba 共享来说，还需要做的事就是修改共享目录的 selinux 上下文标签（如果系统未开启 selinux，此项可忽略不计）。

```
[root@server ~]# ls -Zd /sharesmb/
unconfined_u:object_r:default_t:s0 /sharesmb/
[root@server ~]# semanage fcontext -a -t samba_share_t '/sharesmb(/.*)?'
[root@server ~]# restorecon -FRv /sharesmb/
Relabeled /sharesmb from unconfined_u:object_r:default_t:s0 to system_u:object_r:samba_share_t:s0
[root@server ~]# ls -Zd /sharesmb/
system_u:object_r:samba_share_t:s0 /sharesmb/
```

下面就 /etc/samba/smb.conf 文件中一些常用的配置项目进行讲解。

1. ［global］节

［global］节定义 Samba 服务器的基本配置。当前系统中的默认配置如下：

```
[global]
        workgroup = SAMBA
        security = user
```

在此节中应配置 3 项内容：

①workgroup：用于指定服务器的 Windows 工作组。大部分 Windows 系统都默认为 WORKGROUP，但 Windows XP Home 默认为 MSHOME。

要将工作组设置为 WORKGROUP，则将/etc/samba/smb.conf 中的现有工作组条目更改为如下所示：

```
[global]
        workgroup = WORKGROUP
        security = user
```

②security：控制 Samba 对客户端进行身份验证的方式。对于 security = user，即客户端使用本地 Samba 服务器管理的有效用户名和密码来登录。此设置是 /etc/samba/smb.conf 中的默认设置。

③hosts allow：是允许访问 Samba 服务的主机列表（以逗号、空格或制表符分隔）。如果未指定，则所有主机均可访问 Samba。如果［global］节中未指定此设置，则可以单独在每个共享中设置；如果在［global］节中指定，将适用于所有共享，无论每个共享是否具有不同的设置。本书示例中，均未在［global］中添加 hosts allow 条目，而是在每个共享文件小节中进行设置。

可以通过主机名或源 IP 地址来指定主机。通过逆向解析传入连接尝试的 IP 地址来检查主机名。可以通过多种方法来指定允许的主机：

- IPv4 网络/前缀：10.0.2.0/24
- IPv4 网络/网络掩码：10.0.2.0/255.255.255.0
- IPv4 子网的前面部分处于字节边界：10.0.2.
- IPv6 网络/前缀：［2001:db8:0:1::/64］
- 主机名：desktop
- 以 example.com 结尾的所有主机：.example.com

例如，要使用尾点表示法将访问权限限制为 10.5.0.0/16 网络中的主机，/etc/samba/smb.conf 配置文件中的 hosts allow 条目如下：

```
hosts allow = 10.5.
```

若要在上述基础上额外允许".example.com"结尾的所有主机可进行访问，则/etc/samba/smb.conf 配置文件中的 hosts allow 条目如下：

```
hosts allow = 10.5. .example.com
```

2. 文件共享节

要创建文件共享，则在/etc/samba/smb.conf 的末尾将共享名称放在方括号中，以启动共享的新节。下面列出一些常见的关键指令条目，按需添加到文件共享节中：

- ［ ］

该参数必须设置，用于设置共享目录的共享名称。

- path

该参数必须设置，用于设置共享目录的完整路径名称。例如：path=/sharedpath。

- browseable

该参数用于设置用户通过客户端在浏览资源时是否显示共享目录，显示则为 yes，不显示则为 no。

- writable

该参数用于设置是否允许以可写的方式修改目录，允许则为 yes，不允许则为 no。如果所有经过身份验证的用户都应对共享具有读写访问权限，则应设置 writable=yes。默认设置为 writable=no。如果设置了 writable=no，则可以提供对共享具有读写访问权限的用户的 write list。

- write list

该参数用于设置只有此名单内的用户和组群才能以可写方式访问共享资源（多名用户

或组以逗号分隔）。不在列表中的用户将具有只读访问权限。还可以指定本地组的成员：write list = @ management，将允许属于 Linux 组"management"的所有经过身份验证的用户具有写访问权限。

- vaild users

该参数用于设置只有此名单内的用户和组群才能访问共享资源，不允许名单以外用户访问共享。但如果列表为空白或不设置此项，则所有用户均可访问共享。

- hosts allow

该参数用于设置只有此网段/IP 地址的用户才能访问共享资源。

例如：要建立一个共享名为 myshare 的 Samba 共享，仅允许 10. 0. 2. 0/24 域内用户 ada 和 student 组的成员对共享目录 /sharesmb 具有访问权限，其中仅 ada 用户可以向共享目录中添加文件，此节设置如下：

```
[root@server ~]# vim /etc/samba/smb.conf
[myshare]
path = /sharesmb
writable = no
write list = ada
valid users = ada, @student
hosts allow = 10.0.2.
```

14. 2. 3　准备 Samba 用户

根据文件中的配置 security = user 设置需要一个包含 Samba 账户（具有有效的 XTLM 密码）的 Linux 账户。要创建仅限于 Samba 的系统用户，请保持锁定 Linux 密码，并将登录 shell 设置为/sbin/nologin。这将防止直接进行用户登录，或在系统上通过 SSH 登录。

可以根据在/etc/samba/smb. conf 文件中设置的用户，在系统内进行添加，并将该用户加入 Samba 服务器中，此步骤使用 smbpasswd 命令执行。smbpasswd 命令包含在 samba – client 包当中，它可以创建 Samba 账户并设置密码。如果 smbpasswd 只传递一个用户名而不带有任何选项，它将尝试更改账户密码。root 用户可以将其与 – a 选项一起使用，以添加 Samba 账户并设置 XTLM 密码。root 用户可以使用 – x 选项来删除用户的 Samba 账户和密码。

示例如下：

```
[root@server ~]# useradd – s /sbin/nologin ada
[root@server ~]# smbpasswd – a ada
New SMB password:
Retype new SMB password:
Added user ada.
[root@server ~]# useradd – s /sbin/nologin – g student jack
[root@server ~]# smbpasswd – a jack
New SMB password:
```

```
Retype new SMB password:
Added user jack.
[root@server ~]# useradd -s /sbin/nologin cindy
[root@server ~]# smbpasswd -a cindy
New SMB password:
Retype new SMB password:
Added user cindy.
```

14.2.4 控制 Samba 服务

为了使 Samba 服务器能够正常工作，需要使用 systemctl 命令启动并设置 SMB 服务与 NMB 服务开机自动启动，与此同时，也可以使用该命令检查服务进程的状态。

①启动 SMB、NMB 服务。

```
[root@server ~]# systemctl start smb.service nmb.service
```

②查看 SMB、NMB 服务。

```
[root@server ~]# systemctl status smb.service
• smb.service - Samba SMB Daemon
  Loaded: loaded (/usr/lib/systemd/system/smb.service; enabled; >
  Active: active (running) since Thu 2019-02-28 14:59:45 CST; 1 >
    Docs: man:smbd(8)
          man:samba(7)
          man:smb.conf(5)
 Main PID: 7431 (smbd)
[root@server ~]# systemctl status nmb.service
• nmb.service - Samba NMB Daemon
  Loaded: loaded (/usr/lib/systemd/system/nmb.service; enabled; >
  Active: active (running) since Thu 2019-02-28 14:59:45 CST; 1 >
    Docs: man:nmbd(8)
          man:samba(7)
          man:smb.conf(5)
 Main PID: 7428 (nmbd)
```

③停止 SMB、NMB 服务。

```
[root@server ~]# systemctl stop smb.service nmb.service
```

④重新启动 SMB、NMB 服务。

```
[root@server ~]# systemctl restart smb.service nmb.service
```

⑤开机自动启动 SMB、NMB 服务。

```
[root@server ~]# systemctl enable smb.service nmb.service
Created symlink /etc/systemd/system/multi-user.target.wants/smb.service → /
usr/lib/systemd/system/smb.service.
Created symlink /etc/systemd/system/multi-user.target.wants/nmb.service → /
usr/lib/systemd/system/nmb.service.
```

14.2.5　服务器端防火墙的配置

这些单元启动的这两个服务（smbd 和 nmbd）必须通过本地防火墙来通信。Samba 的 smbd 守护进程通常使用 TCP/445 进行 SMB 连接。基于 TCP 的 NetBIOS 需要向后兼容，它还侦听 TCP/139。nmbd 守护进程使用 UDP/137 和 UDP/138 提供基于 TCP/IP 网络的 NetBIOS 浏览支持。

要将 firewalld 配置为允许客户端与本地 Samba 服务通信。

```
[root@server ~]# firewall-cmd --permanent --add-service=samba
success
[root@server ~]# firewall-cmd --reload
success
```

任务 14.3　配置 Samba 客户端

任务描述

配置完 Samba 服务端后，客户端要想使用 Samba 共享，需要进行相关配置，以保证 Samba 服务端的共享目录能在客户端正常使用。

14.3.1　识别远程共享

在挂载 SMB 文件系统并使用之前，首先应该识别要访问的远程共享，对目标服务器发起访问，使用 smbclient 命令，此命令包含于 samba-client 包当中。

```
[root@desktop ~]# yum install samba-client.x86_64
（安装包搜索过程，此处省略）
Is this ok [y/N]: y

Installed:
    samba-client-4.9.1-4.el8.x86_64

Complete!
```

smbclient 命令语法如下：

```
smbclient[服务名][密码][选项]
```

smbclient 命令选项含义见表 14-2。

表 14-2

选项	选项含义
-L ＜主机＞	在主机上获取可用的共享列表
-U ＜用户名＞	指定用户名

续表

选项	选项含义
I ＜IP 地址＞	使用指定 IP 地址进行连接
－ e	加密 SMB 传输
－ N	不用询问密码
－ W ＜工作组＞	设置工作组名称
－ p ＜端口＞	指定连接端口
－ M ＜主机＞	向指定主机发送消息

当输入 － L 选项后，返回结果中显示出共享名方可挂载使用 Samba 服务器对应的共享目录。

```
[root@desktop ~ ]# smbclient － L server
Enter SAMBA \root's password:
Anonymous login successful


    Sharename         Type                     Comment
    ---------         ----                     -------
    print $           Disk                     Printer Drivers
    myshare           Disk
    IPC $             IPC                      IPC Service (Samba 4.9.1)
Reconnecting with SMB1 for workgroup listing.
Anonymous login successful


    Server                    Comment
    ---------                 -------


    Workgroup                 Master
    ---------                 -------
    WORKGROUP                 SERVER
```

14.3.2　手动挂载和卸载 SMB 文件系统

①开始挂载之前，必须先安装一个软件包：cifs － utils。它提供了 CIFS 文件系统类型，mount 命令依赖此 cifs － utils 软件包来挂载 CIFS 文件系统。

本书使用的系统已默认安装此软件包，如未安装的，请首先安装。

```
[root@desktop ~]# yum install cifs － utils
Updating Subscription Management repositories.
Unable to read consumer identity
This system is not registered to Red Hat Subscription Management. You can use
subscription － manager to register.
```

```
Updating Subscription Management repositories.
Unable to read consumer identity
This system is not registered to Red Hat Subscription Management. You can use
subscription-manager to register.
created by dnf config-manager fr 2.8 kB/s │ 2.8 kB    00:01
created by dnf config-manager fr 2.7 kB/s │ 2.7 kB    00:01
Package cifs-utils-6.8-2.el8.x86_64 is already installed.
Dependencies resolved.
Nothing to do.
Complete!
```

②使用 mount 命令执行手动挂载（使用 ada 用户并验证 ada 的可读可写性）。

```
[root@desktop ~]# df -h
Filesystem              Size    Used    Avail    Use%    Mounted on
devtmpfs                476M       0     476M      0%    /dev
tmpfs                   491M       0     491M      0%    /dev/shm
tmpfs                   491M     14M     477M      3%    /run
tmpfs                   491M       0     491M      0%    /sys/fs/cgroup
/dev/mapper/rhel-root    50G    4.7G      46G     10%    /
/dev/sr0                6.5G    6.5G        0    100%    /mnt/sr0
/dev/mapper/rhel-home    47G    367M      47G      1%    /home
/dev/sda1              1014M    154M     861M     16%    /boot
tmpfs                    99M     12K      99M      1%    /run/user/42
tmpfs                    99M     20K      99M      1%    /run/user/0
[root@desktop ~]# mkdir /mnt/smbada
[root@desktop ~]# mount -t cifs -o username=ada //server/myshare /mnt/smbada/
Password for ada@//server/myshare: ******
[root@desktop ~]# df -h
Filesystem              Size    Used    Avail    Use%    Mounted on
devtmpfs                476M       0     476M      0%    /dev
tmpfs                   491M       0     491M      0%    /dev/shm
tmpfs                   491M     14M     477M      3%    /run
tmpfs                   491M       0     491M      0%    /sys/fs/cgroup
/dev/mapper/rhel-root    50G    4.7G      46G     10%    /
/dev/sr0                6.5G    6.5G        0    100%    /mnt/sr0
/dev/mapper/rhel-home    47G    367M      47G      1%    /home
/dev/sda1              1014M    154M     861M     16%    /boot
tmpfs                    99M     16K      99M      1%    /run/user/42
tmpfs                    99M     24K      99M      1%    /run/user/0
//server/myshare         50G    4.7G      46G     10%    /mnt/smbada
[root@desktop ~]# cd /mnt/smbada/
[root@desktop smbada]# ls
text.txt
[root@desktop smbada]# cat text.txt
Welcome to view the samba test file
[root@desktop smbada]# touch upload.txt
[root@desktop smbada]# ls
text.txt upload.txt
```

③使用配置文件/etc/fstab 进行永久挂载（使用 jack 用户进行挂载，由于 jack 属于 student 组，故验证 student 组用户的可读但不可写性）。

```
[root@desktop ~]# cd
[root@desktop ~]# mkdir /mnt/smbjack
[root@desktop ~]# vim /etc/fstab
……（原内容省略）
//server/myshare  /mnt/smbjack cifs username=jack,password=redhat 0  0
[root@desktop ~]# mount -a
[root@desktop ~]# df -h
Filesystem                Size      Used     Avail     Use%    Mounted on
devtmpfs                  476M       0       476M      0%      /dev
tmpfs                     491M       0       491M      0%      /dev/shm
tmpfs                     491M      14M      477M      3%      /run
tmpfs                     491M       0       491M      0%      /sys/fs/cgroup
/dev/mapper/rhel-root      50G      4.7G      46G      10%     /
/dev/sr0                  6.5G      6.5G       0       100%    /mnt/sr0
/dev/mapper/rhel-home      47G      367M      47G      1%      /home
/dev/sda1                1014M      154M     861M      16%     /boot
tmpfs                      99M      16K       99M      1%      /run/user/42
tmpfs                      99M      24K       99M      1%      /run/user/0
//server/myshare           50G      4.7G      46G      10%     /mnt/smbada
//server/myshare           50G      4.7G      46G      10%     /mnt/smbjack
[root@desktop ~]# cd /mnt/smbjack/
[root@desktop smbjack]# ls
text.txt upload.txt
[root@desktop smbjack]# cat text.txt
Welcome to view the samba test file
[root@desktop smbjack]# touch jack.txt
touch: cannot touch 'jack.txt': Permission denied
```

④验证 valid 以外的 cindy 用户不可挂载共享。

```
[root@desktop ~]# mkdir /mnt/smbcindy
[root@desktop ~]# mount -t cifs -o username=ada //server/myshare /mnt/smbada/
Password for ada@ //server/myshare:
[root@desktop ~]# mount -t cifs -o username=cindy //server/myshare /mnt/smbcindy/
Password for cindy@ //server/myshare: ******
mount error(13): Permission denied
Refer to the mount.cifs(8) manual page (e.g. man mount.cifs)
```

14.3.3 执行多用户 SMB 挂载

当挂载 Samba 共享时，默认情况下挂载凭据确定对挂载点的访问权限。新的 multiuser 挂载选项将挂载凭据与用于确定每个用户的文件访问权限的凭据进行隔离。在 Red Hat 企业

Linux 8 中，这可以与 sec = ntlmssp 身份验证一起使用（与 mount. cifs(8)man page 相反）。

　　root 用户使用 multiuser 选项以及一个 SMB 用户名（对共享内容具有最低访问权限）挂载共享。常规用户随后可以使用 cifscreds 命令将自己的 SMB 用户名和密码存储在当前会话的内核密钥环中。其对共享的访问权限是通过来自密钥环的自身凭据而非挂载凭据来验证的。用户可以随时清除或更改其针对该登录会话的凭据，并且在会话结束后将会清除。文件访问权限完全由 SMB 服务器根据当前使用的访问凭据强制实施。

　　也就是说，之前都是针对单个用户使用单独的挂载点目录进行挂载的，挂载后切换到不同的目录相当于使用不同的用户身份执行共享内容，如果要对很多用户进行挂载，就需要创建很多目录并且挂载多次。现在将要讲述的挂载方法只需要使用一个用户挂载一次即可，之后使用其他用户执行权限只需客户端更改用户登录后使用命令传递身份认证即可，不用多次挂载。

　　例如，要创建新的挂载点/mnt/multiuser，并挂载来自 SMB 文件服务器 server 的共享 myshare，同时 SMB 用户 ada 使用 multiuser 挂载选项进行身份验证（此用户具有 XTLM 密码 redhat）。

　　①使用 root 用户身份执行多用户挂载。

```
[root@desktop ~]# umount /mnt/smbada
[root@desktop ~]# umount /mnt/smbjack
[root@desktop ~]# mount -o multiuser,sec=ntlmssp,username=ada,password=redhat
//server/myshare /mnt/multiuser/
[root@desktop ~]# df -h
Filesystem              Size    Used    Avail    Use%    Mounted on
devtmpfs                476M      0     476M      0%    /dev
tmpfs                   491M      0     491M      0%    /dev/shm
tmpfs                   491M    14M     477M      3%    /run
tmpfs                   491M      0     491M      0%    /sys/fs/cgroup
/dev/mapper/rhel-root    50G    4.7G     46G     10%    /
/dev/sr0                6.5G    6.5G      0     100%    /mnt/sr0
/dev/mapper/rhel-home    47G    367M     47G      1%    /home
/dev/sda1              1014M    154M    861M     16%    /boot
tmpfs                    99M    16K      99M      1%    /run/user/42
tmpfs                    99M    24K      99M      1%    /run/user/0
//server/myshare         50G    4.7G     46G     10%    /mnt/multiuser
```

　　②在客户端是创建用户（需要保证客户端和服务端双方使用相同的用户账号），注意他们在客户端上是可登录的。

```
[root@desktop ~]# useradd ada
[root@desktop ~]# passwd ada
Changing password for user ada.
New password:
BAD PASSWORD: The password is shorter than 8 characters
Retype new password:
```

```
passwd: all authentication tokens updated successfully.
[root@desktop ~]# useradd jack
[root@desktop ~]# passwd jack
Changing password for user jack.
New password:
BAD PASSWORD: The password is shorter than 8 characters
Retype new password:
passwd: all authentication tokens updated successfully.
```

③切换到不同的用户，使用命令 cifscreds 将身份验证凭据存储在本地用户的密钥环中。这些身份验证凭据将被转发到多用户挂载的 Samba 服务器。cifs – utils 软件包提供 cifscreds 命令。

cifscreds 命令具有的操作见表 14 – 3。

表 14 – 3

操作子命令	含义
add	可向用户的会话密钥环中添加 SMB 凭据。此选项后跟 SMB 文件服务器的主机
update	可更新用户的会话密钥环中的现有凭据。此选项后跟 SMB 文件服务器的主机名
clear	可从用户的会话密钥环中删除特定条目。此选项后跟 Samba 文件服务器的主机名
clearall	可从用户的会话密钥环中清除所有现有凭据

默认情况下，cifscreds 假定要与 SMB 凭据一起使用的用户名匹配当前 Linux 用户名。通过在 add、update 或 clear 操作后面添加 – u username 选项，可以将其他用户名用于 SMB 凭据。

下面使用 ada 用户传递凭据，并验证其操作性。

```
[root@desktop ~]# su – ada
[ada@desktop ~]$ cifscreds add server
Password:
[ada@desktop ~]$ cat /mnt/multiuser/text.txt
Welcome to view the samba test file
[ada@desktop ~]$ touch /mnt/multiuser/ada.txt
[root@desktop ~]#
```

再使用 student 组用户 jack 传递凭据，并验证其操作性。

```
[ada@desktop ~]$ su – jack
Password:
[jack@desktop ~]$ cifscreds add server
Password:
[jack@desktop ~]$ cat /mnt/multiuser/text.txt
Welcome to view the samba test file
[jack@desktop ~]$ touch /mnt/multiuser/jack.txt
touch: cannot touch '/mnt/multiuser/jack.txt': Permission denied
```

最后验证 cindy 用户不是有效用户，不可读该 Samba 共享。

```
[root@desktop ~]# su - cindy
su: user cindy does not exist
[root@desktop ~]# useradd cindy
[root@desktop ~]# passwd cindy
Changing password for user cindy.
New password:
BAD PASSWORD: The password is shorter than 8 characters
Retype new password:
passwd: all authentication tokens updated successfully.
[root@desktop ~]# su - cindy
[cindy@desktop ~]$ cifscreds add server
Password:
[cindy@desktop ~]$ ls /mnt/
ls: cannot access '/mnt/multiuser': Permission denied
multiuser nfsmnt smbada smbcindy smbjack sr0
```

常见错误及原因解析

常见错误一

服务器端配置完成后，客户端使用 smbclient 命令报错。

第一种情况：命令不存在。

```
[root@desktop ~]# smbclient -L 10.0.2.11
bash: smbclient: command not found...
Failed to search for file: Cannot update read-only repo
```

此时是因为 smbclient 命令由 samba-client 包提供，请在客户端安装该包。

```
[root@desktop ~]# yum install samba-client.x86_64
......
Is this ok [y/N]: y
Installed:
   samba-client-4.9.1-4.el8.x86_64

Complete!
```

第二种情况：连接失败。

```
[root@desktop ~]# smbclient -L 10.0.2.11
Connection to 10.0.2.11 failed (Error NT_STATUS_HOST_UNREACHABLE)
```

此时需开启服务器端 samba 服务的防火墙。

```
[root@server ~]# firewall-cmd --permanent --add-service=samba
success
[root@server ~]# firewall-cmd --reload
success
```

第三种情况：连接超时。

```
[root@desktop sr0]# smbclient -L 10.0.2.11
protocol negotiation failed: NT_STATUS_IO_TIMEOUT
```

此时请修改 Samba 服务器上的/etc/hosts 文件，添加 Samba 服务器的 IP 地址和主机名。

```
[root@server ~]# vim /etc/hosts
……(原文件内容省略,不可删除)
10.0.2.11 server
10.0.2.10 desktop
```

再次尝试 smbclient 命令。

```
[root@desktop sr0]# smbclient -L 10.0.2.11 -U wing
Enter SAMBA\wing's password:

    Sharename      Type                    Comment
    ---------      ----                    -------
    print $        Disk                    Printer Drivers
    public         Disk
    IPC $          IPC                     IPC Service (Samba 4.9.1)
    wing           Disk                    Home Directories
Reconnecting with SMB1 for workgroup listing.
    Server                  Comment
    ---------               -------
    Workgroup               Master
    ---------               -------
    WORKGROUP               SERVER
```

常见错误二

/etc/samba/smb. conf 中设置可以读写的用户在远程共享后不能进行写操作。

①tech 组用户可对 /share 目录读写，wing 用户属于 tech 组。

```
[root@server ~]# tail -n 6 /etc/samba/smb.conf
[public]
path = /share
browseable = yes
writable = no
write list = @tech
hosts allow = 10.0.2.
[root@server ~]# id wing
uid =1002(wing) gid =1002(tech) groups =1002(tech)
```

②挂载后不能进行写操作。

```
[root@desktop ~]# mount -o username=wing //10.0.2.11/public /mnt/samba/
Password for wing@ //10.0.2.11/public: *
[root@desktop ~]# cd /mnt/samba/
[root@desktop samba]# ls
[root@desktop samba]# touch wing
touch: cannot touch 'wing': Permission denied
```

检查 Samba 服务器实际的用户操作权限并进行修改。

```
[root@server ~]# ls -ld /share/
dr-xr-xr-x. 2 root root 6 Mar 7 15:39 /share/
[root@server ~]# chmod 777 /share/
```

再次测试写操作。

```
[root@desktop samba]# touch wing
[root@desktop samba]# ls
wing
```

课后习题

1. 某公司需要添加 Samba 服务器作为文件服务器，工作组名为 Workgroup，发布共享目录/share，共享名为 public，这个共享目录允许所有公司员工访问，但是仅有技术部（tech组）可以进行文件编辑。

- Samba 服务器网卡 IP 地址：10.0.2.11/24
- 允许访问 Samba 服务器的网络：10.0.2.0/24

2. 如果公司有多个部门，因工作需要，必须分门别类地建立相应部门的目录。要求将技术部的资料存放在 Samba 服务器的/companydata/tech/目录下集中管理，以便技术人员浏览，并且该目录只允许技术部员工访问。请给出实现方案并上机调试。

工作项目 15

FTP服务器配置与管理

学习知识技能点

1. 了解 FTP 协议，了解 FTP 两种传输模式
2. 学会使用 vsftpd 服务程序，配置三种认证方式
3. 熟练使用 FTP 客户端

任务 15.1 FTP 服务

任务描述

文件传输协议（File Transfer Protocol，FTP）是一种利用 TCP 网络协议在互联网中进行文件传输的应用层协议，采用 Client/Server 架构，服务端默认使用 20、21 号端口，其中端口 20（数据端口）用于进行数据传输，端口 21（命令端口）用于接收客户端发出的相关 FTP 命令与参数。

15.1.1 FTP 适用范围

FTP 服务器普遍部署于内网中，具有容易搭建、方便管理的特点。在 RHEL 8 中，使用 vsftpd 作为服务端、FTP 作为客户端以实现该协议。

15.1.2 FTP 主动模式与被动模式

FTP 服务器是指按照 FTP 协议在互联网上提供文件存储和访问服务的主机，FTP 客户端则是向服务器发送连接请求，以建立数据传输链路的主机。FTP 协议有下面两种工作模式。

主动模式：FTP 服务器主动向客户端发起连接请求。FTP 客户端并不会创建实际的数据连接，而是告知服务端应该去连接客户端的哪一个端口，由服务器来连接客户端的该数据端口来进行文件传输。其具体流程如下：

①FTP 客户端利用一个随机端口（通常大于 32 768）连接 FTP 服务器的命令端口（默认为 21）。

②客户端开启一个随机端口作为数据端口（大于 1 023），并告知服务端。

③服务端使用自身数据端口（默认为 20）连接客户端的数据端口，完成连接。

被动模式：FTP 服务器等待客户端发起连接请求（FTP 的默认工作模式，也是本项目讨论的工作模式）。其流程为：

①客户端使用一个随机端口（大于 1023）连接服务端的端口（默认为 21）。

②客户端使用 N + 1 端口作为数据端口连接服务端数据端口（默认为 20），完成连接。

示意图如图 15 – 1 所示。

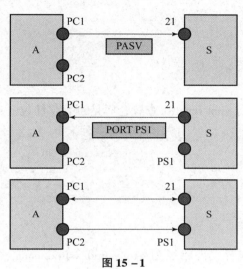

图 15 – 1

任务 15. 2   FTP 服务器安装与配置

任务描述

vsftpd（very secure ftp daemon，非常安全的 FTP 守护进程）是一款运行在 Linux 操作系统上的 FTP 服务程序，不仅完全开源，而且免费，此外，还具有很高的安全性、传输速度，以及支持虚拟用户验证等特点。要想使用 FTP 服务，首先需要掌握 FTP 服务的安装及其配置，以及服务启动过程中的故障排除，保障服务正常运行。

15. 2. 1   安装 vsftpd 服务

在正确配置了 yum 软件仓库以后，即可安装 vsftpd 服务。

```
[root@desktop ~]# yum install vsftpd
Dependencies resolved.

================================================
 Package
================================================
Installing:
vsftpd x86_64 3.0.3 -28.el8
```

```
Transaction Summary
==================================================
Total download size: 180 k
Installed size: 356 k
Is this ok [y/N]: y
Installed: vsftpd-3.0.3-28.el8.x86_64
Installing           : vsftpd-3.0.3-28.el8.x86_64
   Running scriptlet: vsftpd-3.0.3-28.el8.x86_64
Installed: vsftpd-3.0.3-28.el8.x86_64
Verifying            : vsftpd-3.0.3-28.el8.x86_64
Installed:
vsftpd-3.0.3-28.el8.x86_64
Complete!
```

若安装不成功，可执行 yum repolist 查看仓库是否有软件包（status 列数字是否为 0）。

```
[root@desktop ~]# yum repolist
repo id                              repo name                          status
rhel-8-for-x86_64-appstream-rpms Red Hat Enterprise Linux 8 for x86_64   4,594
rhel-8-for-x86_64-baseos-rpms    Red Hat Enterprise Linux 8 for x86_64   1,686
```

15.2.2 配置 FTP 服务器

vsftpd 服务程序的主配置文件路径为/etc/vsftpd/vsftpd. conf，常用的登录选项和访问控制见表 15 -1。

表 15 -1

参数	作用
anonymous_enable = [YES │ NO]	是否允许匿名用户（FTP）登录
local_enable = [YES │ NO]	是否允许本地用户登录
anon_mkdir_write_enable = [YES │ NO]	是否允许匿名用户创建目录
anon_upload_enable = [YES │ NO]	是否允许匿名用户上传文件
anon_umask = 022 = [YES │ NO]	匿名用户上传文件的 umask 值
userlist_enable = [YES │ NO]userlist_deny = [YES │NO]	设置用户列表为"允许"还是"禁止"操作 userlist_enable = NO，则 userlist_deny 项不生效
listen_port = [N]	设置 FTP 服务监听端口
local_root = /path/to/ftp_dir	设置本地用户的 FTP 根目录
chroot_local_user = [YES │ NO]	是否将用户权限禁锢在 FTP 目录
download_enable = [YES │ NO]	是否允许下载文件
no_anon_password = [YES │ NO]	匿名用户无须密码即可登录

参数	作用
write_enable = [YES │ NO]	开启写权限（当写权限开启时，还需要对应的用户在操作系统上拥有写权限才可成功执行）
allow_writeable_chroot = YES	允许禁锢在 FTP 目录下的用户有写权限

15.2.3　控制 vsftpd 服务

在生产环境中，启动服务后，一定要把配置过的服务程序加入开机启动项中，以保证服务器在重启后依然能够正常提供传输服务。

```
[root@desktop ~]# systemctl start vsftpd
[root@desktop ~]# systemctl enable vsftpd
ln - s '/usr/lib/systemd/system/vsftpd.service' '/etc/systemd/multi - user/vsftpd.service
```

启用服务之后，执行以下命令确认服务已经正常启动，确认状态为 active，则服务正常启动。

```
[root@desktop ~]# systemctl status vsftpd
● vsftpd.service - Vsftpd ftp daemon
  Loaded: loaded
  Active: active (running) since Mon
 Process: 12814 ExecStart = /usr/sbin/vsftpd
Main PID: 12815 (vsftpd)
    Tasks: 1 (limit: 26213)
```

此时用户在浏览器中访问 ftp://ftpserver 即可使用匿名开放模式访问 FTP 服务器，管理员将需要共享的文件复制到/var/ftp 文件夹里，并配置 FTP 用户拥有读权限，即可共享该文件。如图 15 -2 所示。

图 15 -2

任务 **15.3** 三种认证方式

任务描述

本任务学习如何配置 FTP 访问方式。

15.3.1 匿名开放模式

匿名开放模式是一种不安全的认证模式。在上一任务中，了解到 vsftpd 服务程序默认开启了匿名开放模式，使得管理员无须做任何配置，便可让用户无须密码验证而直接登录到 FTP 服务器。这种模式仅用来访问不重要的可公开文件，且用户的权限默认设置为只读。

15.3.2 本地用户模式

本地用户模式是通过 Linux 系统本地的账户密码信息进行认证的模式。其比匿名开放模式更安全，而且配置起来也很简单。该模式默认允许登录用户访问整个根目录。因此，往往根据需求在 /etc/vsftpd/vsftpd.conf 文件中配置以下参数。

```
[root@ desktop ~]# cat /etc/vsftpd/vsftpd.conf |grep -v ^'#'
anonymous_enable=NO          #禁止匿名用户登录
local_enable=YES             #开启本地用户登录
write_enable=YES             #开启写权限
local_umask=022              #用户上传文件的 umask 值
local_root=/tmp              #设置本地用户登录后的根目录,若未设置该项,将以本地用户的
                             #home 目录作为根目录
chroot_local_user=YES        #禁锢用户在 FTP 目录
allow_writeable_chroot=YES   #允许禁锢在 FTP 目录下的用户有写权限
```

15.3.3 虚拟用户模式

虚拟用户模式是 vsftpd 三种认证模式中最安全的一种认证模式，它需要为 FTP 服务单独建立用户数据库文件，并利用 pam_userdb 模块对虚拟出来的用户进行口令验证，而这些账户信息在 Linux 系统中实际上是不存在的，该虚拟用户仅供 FTP 服务程序进行认证使用，实际写入文件则映射为管理员配置的某一本地用户。这样，即使入侵者得到了 FTP 账户信息，也无法登录服务器，从而有效降低了破坏范围和影响。vsftpd 服务的虚拟用户认证模式可分为以下 5 步。

①创建用于进行 FTP 认证的用户数据库文件，其中，奇数行为账户名，偶数行为密码。例如，分别创建出 manager 和 develop 两个用户，密码均为 redhat，并用 db_load 命令

（若提示命令不存在，则安装 db4 – utils 包）将其转换为数据库文件，同时修改权限为仅 root 可读。

```
[root@desktop ~]# cd /etc/vsftpd/
[root@desktop vsftpd]# vi login.txt
manager
redhat
developer
redhat
[root@desktop vsftpd]# db_load -T -t hash -f logins.txt /etc/vsftpd/login.db
[root@desktop vsftpd]# chmod 600 /etc/vsftpd/login.db
[root@desktop vsftpd]#
```

②创建本地映射用户。在 Linux 系统中，每一个文件都有所有者、所属组和属性，例如，manager 用户上传文件时，需要真实存在于 Linux 操作系统的账户来创建该文件，以便标记该文件所有者等属性，为此，需要再创建一个可以映射到虚拟用户的系统本地用户。简单来说，就是让虚拟用户默认登录到与之有映射关系的这个系统本地用户的家目录中，虚拟用户创建的文件的属性也都归属于这个系统本地用户。

```
[root@desktop ~]#mkdir /home/ftp
[root@desktop ~]#mkdir -p /home/ftp/{manager,developer}
[root@desktop ~]#chown -R virtftp:virtftp /home/ftp
[root@desktop ~]#useradd -d /var/ftp -M -s /bin/nologin virtftp
```

配置 vsftpd 文件，开启虚拟用户登录功能及设置虚拟用户对应的本地用户，并使虚拟用户登录后被禁锢在自己的家目录。

```
[root@desktop ~]# vi /etc/vsftpd/vsftpd.conf
guest_enable = YES
guest_username = virtftp
user_sub_token = $USER
local_root = /home/ftp/$USER
chroot_local_user = YES
allow_writeable_chroot = YES
```

③建立用于支持虚拟用户的 PAM 文件。

PAM（可插拔认证模块）是一种认证机制，通过一些动态链接库和统一的 API 把系统提供的服务与认证方式分开，使得系统管理员可以根据需求灵活调整服务程序的不同认证方式。PAM 是一组安全机制的模块，如图 15 – 3 所示，系统管理员可以用来轻易地调整服务程序的认证方式，而不必对应用程序进行任何修改。

创建用于虚拟用户认证的 PAM 文件 vsftpd，其中 PAM 文件内的 "db = " 参数为使用 db_load 命令生成的账户密码数据库文件的路径，但需要省略数据库文件的后缀，备份/etc/pam. d/vsftpd 文件后，对文件进行修改。

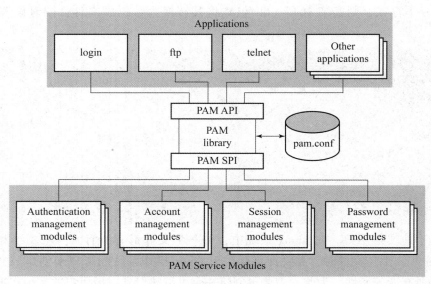

图 15 – 3

```
[root@desktop ~]# cp /etc/pam.d/vsftpd{,.bak}
[root@desktop ~]# vim /etc/pam.d/vsftpd
auth          required          pam_userdb.so db = /etc/vsftpd/login
account       required          pam_userdb.so db = /etc/vsftpd/login
```

④修改默认 PAM 文件。

在 vsftpd 服务程序的主配置文件中，通过 pam_service_name 参数将 PAM 认证文件的名称修改为 vsftpd. vu，PAM 作为应用程序层与鉴别模块层的连接纽带，可以让应用程序根据需求灵活地在自身插入所需的鉴别功能模块。当应用程序需要 PAM 认证时，则需要在应用程序中定义负责认证的 PAM 配置文件，实现所需的认证功能。

例如，在 vsftpd 服务程序的主配置文件中默认就带有参数 pam_service_name = vsftpd，表示登录 FTP 服务器时是根据/etc/pam. d/vsftpd 文件进行安全认证的。现在要做的就是把 vsftpd 主配置文件中原有的 PAM 认证文件 vsftpd 修改为新建的 vsftpd. vu 文件，并修改配置文件几项参数。

```
[root@desktop ~]# vi /etc/vsftpd/vsftpd.conf
anonymous_enable = NO          #禁止匿名开放模式
local_enable = YES             #允许本地用户模式
guest_enable = YES             #开启虚拟用户模式
guest_username = virtftp       #指定虚拟用户账户
pam_service_name = vsftpd.vu   #指定 PAM 文件
allow_writeable_chroot = YES   #允许对禁锢的 FTP 根目录执行写入操作
```

⑤为虚拟用户设置不同的权限。

编辑/etc/vsftpd. conf 文件加入以下行，并创建目录/etc/vsftpd/user _ conf，同时，为 manager 用户分配全局权限。

```
[root@desktop ~]# vi /etc/vsftpd.conf
user_config_dir = /etc/vsftpd/user_conf
[root@desktop ~]# mkdir /etc/vsftpd/user_conf
echo "anon_world_readable_only = NO" >> /etc/vsftpd/user_conf/manager
echo "write_enable = YES" >> /etc/vsftpd/user_conf/manager
echo "anon_upload_enable = YES" >> /etc/vsftpd/user_conf/manager
```

配置完成后，启动服务，并从客户端登录测试 manager 用户和 developer 用户的权限，可见 manager 拥有上传和下载的权限，developer 用户仅有读权限。

```
ftp > open 192.168.1.114
连接到 192.168.1.114。
220 (vsFTPd 3.0.3)
200 Always in UTF8 mode.
用户(192.168.1.114:(none)): manager
331 Please specify the password.
密码: ******
230 Login successful.
ftp > put d:\putty64.exe
200 PORT command successful. Consider using PASV.
150 Ok to send data.
226 Transfer complete.
ftp: 发送 854072 字节,用时 0.08 秒 10949.64 千字节/秒。
ftp > ls
200 PORT command successful. Consider using PASV.
150 Here comes the directory listing.
hosts
putty64.exe
226 Directory send OK.

ftp > open 192.168.1.114
连接到 192.168.1.114。
220 (vsFTPd 3.0.3)
200 Always in UTF8 mode.
用户(192.168.1.114:(none)): developer
331 Please specify the password.
密码: ******
230 Login successful.
ftp > ls
200 PORT command successful. Consider using PASV.
150 Here comes the directory listing.
hosts
226 Directory send OK.
ftp: 收到 10 字节,用时 0.00 秒 10000.00 千字节/秒。
ftp > get hosts
200 PORT command successful. Consider using PASV.
```

```
150 Opening BINARY mode data connection for hosts (158 bytes).
226 Transfer complete.
ftp: 收到 158 字节,用时 0.00 秒 158000.00 千字节/秒。
200 PORT command successful. Consider using PASV.
ftp > put d:\uiso97cns.exe
200 PORT command successful. Consider using PASV.
550 Permission denied.
```

任务 15.4　FTP 客户端

任务描述

　　FTP 客户端种类繁多, 主要可分为命令行 FTP 客户端和图形化客户端, 本任务将通过 ftp 命令行客户端和浏览器来演示使用方法。

15.4.1　ftp 命令行客户端

　　尽管大多数情况下可通过浏览器或其他图形化客户端访问 FTP 服务器, 但是在生产环境中往往未安装 GUI, 只能通过命令行访问 FTP 服务器, 因此需要安装 FTP 命令行客户端, 下面以访问开启匿名登录的 FTP 服务器为例。

```
[root@desktop ~]# yum install ftp -y
[root@desktop ~]#ftp
ftp > open 192.168.1.100
Connected to 192.168.10.10 (192.168.1.100).
Name (192.168.1.100:root): ftp
331 Please specify the password.
Password:
230 Login successful.
ftp >
```

　　当显示 login successful 时, 就完成了 FTP 客户端登录服务端, 可使用 ls 命令查看公开的文件, 并用 get 命令下载。下载完成后, 用 close 命令或 quit 命令退出。

```
ftp > ls
227 Entering Passive Mode.
150 Here comes the directory listing.
-rw-r--r--        1  0        158      Feb    27    02:26 hosts
drwxr-xr-x        2  0          6      Aug    12    2018 pub
ftp > get hosts
local: hosts remote: hosts
227 Entering Passive Mode (127,0,0,1,142,142).
150 Opening BINARY mode data connection for hosts (158 bytes).
226 Transfer complete.
```

```
158 bytes received in 7.9e - 05 secs (2000.00 Kbytes/sec)
ftp > close
221 Goodbye.
ftp > quit
[root@desktop ~]#
```

FTP 客户端常用命令见表 15 - 2。

表 15 - 2

命令	格式	说明
open	open ipaddress［port］	连接 FTP 服务器
ls	ls［RemoteDirectory］	显示远程目录的文件，不加参数显示当前目录内容
get	get RemoteFile［LocalFile］	下载服务器文件，RemoteFile 指定要复制的远程文件。LocalFile 重命名为本机的文件名
cd	cd Directory	更改的目录在 FTP 服务器上所处的目录
lcd	lcd Directory	更改的目录在本地所处的目录
put	put LocalFile	上传本地文件到服务器
close	close	断开当前的 FTP 链接，但不退出 FTP 客户端
quit	quit	退出 FTP 客户端，并断开 FTP 链接（若已建立）
mkdir	mkdir Directory	在服务器上创建文件夹

15. 4. 2   FTP 浏览器客户端

当直接以 ftp：//ip 地址的方式访问 FTP 服务器时，若对方开启了匿名用户登录方式，则会直接以该用户登录到共享文件夹，以 15. 3. 3 节中的 FTP 服务器为例，如图 15 - 4 所示。

当以特定用户访问时，格式为 ftp：//username@ ip，输入密码后即可访问该用户下的文件，如图 15 - 5 和图 15 - 6 所示。

图 15 - 4

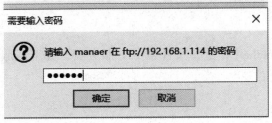

图 15 - 5

ftp://manager@192.168.1.114/ 的索引

回到上一层文件夹

名称
文件：hosts
文件：putty64.exe

图 15 - 6

常见错误及原因解析

常见错误一

本地用户无法登录，检查 /etc/vsftpd/vsftpd. conf 中是否开启了本地用户的登录权限。

```
[root@desktop ~]# cat /etc/vsftpd/vsftpd.conf
local_enable = YES                    #开启本地用户登录
```

常见错误二

本地用户无法上传或下载文件。

检查/etc/vsftpd/vsftpd. conf 中是否开启了写功能，同时，确认该用户是否对 local_root 所指定的目录有写权限。

若以 student 用户登录，该用户应对本地目录具有写权限，或该目录对所有用户拥有写权限。

```
[root@desktop ~]# cat /etc/vsftpd/vsftpd.conf
write_enable = YES                    #开启写权限
local_root = /var/ftp/pub          #设置本地用户登录后的根目录
[root@desktop ~]# getfacl /var/ftp/pub/
getfacl: Removing leading '/' from absolute path names
# file: var/ftp/pub/
# owner: root
# group: root
user::rwx
user:student:rwx
group::r-x
mask::rwx
other::r-x
```

课后习题

1. 配置 FTP 服务器实现以下功能：
- 禁止匿名用户登录。
- 允许本地用户登录。
- 允许本地用户 student 上传和下载文件到服务器上的/var/ftp/pub 目录。

2. 通过 FTP2 用户登录服务器（密码 redhat），上传文件至 FTP 服务器，并下载服务器上的 hosts 文件。

工作项目 16

Shell编程

学习知识技能点

1. 了解 bash 脚本编写的基本知识
2. Shell 条件语句与控制结构
3. 结合系统命令编写应用脚本
4. 配置环境变量

任务 16.1 Shell 基础

任务描述

尽管 Linux 管理员可以利用系统提供的命令完成很多简单的日常管理任务，但是很多复杂的任务通常需要将多个命令连接到一起，在这种情况下，Linux 命令行工具可以与 Shell 的功能组合使用，以创建强大的 shell 脚本来解决实际问题。Shell 语言属于脚本语言，需要解释器执行，bash 既是用于与操作系统交互的工具，也是最常用的 shell 脚本解释器。

Shell 结构：

①#!指定执行脚本的 shell（常用#!/ bin/ bash）。

②#注释行。

③命令和控制结构。

创建 Shell 程序的步骤：

第一步：创建一个包含命令和控制结构的文件。

第二步：修改这个文件的权限，使它可以执行。

使用 chmod u + x。

第三步：执行./ example，也可以使用 "sh example" 执行。

Shell 程序示例如下：

```
[root@desktop ~]#cat example.sh
#!/bin/bash
#This is to show what a example looks like.
```

```
echo "Our first example"
echo # This inserts an empty line in output.
echo "We are currently in the following directory."
/bin/pwd
echo
echo "This directory contains the following files"
/bin/ls
```

为该脚本添加可执行权限后，执行结果如下：

```
[root@desktop ~]#chmod 755 example.sh
[root@desktop ~]#./example.sh
Our first example

We are currently in the following directory.
/usr/local/src

This directory contains the following files
example.sh hadoop jdk
```

任务 16.2 Shell 变量

任务描述

Shell 终端和脚本使用变量存储数据，变量也是 Shell 传递数据的一种方法。应用程序和会话使用这些变量来确定其行为。

Shell 有两类变量：临时变量和环境变量。临时变量是 Shell 程序内部定义的，其使用范围仅限于定义它的程序，对其他程序不可见。其包括用户自定义变量和位置变量。环境变量的值不随 shell 脚本的执行结束而消失，并且定义的环境变量值会传递到该 shell 的子进程中。常用的环境变量有 PATH、USER、HOSTNAME 等。用户可以使用 env 命令查询其在 Shell 中定义的所有环境变量。

```
[root@desktop src]# env
HOSTNAME = desktop
OLDPWD = /root
XDG_SESSION_ID = 6
USER = root
PWD = /usr/local/src
HOME = /root
MAIL = /var/spool/mail/root
SHELL = /bin/bash
TERM = xterm
SHLVL = 2
LOGNAME = root
```

```
DBUS_SESSION_BUS_ADDRESS = unix:path = /run/user/0/bus
XDG_RUNTIME_DIR = /run/user/0
PATH = /usr/local/sbin:/usr/local/bin:/usr/sbin:/usr/bin:/root/bin
[root@desktop src]#
[root@desktop src]#echo $PATH
/usr/local/sbin:/usr/local/bin:/usr/sbin:/usr/bin:/root/bin
```

16.2.1　用户自定义变量

用户定义的变量由字母或下划线开头，由字母、数字或下划线序列组成，并且大小写字母意义不同。变量名长度没有限制。在使用变量值时，要在变量名前加上前缀"$"。

1. 设置临时变量

习惯上用大写字母来命名变量。变量名只能以字母表中的字符开头，不能用数字。

变量赋值：赋值号"="两边应没有空格。

定义时赋值，如 NUM = 1 将一个命令的执行结果赋给变量，如 TIME = $(date)，表示将 date 命令的输出作为参数赋给 TIME 变量。

```
[root@desktop src]# TIME = $(date)
[root@desktop src]# echo $TIME
Thu Feb 28 15:46:37 CST 2019
```

将一个变量赋给另一个变量，如 A = $TIME，使用 echo 命令查看变量值。

```
[root@desktop src]# A = $TIME
[root@desktop src]# echo $A
Thu Feb 28 15:46:37 CST 2019
```

2. 设置环境变量

当利用 export 导出临时变量为环境后，该 shell 的子进程将继承环境变量，在 bash 中创建子进程 sh，可看到 sh 进程继承了 bash 的环境变量 JAVA_HOME。

```
[root@desktop src]# JAVA_HOME = /usr/local/src/jdk-1.8
[root@desktop src]# echo $JAVA_HOME
/usr/local/src/jdk-1.8
[root@desktop src]# export JAVA_HOME
[root@desktop src]# sh
sh-4.4# echo $JAVA_HOME
/usr/local/src/jdk-1.8
sh-4.4#exit
[root@desktop src]#
```

3. 位置变量和特殊变量

Shell 解释器执行用户命令时，将命令行的第一个部分作为命令名，其他部分作为参数。由出现在命令行上的位置确定的参数称为位置参数。含义见表 16-1。

表 16 – 1

变量	含义
$0	这个程序的文件名
$n	这个程序的第 n 个参数值，n 取值为 1~9
$*	这个程序的所有参数
$#	这个程序的参数个数
$$	这个程序的 PID
$!	执行上一个后台命令的 PID
$?	执行上一个命令的返回值，0 表示正常执行，其他值表示执行异常

执行如下脚本：

```
[root@desktop ~]# cat display.sh
#!/bin/bash
echo 'First parameter is' : $1
echo 'Second parameter is' : $2
echo 'The number of parameters is :' $#
echo 'The pid of the script is:' $$
[root@desktop ~]#chmod 755 display.sh
[root@desktop ~]# ./display.sh anaconda - ks.cfg hosts Videos/
First parameter is :anaconda - ks.cfg
Second parameter is:hosts
The number of parameters is : 3
The pid of the script is: 32350
[root@desktop ~]#
```

16.2.2　配置 bash 的启动脚本

使用环境变量的一个场合是用户登录后初始化环境，当用户登录时，将执行 shell 脚本以初始化其环境。脚本执行顺序为/etc/profile（对所有用户生效），然后是 ~/. bash_profile（对个人用户生效）。如在初始化 bash 时需要配置 Java 环境变量，可在 ~/. bash_profile 中添加以下内容：

```
[root@desktop src]#vi ~/.bash_profile
export JAVA_HOME = /usr/local/src/jdk - 1.8  /* Java 的路径,该文件夹中应包含 jre bin
lib 等目录 */
export PATH = JAVA_HOME/bin/: $PATH
export JRE_HOME = $JAVA_HOME/jre
export CLASSPATH = $JAVA_HOME/lib: $JRE_HOME/lib
[root@desktop src]#
```

任务 16.3　Shell 语法

任务描述

　　Shell 语言和其他高级语言一样拥有交互执行、循环执行、条件判断和函数定义等语句，本任务将着重介绍 for 循环和 if 语句在生产环境中的应用。

16.3.1　迭代 for 循环

　　系统管理员在日常活动中经常会遇到重复任务，重复任务往往表现为对多个目标执行某一操作，例如对系统上每个数据库进行备份。for 循环是 bash 提供的多个 Shell 循环结构之一，并且可用于任务迭代。bash 的 for 循环结构使用以下语法：

```
for <VARIABLE> in <LIST>;do
        <COMMAND>
        ……
        <COMMAND> referencing <VARIABLE>
done
```

　　循环按顺序逐一处理 <LIST> 中提供的项目，并在处理完表中的最后一个项目后退出。列表中的每个项目临时存储为 <VARIABLE> 中提供的值，而 for 循环执行包含在其结构中的命令块。变量的命名是任意的，通常变量值由命令块中的命令进行引用。

　　示例 1：利用 for 循环打印多个 host 字符。

```
[root@desktop ~]# vim host.sh
#!/bin/bash
for HOST in host1 host2 host3;do
        echo $HOST
done
[root@desktop ~]# chmod 755 host.sh
[root@desktop ~]# ./host.sh
host1
host2
host3
```

　　对于简单的 for 循环，也可以直接在 bash 终端执行。

```
[root@desktop ~]# for <VARIABLE> in <LIST> ; do <COMMAND> ; done
[root@desktop ~]# for HOST in |1..3|;do echo host $HOST ; done
host1
host2
host3
```

　　示例 2：利用 for 循环打印数字。

```
[root@desktop ~]# vi ./number.sh
```

```
#!/bin/bash
    for i in {1..3};do
        echo $i
    done
[root@desktop ~]# chmod 755 ./number.sh
[root@desktop ~]# ./number.sh
1
2
3
```

16.3.2 检测脚本输入

为确保脚本不会由于意外情况而偏离轨道，对于脚本作者而言，需要对变量进行比较，在列表 bash 中用于比较整数的二进制运算符见表 16－2。

表 16－2

运算符	含义	示例
－ eq	等于	[$a － eq $b]
－ ne	不等于	[$a － ne $b]
－ gt	大于	[$a － gt $b]
－ ge	大于等于	[$a － ge $b]
－ lt	小于	[$a － lt $b]
－ le	小于等于	[$a － le $b]

注：格式为[＜space＞ ＜ITEM1＞ ＜BINARY COMPARISION OPERATOR＞ ＜ITEM2＞ ＜space＞]

以下代码演示了 bash 的数字比较运算符的使用，$? 的值为 0，表示值为真。

```
[root@desktop ~]# a =100
[root@desktop ~]# b =100
[root@desktop ~]# [ $a － eq $b ];echo $?
0
```

bash 的字符串比较运算使用表 16－3 所列的二进制运算符。

表 16－3　二进制运算符

运算符	含义	示例
=	等于	[$a = $b]
==	等于	[$a == $b]
!=	不等于	[$a! = $b]
－ z	字符串为空	[－ z $a]

bash 字符串比较运算符的使用如下：

```
[root@desktop ~]# a = passwd
[root@desktop ~]# b = passwd2
[root@desktop ~]# [ $a == $b ];echo $?
1
[root@desktop ~]# a = passwd
[root@desktop ~]# b = passwd
[root@desktop ~]# [ $a == $b ];echo $?
0
```

测试文件和目录的运算符见表 16 – 4。

表 16 – 4

运算符	含义	示例
– b	文件存在，并且为块设备	[– b <file>]
– c	文件存在，并且是字符设备	[– c <file>]
– d	文件存在，并且是目录	[– d <directory>]
– e	文件存在	[– e <file>]
– f	文件是常规文件	[– f <file>]
– L	文件存在，并且是符号链接	[– L <file>]
– r	文件存在，并且授予了读权限	[– r <file>]
– s	文件存在，并且大小大于 0	[– s <file>]
– w	文件存在，并且授予了写权限	[– w <file>]
– x	文件存在，并且授予了执行权限	[– x <file>]

示例如下：

```
[root@desktop ~]# [ – e /etc/passwd ];echo $?
0
[root@desktop ~]# [ – b /dev/sda ];echo $?
0
[root@desktop ~]# [ – b /dev/sdb ];echo $?
1
[root@desktop ~]# [ – x /bin/ls ];echo $?
0
```

16.3.3　使用条件结构

简单的 shell 脚本表示从头到尾的执行命令的集合。条件结构允许用户在 shell 脚本中包含决策，以便仅当满足特定条件时才执行脚本的特定部分。

1. if/then 语句

if/then 语句是 bash 中最简单，也最常用的条件结构，其表达式如下：

```
if <CONDITION>;then
        <STATEMENT>
        …
        <STATEMENT>
fi
```

通过此结构，如果满足给定条件，将采取一个或者多个操作；如果不满足，则不采取任何操作。

示例：使用 if/then 语句来启动处于未启动状态的 httpd 服务。

```
#/bin/bash
systemctl is-active httpd
if [ $? -ne 0 ];then
    systemctl start httpd
fi
```

2. if/then/else 语句

if/then 语句结构可以进一步扩展，以便能够根据是否满足条件来采取不同的操作集合。使用 if/then/else 条件结构可以实现此目标。表达式如下：

```
if <CONDITION>;then
        <STATEMENT>
  else
        <STATEMENT>
fi
```

示例：使用 if/then/else 语句控制 httpd 服务，如果处于未启动活动状态，则启动该服务（启动过程中将自动载入配置文件）；如果该服务处于启动状态，则仅需要重新载入配置文件。

```
#/bin/bash
systemctl is-active httpd
if [ $? -ne 0 ];then
    systemctl restart httpd
else
systemctl reload httpd
fi
```

3. if/then/elif/then/else 语句

if 条件语句可扩展，以测试多个条件，在满足某个条件时，执行不同集合，以下示例显示了其结构。

```
if <CONDITION>;then
        <STATEMENT>
    elif <STATEMENT>;then
```

```
          < STATEMENT >
      else
      < STATEMENT >
fi
```

在此条件结构中，bash 将按照显示顺序测试条件。在发现某个条件成立后，bash 将执行与该条件相关联的操作，然后跳过条件结构的其余部分。如果所有条件都不成立，bash 将执行 else 子句中枚举的操作。

示例：使用 if/then/elif/then/else 语句判断本机是否安装数据库，以此来确定应该启动本机的哪一个数据库客户端。

```
#!/bin/bash
systemctl is-active mariadb >> /dev/null 2>&1
MARIADB_ACTIVE=$?               //保存 MARIADB 状态的返回值
systemctl is-active postgresql >> /dev/null 2>&1
POSTGRE_ACTIVE=$?               //保存 POSTGRE 状态的返回值
if [ $MARIADB_ACTIVE -eq 0 ];then
    mysql
elif [ $POSTGRE_ACTIVE -eq 0 ];then
    psql
else
    echo 'There is no any supported database to use!'
fi
```

4. while 循环语句

与 for 循环一样，while 循环是 bash 的一种基本循环模式。当满足条件时，进入循环；进入循环后，当条件不满足时，跳出循环。while 语句的表达式如下：

```
while <CONDITION>;do
      <COMMAND>
      ……
      <COMMAND> referencing <VARIABLE>
done
```

示例：使用 while 循环计算出 1~9 的平方。

```
#!/bin/sh
num=1
while [ $num -le 9 ]
do
SUM='expr $num \* $num'
echo $SUM
num='expr $num + 1'
done
```

16.3.4 alias 为命令创建别名

通过 alias，管理员或用户可向系统定义自己的命令或者覆盖现有系统命令的使用。alias 还可以用于显示 shell 中定义的所有现有别名。

```
[root@desktop ~]# alias
alias cp='cp -i'
alias egrep='egrep --color=auto'
alias fgrep='fgrep --color=auto'
alias grep='grep --color=auto'
alias l.='ls -d .* --color=auto'
alias ll='ls -l --color=auto'
alias ls='ls --color=auto'
alias mv='mv -i'
alias rm='rm -i'
```

用户环境中定义的所有默认别名将优先执行。上述代码中，ll 别名的定义表示，当用户输入 ll 作为命令时，bash 将扩展别名为 ls -l --color=auto。这样，新命令 ll 便添加到了 shell。在另一个示例中的是 grep 的别名，该别名覆盖了系统默认的 grep 命令调用，当用户输入 grep 命令时，shell 将展开别名并替换为 grep --color=auto 命令。由于别名，grep 的调用将被覆盖，成为对自动传递 --color 选项的 grep 调用。但是使用 alias 命令来设置别名，定义的别名仅在当前 shell 存在，为了让其永久生效，可将 alias 命令写入 ~/.bashrc 文件，使用 alias 自定义一个名为 version 的别名。

```
[root@desktop ~]# cat ~/.bashrc
# .bashrc
# User specific aliases and functions
alias rm='rm -i'
alias cp='cp -i'
alias mv='mv -i'
# Source global definitions
if [ -f /etc/bashrc ]; then
        . /etc/bashrc
fi
alias version='cat /etc/redhat-release'
[root@desktop ~]# source ~/.bashrc
[root@desktop ~]# version
Red Hat Enterprise Linux release 8.0 (Ootpa)
```

要从环境中删除某个别名，可使用 unalias 命令。

```
[root@desktop ~]# version
Red Hat Enterprise Linux release 8.0 (Ootpa)
[root@desktop ~]# unalias version
```

```
[root@desktop ~]# version
-bash: version: command not found
```

常见错误及原因解析

编辑好脚本后无法执行脚本。

```
[root@desktop ~]# ./test1.sh
-bash: ./test1.sh: Permission denied
[root@desktop ~]#
```

原因分析：未对该脚本授予执行权限，脚本无法被执行。

解决方法：添加执行权限后再执行。

```
[root@desktop ~]# chmod a+x test1.sh
[root@desktop ~]# ./test1.sh
hello world
[root@desktop ~]#
```

课后习题

1. 创建定义命令 susdt，内容为 su – student，要求重启系统后该命令依然生效。

2. 创建 shell 脚本，判断/tmp/socket 文件是否存在，是则打印 file /tmp/socket exist，否则打印 file /tmp/socket do not exist。

3. 在 Oracle 官网下载最新版本的 jdk，并为其配置环境变量，保证该 jdk 能优于其他版本的 jdk 被执行，并且重启后依然生效。

工作项目 17

系统故障排除

学习知识技能点

1. Linux 引导流程
2. Systemd target
3. GRUB 配置与应用
4. 启动故障分析与解决

任务 17.1　RHEL 8 引导流程简介

任务描述

现代计算器系统硬件是硬件与软件的复杂组合，要完成 POST 加电自检（Power On Self Test）到操作系统初始化，需要大量的硬件和软件配合。图 17 – 1 从较高层面描述了 RHEL 8 操作系统在 BIOS 主板下的启动流程。

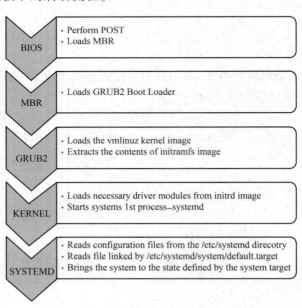

图 17 – 1

17. 1. 1　POST

当计算机加电后，一般不直接执行操作系统，而是执行系统初始化软件完成基本 I/O 初始化和引导加载功能。简单地说，系统初始化软件就是在操作系统内核运行之前运行的一个小软件。通过这个小软件，可以初始化硬件设备、建立系统的内存空间映射图，从而将系统的软硬件环境带到一个合适的状态，以便为最终调用操作系统内核准备好正确的环境，最终引导加载程序把操作系统内核映像加载到 RAM 中，并将系统控制权传递给它。

对于绝大多数计算机系统而言，操作系统和应用软件是存放在磁盘（硬盘/软盘）、光盘、EPROM、ROM、Flash 等可在掉电后继续保存数据的存储介质上。计算机启动后，CPU 一开始会到一个特定的地址开始执行指令，这个特定的地址存放了系统初始化软件，负责完成计算机基本的 I/O 初始化，这是系统加电后运行的第一段软件代码。对于 Intel 80386 的体系结构而言，PC 机中的系统初始化软件由 BIOS（Basic Input Output System，基本输入/输出系统，其本质是一个固化在主板 Flash/CMOS 上的软件）和位于软盘/硬盘引导扇区中的 OS Boot Loader 一起组成。BIOS 实际上是被固化在计算机 ROM（只读存储器）芯片上的一个特殊的软件，为上层软件提供最底层的、最直接的硬件控制与支持。更形象地说，BIOS 就是 PC 计算机硬件与上层软件程序之间的一个"桥梁"，负责访问和控制硬件。

以 Intel 80386 为例，计算机加电后，CPU 从物理地址 0xFFFFFFF0（由初始化的 CS：EIP 确定，此时 CS 和 IP 的值分别是 0xF000 和 0xFFF0）开始执行。在 0xFFFFFFF0 里只是存放了一条跳转指令，通过跳转指令跳到 BIOS 例行程序起始点。BIOS 做完计算机硬件自检和初始化后，会选择一个启动设备（例如软盘、硬盘、光盘等），并且读取该设备的第一扇区（即 Master Boot Record，简称 MBR）到内存一个特定的地址 0x7c00 处，然后 CPU 控制权会转移到那个地址继续执行。至此，BIOS 的初始化工作做完了，进一步的工作交给了 Linux 的 bootloader。MBR 的构成如图 17 - 2 所示。

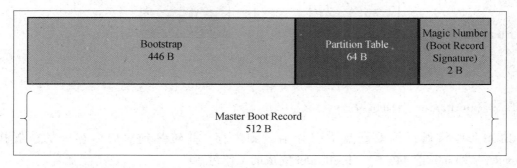

图 17 - 2

注：目前以 UEFI2. 0 + gpt 磁盘启动的操作系统在加电自检完成后，会直接加载启动设备的 EFI 分区中存放的操作系统引导程序，无须经过 stage1 以及 stage1. 5 部分，如图 17 - 3 所示。

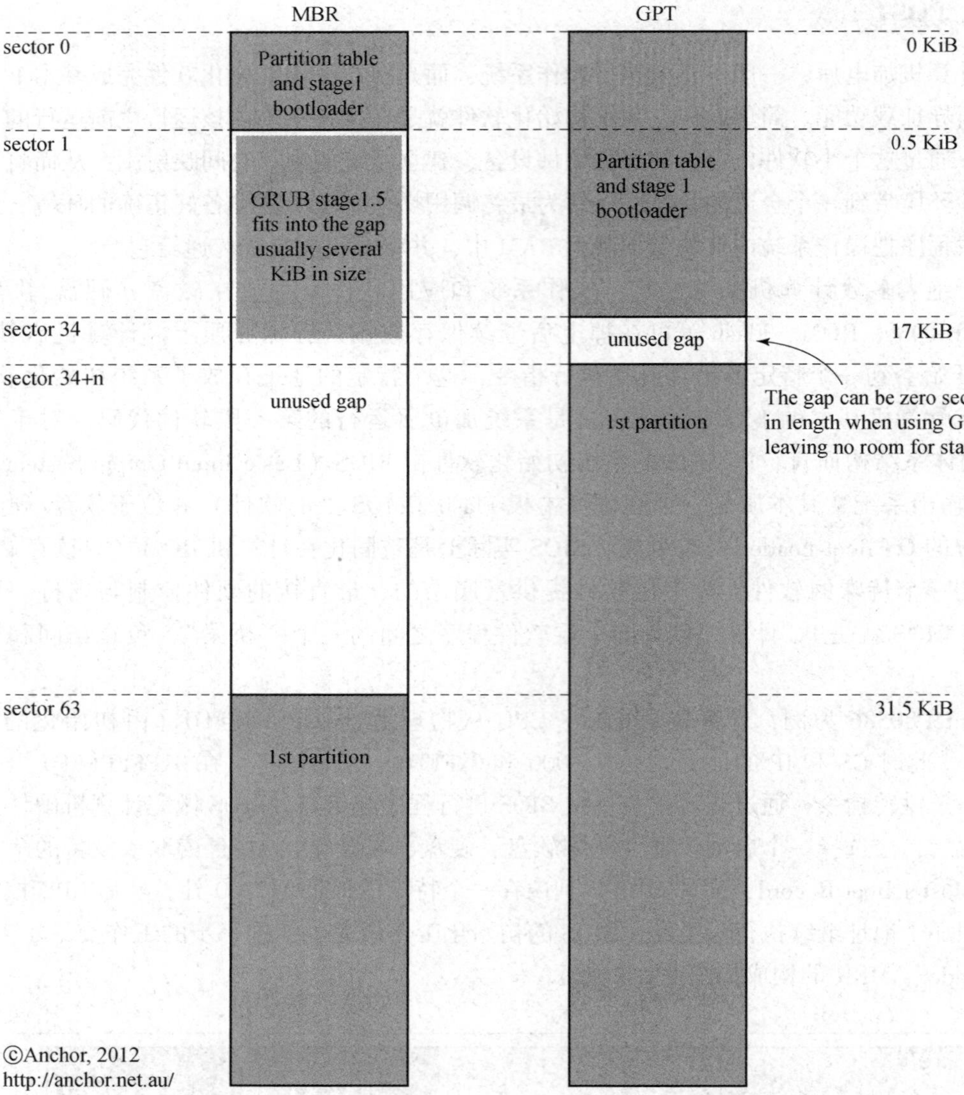

图 17 –3

17.1.2　bootloader 启动过程

　　BIOS 程序将通过读取硬盘主引导扇区到内存，并转跳到对应内存中的位置执行 bootloader（即 mbr 前 446 B）。bootloader 完成的工作包括：

　　①stage1：将位于磁盘 512 B 至 1 MB 之间 stage1.5 的程序载入内存，并移交控制权给 stage1.5 的程序。

　　②stage1.5：加载 /boot/grub2/ 目录中的模块和配置文件，完成 grub 程序的初始化，如图 17 –4 所示。

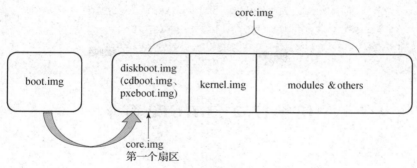

图 17 – 4

③stage2：GRUB2 选择需要引导的操作系统（可引导 Windows、BSD、Linux 等操作系统），如图 17 – 5 所示。

图 17 – 5

17. 1. 3　RHEL 8 系统的初始化

在 GRUB2 载入/boot 分区的内核镜像（vmlinuz）和 initramfs 镜像（initrd –（＄kernel – vers）. img）到内存后，在内核初始化完成后，会以只读模式挂载根目录，并启动用户空间的第一个进程 systemd。

systemd 作为引导管理程序，使用"target"来处理引导和服务管理。不同的"target"文件用于分组不同的引导单元以及启动同步进程。systemd 在/usr/lib/systemd/system 中定义了 6 种常用的 target，见表 17 – 1。

表 17 –1

systemd 目标名称	作用
poweroff. target	关机
resuce. target	单用户模式
multi – user. target	多用户的文本界面
graphical. target	多用户的图形界面
reboot. target	重启
emergency. target	紧急 shell

生产环境中往往将系统默认的运行目标修改为"多用户，无图形"模式，可直接用 systemctl 命令把多用户模式目标文件软链接到/etc/systemd/system/ 目录。

```
[root@desktop ~]# systemctl set - default multi - user
Removed symlink /etc/systemd/system/default.target.
Createdsymlink from /etc/systemd/system/default.target
to /usr/lib/systemd/system/multi - user.target.
```

任务 17. 2 GRUB2 简介

任务描述

　　GRUB2 是一个能引导多种操作系统的启动管理程序，它的第一个稳定版于 2012 年 6 月发布，GRUB2 将 GRUB Legacy 的代码完全重写，并随着 RHEL 7 进入企业市场。目前在多种 Linux 发行版中，在解决多系统引导时，存在 GRUB 覆盖问题等。RHEL 8 中 GRUB2 加强了对 UEFI 主机的支持，新增了对引导加载程序规范的支持（Boot Loader Specification，BLS），将操作系统的配置文件存放于 Boot Loader Specification Entries （默认为/boot/loader/entries/），统一并简化了操作系统引导文件的配置，因此，在安装多个操作系统时，新安装的操作系统会根据 BLS 规范修改 BLS 入口添加配置文件，并设置默认操作系统来添加新的引导，而无须覆盖之前的 GRUB。在采用 BLS 的多操作系统环境下，UEFI 中会看到只有一个引导项，使得当多个操作系统存在于硬盘上时，不依赖 UEFI，选择默认操作系统。

　　（详见 https://systemd.io/BOOT_LOADER_SPECIFICATION，https://fedoraproject.org/wiki/Changes/BootLoaderSpecByDefault）

　　GRUB2 的配置文件和二进制文件保存在以下三个目录下：

- /boot/grub2/或/boot/efi/EFI/ （在启用 UEFI 的计算机上）
- /etc/default/
- /etc/grub.d/

　　以传统 BIOS 方式启动的计算机为例，查看其所包含的文件：

```
[root@desktop ~]# ls /boot/grub2/
device.map fonts grub.cfg grubenv i386 - pc
```

　　其中，配置 grub.cfg 是 GRUB2 的主配置文件，查看该文件，可看到 grub.cfg 中如下段落：

```
# This section was generated by a script. Do not modify the generated file - all changes
# will be lost the next time file is regenerated. Instead edit the BootLoaderSpec files.
#
# The blscfg command parses the BootLoaderSpec files stored in /boot/loader/entries and
# populates the boot menu. Please refer to the Boot Loader Specification documentation
# for the files format: https://www.freedesktop.org/wiki/Specifications/BootLoaderSpec/.
insmod blscfg
blscfg
```

```
if [ -s $prefix/grubenv ]; then
    load_env
fi
```

grub. cfg 文件属于脚本程序，不容易理解，若想要修改该文件，不应该直接编辑该文件，而是在修改其他 GRUB 配置文件后，再利用 grubby 和 grub2 - mkconfig 等命令根据当前 GRUB2 的配置文件的信息重新创建 grub. cfg 文件。

/etc/default/grub 文件一般对 GRUB 的界面做定制化，比如修改字体风格、大小，替换背景，自动选择默认系统的时间。其在 RHEL 7 或者关闭 BLS 的 RHEL 8 中还可以用于传递内核参数。

```
[root@desktop ~]# cat /etc/default/grub
GRUB_TIMEOUT = 15
GRUB_DISTRIBUTOR = "$(sed 's,release .* $,,g' /etc/system - release)"
GRUB_DEFAULT = saved
GRUB_CMDLINE_LINUX = ""
GRUB_DISABLE_SUBMENU = true
GRUB_TERMINAL_OUTPUT = "console"
GRUB_DISABLE_RECOVERY = "true"
GRUB_ENABLE_BLSCFG = true                    #开启 BLS
```

各个变量含义见表 17 - 2。

表 17 - 2

变量名称	作用
GRUB_TIMEOUT = num	进入默认菜单的时间，单位为秒
GRUB_DISTRIBUTOR = string	定义引导项上显示的名称
GRUB_DEFAULT = num │ saved	设置为 0，启动第一个引导项；设置为 saved，启动最频繁的操作系统
GRUB_CMDLINE_LINUX = string	传递内核参数
GRUB_DISABLE_SUBMENU = true │ false	是否创建子菜单
GRUB_TERMINAL_OUTPUT = string	在重建引导时要执行的自定义脚本，常用于添加自定义项目
GRUB_DISABLE_RECOVERY = true │ false	在重建/boot/grub2/dgrub. cfg 时，设置为 false，会保留原来的菜单项；为 true，则不保留
GRUB_ENABLE_BLSCFG = enable │ disabled	是否开启 BLS，当开启时，GRUB_CMDLINE_LINUX 项失效

位于/etc/grub. d/目录下的文件是脚本程序，文件开头的数字确定了脚本的执行顺序，

10_linux 将先于 30_os - prober 执行。

```
[root@physerver grub.d]# ls /etc/grub.d/
00_header    01_menu_auto_hide       10_linux        20_ppc_terminfo
30_uefi-firmware 41_custom 00_tuned       01_users
20_linux_xen    30_os-prober   40_custom       README
```

表 17 - 3 显示了以上各个文件作用。

表 17 - 3

文件名称	作用
00_header	设置 GRUB 交互界面
10_linux	查找先前安装的 Linux 系统
20_linux_xen	查找 zen 内核的操作系统
20_ppc_terminfo	在 PowerPC 架构的主机上核对终端信息
30_os - prober	查找非 Linux 系列的操作系统，如 Windows
40_custom	在重建引导时要执行的自定义脚本，常用于添加自定义项目
41_custom	检索/boot/grub2/custom.cfg，读取该文件的内容

任务 17.3　修复常见启动问题

任务描述

要了解如何修复常见操作系统启动问题，应该对以下所概括的 RHEL 8 操作系统启动流程有充分理解：

①打开电源后，固件（UEFI/BIOS）进行加电自检（Poewer - On_Self_Test），初始化部分硬件。

②计算机根据 BootSequence 中记录的信息选择从哪一个存储介质中以何种形式载入启动加载器（UEFI 中通过载入 ESP 分区的 .efi 程序，BIOS 通过加载 MBR）。

③系统固件载入启动加载器后，将控制权移交启动加载器（通常为 GRUB2）。

④启动加载器从磁盘加载其配置文件，UEFI 系统中位于/boot/efi/EFI/redhat/，BIOS 中位于/boot/grub2/。在启动 BLS 的 GRUB2 中，启动项存放于/boot/loader/entries/。

⑤启动器加载内核镜像（vmlinuz）和 initramfs 镜像，并将控制权移交给内核，从而传递启动加载器的内核命令行中指定的任何选项每一级 initranfs 在内存中的位置。

⑥内核可以在 initramfs 中找到各种硬件的驱动，并初始化这些硬件，然后执行 initramfs 中的程序/sbin/init（实际指向 systemd 所在的位置 /lib/systemd/systemd）。

⑦systemd 执行 initrd.target 目标的所有单元，部分单元存在于/sysroot 上实际挂载的根

文件系统中（需要挂载的分区在/etc/fstab 定义）。

⑧内核把根文件系统由 initramfs root 切换为之前挂载在/sysroot 上的根文件系统。随后 systemd 会使用系统中安装的 systemd 副本来自行重新执行。

⑨systemd 会通过查找内核命令行和系统中配置的默认目标，然后启动（或停止）单元。根据以上引导流程，即可进行一些常见的启动故障排查。

17.3.1　重置 root 密码

每个系统管理员都应该掌握的一项技能就是重置丢失的 root 密码，如果管理员处于登录状态，可用管理员执行 passwd 直接修改，然而若管理员未登录，则需要在操作系统启动的过程中打断其正常引导，从而获得系统管理员控制权，再重置密码。

①重启系统。

②按任意键中断启动加载器，如图 17 - 6 所示。

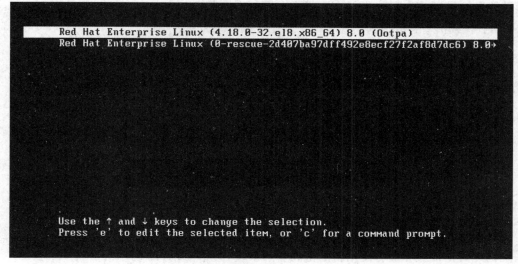

图 17 - 6

③将光标移动到要启动的条目，按 e 键编辑选定的条目，如图 17 - 7 所示。

```
load_video
set gfx_payload=keep
insmod gzio
linux ($root)/vmlinuz-4.18.0-32.el8.x86_64 root=/dev/mapper/rhel-root ro crash\
kernel=auto resume=/dev/mapper/rhel-swap rd.lvm.lv=rhel/root rd.lvm.lv=rhel/sw\
ap rhgb quiet rd.break_
initrd  ($root)/initramfs-4.18.0-32.el8.x86_64.img
```

图 17 - 7

④将光标移动到 Linux 开头的行，附加 rd.break，使得 initramfs 在向实际的系统移交控制权以前停止引导，同时得到 initramfs 的管理员权限。

⑤按住 Ctrl + x 组合键，使系统按照修改的参数启动，如图 17 - 8 所示。

```
Entering emergency mode. Exit the shell to continue.
Type "journalctl" to view system logs.
You might want to save "/run/initramfs/rdsosreport.txt" to a USB stick or /boot
after mounting them and attach it to a bug report.

switch_root:/# _
```

图 17 - 8

⑥启动到这一步，已经获得了 initramfs 的控制权，此时实际系统的根目录会在/sysroot 中以只读方式挂载，如图 17 - 9 所示。

```
switch_root:/# mount |grep sysroot
/dev/mapper/rhel-root on /sysroot type xfs (ro,relatime,attr2,inode64,noquota)
switch_root:/#
```

图 17 - 9

⑦输入如图 17 - 10 所示命令，以读写形式重新挂载/sysroot，再次输入 mount | grep sysroot 命令可看到挂载状态由 ro 改为了 rw，即状态 read only 改为 read write。

```
switch_root:/# mount -o remount,rw /sysroot
switch_root:/# mount |grep sysroot
/dev/mapper/rhel-root on /sysroot type xfs (rw,relatime,attr2,inode64,noquota)
switch_root:/#
```

图 17 - 10

⑧通过 chroot 命令将根目录切换为/sysroot，如图 17 - 11 所示。

```
switch_root:/# chroot /sysroot
sh-4.4#
```

图 17 - 11

⑨输入 passwd 即可设置新的 root 密码，密码重置完成后，再执行两次 exit 命令即会重启系统，此时正常引导即可使用新的密码登录系统，如图 17 - 12 所示。

```
sh-4.4# passwd
Changing password for user root.
New password:
BAD PASSWORD: The password is shorter than 8 characters
Retype new password:
passwd: all authentication tokens updated successfully.
sh-4.4# exit
exit
switch_root:/# exit_
```

图 17 - 12

⑩如果开启了 selinux（本课程中默认已经关闭 selinux），则还需要在系统根目录下创建名为 . autorelabel 的文件，使得所有文件重新获得标记，如图 17 - 13 所示。

```
sh-4.4# touch /.autorelabel
sh-4.4# _
```

图 17 - 13

17.3.2　诊断和修复 systemd 启动问题

如果在 systemd 启动服务过程中出现问题，则可进入救援模式或紧急模式，使系统管理员进行调试和故障排除。通过从加载器将 systemd. unit = rescue. target 或者 systemd. unit = emegency. target 附加到内核命令行，系统将生成特殊的救援或紧急 shell，而不是正常启动，如图 17－14 所示。

```
load_video
set gfx_payload=keep
insmod gzio
linux ($root)/vmlinuz-4.18.0-32.el8.x86_64 root=/dev/mapper/rhel-root ro crash\
kernel=auto resume=/dev/mapper/rhel-swap rd.lvm.lv=rhel/root rd.lvm.lv=rhel/sw\
ap rhgb systemd.unit=emergency.target_
initrd ($root)/initramfs-4.18.0-32.el8.x86_64.img
```

图 17－14

这两个 shell 都需要提供 root 密码才能进入。rescue. target 会等待系统引导至 sysinit. target，使得系统拥有如日志记录、挂载 fstab 中的文件系统等功能（可通过执行命令 systemctl list － dependencies sysinit. target －－ before 查看详情）。emergency. target 将文件系统以只读方式挂载，并且仅启动最基础的服务。常见导致系统无法启动的情况为 /etc/fstab 错误和文件系统因突然掉电出现损坏。大多数情况下，systemd 会在挂载操作超时以后放弃挂载，继续启动或者降至需要提供 root 密码的紧急 shell。如图 17－15 所示。

```
You are in emergency mode. After logging in, type "journalctl -xb" to view
system logs, "systemctl reboot" to reboot, "systemctl default" or "exit"
to boot into default mode.
Give root password for maintenance
(or press Control-D to continue):
```

图 17－15

表 17－4 列出一些常见错误及其结果。

表 17－4

问题	结果
文件系统损坏	systemd 尝试 fsck，若无法修复，则提示用户进入 emergency shell 紧急救援模式，手动运行 fsck
/etc/fstab 中的设备分区或者需要挂载的磁盘 UUID 不存在	systemd 等待一定时间，看设备是否会变得可用，若仍不可，则会进入紧急 shell
/etc/fstab 的挂载点不存在	systemd 会尝试创建挂载点，否则进入紧急 shell
/etc/fstab 的挂载点书写错误	进入紧急 shell

在以上所有情况下，管理员均可使用 emergency.target 来诊断和修复问题，因为该 target 下不会挂载任何文件系统。

模拟/etc/fstab 错误导致启动问题：

①在/etc/fstab 中添加一行，让系统挂载一个不存在的设备，如图 17 – 16 所示。

```
/dev/mapper/rhel-root       /                     xfs    defaults      0 0
UUID=98410084-6350-4fd7-8d15-78245cd56cd7 /boot                xfs     defaults      0 0
UUID=B188-511A        /boot/efi              vfat   umask=0077,shortname=winnt 0 2
/dev/mapper/rhel-swap    swap                   swap   defaults      0 0
/dev/sdb1               sdb1                   xfs    defaults      0 0
```

图 17 – 16

②重启系统，出现如图 17 – 17 所示问题，此时可以等待操作系统超时，自动进入紧急模式；也可以按 Ctrl + Alt + Del 组合键立即重启系统，再编辑启动项，让操作系统以 emergency 模式启动。

```
[    9.300481] XFS (sda2): Mounting V5 Filesystem
[  OK  ] Started File System Check on /dev/disk/by-uuid/B188-511A.
[    9.573524] XFS (sda2): Ending clean mount
[  OK  ] Mounted /boot.
         Mounting /boot/efi...
[  OK  ] Mounted /boot/efi.
[***   ] A start job is running for dev-sdb2.device (55s / 1min 30s)
```

图 17 – 17

③输入密码进入紧急模式，并编辑 /etc/fstab 修复，会出现如图 17 – 18 所示错误。

```
-- INSERT --recording @i W10: Warning: Changing a readonly file
E303: Unable to open swap file for "/etc/fstab", recovery impossible
Press ENTER or type command to continue
```

图 17 – 18

④这是因为此时进入了紧急模式，文件系统是以只读方式挂载的，如图 17 – 19 所示。

```
[root@vbox_efi_el8 ~]# mount |grep rhel-root
/dev/mapper/rhel-root on / type xfs (ro,relatime,attr2,inode64,noquota)
[root@vbox_efi_el8 ~]#
```

图 17 – 19

⑤在修复/etc/fstab 文件之前，应以读写形式重新挂载根文件系统，如图 17 – 20 所示。

```
[root@vbox_efi_el8 ~]# mount |grep rhel-root
/dev/mapper/rhel-root on / type xfs (rw,relatime,attr2,inode64,noquota)
[root@vbox_efi_el8 ~]#
```

图 17 – 20

⑥再次编辑/etc/fstab，删除错误行，保存退出，重启即可正常进入操作系统，如图 17 – 21 所示。

```
/dev/mapper/rhel-root       /                     xfs    defaults      0 0
UUID=98410084-6350-4fd7-8d15-78245cd56cd7 /boot                xfs     defaults      0 0
UUID=B188-511A        /boot/efi              vfat   umask=0077,shortname=winnt 0 2
/dev/mapper/rhel-swap    swap                   swap   defaults      0 0
```

图 17 – 21

17.3.3 boot 分区与 efi 分区文件丢失

重置密码和修复/etc/fstab 是两种为较为常见，也是较为轻微的系统启动故障，以下将介绍比较严重的启动故障。以 UEFI + grub2 – BLS 方式启动的系统为例。由于 efi 分区与 boot 分区分别存放了引导操作系统的 GRUB 程序和操作系统内核，一旦 boot 或 efi 分区出现故障，将导致系统无法自行修复，需要通过 LiveCD 启动并修复系统。在开始实验之前，先确认两个分区的程序由哪些软件包提供。

EFI 分区下的内容由图 17 – 22 所示软件包提供。

```
[root@vbox_efi_el8 ~]# cd /boot/efi/EFI/redhat/
[root@vbox_efi_el8 redhat]# for i in $(ls);do rpm -qf $i;done
shim-x64-15-3.x86_64
grub2-efi-x64-2.02-57.el8.x86_64
grub2-efi-x64-2.02-57.el8.x86_64
grub2-efi-x64-2.02-57.el8.x86_64
grub2-efi-x64-2.02-57.el8.x86_64
shim-x64-15-3.x86_64
shim-x64-15-3.x86_64
shim-x64-15-3.x86_64
[root@vbox_efi_el8 redhat]#
```

图 17 – 22

BOOT 分区下的文件由图 17 – 23 所示软件包提供。

```
[root@vbox_efi_el8 boot]# for i in $(ls);do rpm -qf $i;done |grep -v file
kernel-core-4.18.0-32.el8.x86_64
grub2-common-2.02-57.el8.noarch
kernel-core-4.18.0-32.el8.x86_64
kernel-core-4.18.0-32.el8.x86_64
kernel-core-4.18.0-32.el8.x86_64
[root@vbox_efi_el8 boot]#
```

图 17 – 23

由于 GRUB2 启用了 BLS 机制，因此还需查询/boot/load/entries 由哪些软件包提供，如图 17 – 24 所示。

```
[root@vbox_efi_el8 boot]# rpm -ql grub2-pc
/boot/grub2/grub.cfg
/boot/loader/entries
/etc/grub2.cfg
```

图 17 – 24

在确认了 efi 和 boot 分区的软件包和配置文件的来源后，从安装光盘启动救援系统（由于 efi 在主板 rom 上存储了 BootSequence 信息，会有如图 17 – 25 所示提示，属于正常现象）。

```
Boot Failed. Red Hat Enterprise Linux
Boot Failed. EFI Hard Drive
Boot Failed. EFI Hard Drive 1
```

图 17 – 25

①在相关提示过后，进入光盘引导项目，选择第三项进入其子菜单后，选择第二项，如图 17 – 26 和图 17 – 27 所示。

```
Install Red Hat Enterprise Linux 8.0
Test this media & install Red Hat Enterprise Linux 8.0
Troubleshooting -->
```

图 17 – 26

```
Install Red Hat Enterprise Linux 8.0 in basic graphics mode
Rescue a Red Hat Enterprise Linux system
```

图 17 – 27

在救援模式初始化完成后，将显示如图 17 – 28 所示界面。

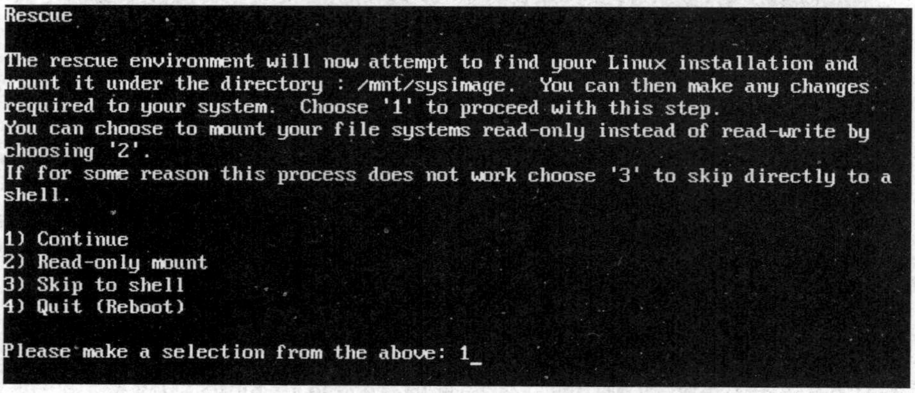

```
Rescue

The rescue environment will now attempt to find your Linux installation and
mount it under the directory : /mnt/sysimage.  You can then make any changes
required to your system.  Choose '1' to proceed with this step.
You can choose to mount your file systems read-only instead of read-write by
choosing '2'.
If for some reason this process does not work choose '3' to skip directly to a
shell.

1) Continue
2) Read-only mount
3) Skip to shell
4) Quit (Reboot)

Please make a selection from the above: 1_
```

图 17 – 28

②输入 1 并按 Enter 键，表示确认进入救援模式。

当显示如图 17 – 29 所示画面时，则表示原系统根目录挂载在/mnt/sysimage 下，按 Enter 键即可进入 shell。

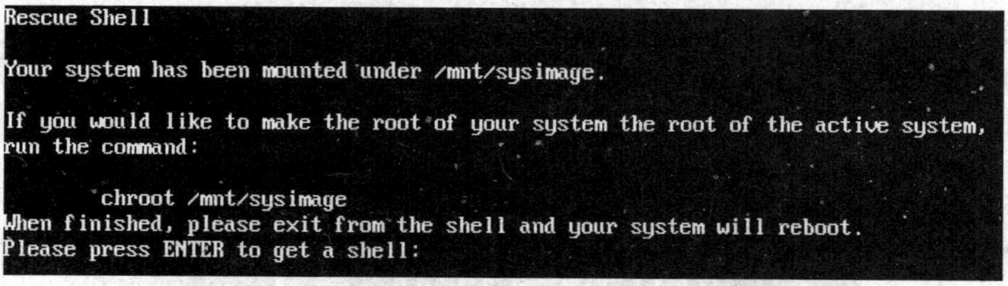

```
Rescue Shell

Your system has been mounted under /mnt/sysimage.

If you would like to make the root of your system the root of the active system,
run the command:

     chroot /mnt/sysimage
When finished, please exit from the shell and your system will reboot.
Please press ENTER to get a shell:
```

图 17 – 29

根据提示执行 chroot 命令，切换到/mnt/sysimage 目录下便可进行系统修复，如图 17 – 30 所示。

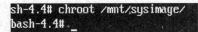

图 17－30

③此时可将系统安装光盘挂载到/media 目录下，并配置软件仓库，如图 17－31 所示。

```
bash-4.4# mount /dev/sr0 /media
mount: /media: /dev/sr0 already mounted on /media.
bash-4.4# cat /etc/yum.repos.d/media.repo
[AppStream]
name=AppStream
baseurl=file:///media/AppStream
gpgcheck=0
[BaseOS]
name=BaseOS
baseurl=file:///media/BaseOS
gpgcheck=0
bash-4.4#
[anaconda]1:main* 2:shell  3:log  4:storage-log  5:program-log
```

图 17－31

使用命令 yum reinstall shim－x64 grub2－efi－x64 grub2－common kernel－core grub2－pc 重新安装软件包，如图 17－32 所示。

```
bash-4.4# yum reinstall shim-x64 grub2-efi-x64 grub2-common kernel-core grub2-pc
Updating Subscription Management repositories.
Unable to read consumer identity
This system is not registered to Red Hat Subscription Management. You can use subscription-manager to register.
Updating Subscription Management repositories.
Unable to read consumer identity
This system is not registered to Red Hat Subscription Management. You can use subscription-manager to register.
Last metadata expiration check: 0:56:20 ago on Tue 12 Mar 2019 03:17:16 AM EDT.
Dependencies resolved.

Package              Arch         Version              Repository        Size

Reinstalling:
 grub2-common        noarch       1:2.02-57.el8        BaseOS            879 k
 grub2-efi-x64       x86_64       1:2.02-57.el8        BaseOS            365 k
 grub2-pc            x86_64       1:2.02-57.el8        BaseOS             33 k
 kernel-core         x86_64       4.18.0-32.el8        BaseOS             23 M
 shim-x64            x86_64       15-3                 BaseOS            858 k

Transaction Summary

Total size: 25 M
Installed size: 68 M
Is this ok [y/N]:
[anaconda]1:main* 2:shell  3:log  4:storage-log  5:program-log        Switch tab: Alt+Tab | Help: F1
```

图 17－32

在软件包安装完成后，通过 grub2－mkconfig 命令根据系统信息重新生成/boot/efi/EFI/redhat/grub. cfg 文件后，即可完成系统修复，如图 17－33 所示。

```
bash-4.4# grub2-mkconfig -o /boot/efi/EFI/redhat/grub.cfg
Generating grub configuration file ...
Adding boot menu entry for EFI firmware configuration
done
bash-4.4#
[anaconda]1:main* 2:shell  3:log  4:storage-log  5:program-log
```

图 17－33

17.3.4 传统 boot 分区丢失内容修复

传统 BISO 启动流程较 UEFI 方式在第三步之后稍有不同，传统 BISO BRUB 的主程序位于磁盘 MBR 后约 1 MB 大小的空间中，而其配置文件和一些功能模块位于/boot/grub2 下，在重装/boot 下的内核后，这两个部分需要通过 grub2 – install 命令安装。之后通过 grub2 – mkconfig 命令重建 grub. cfg 文件即可完成系统修复。

①重新安装内核，如图 17 – 34 所示。

图 17 – 34

②重新安装 GRUB2（grub2 – install 后跟根分区所在硬盘的设备名），如图 17 – 35 所示。

图 17 – 35

③重建/boot/grub2/grub. cfg 文件，如图 17 – 36 所示。

图 17 – 36

常见错误及原因解析

重置 root 密码时执行 passwd 命令报错，如图 17 – 37 所示。

原因分析：在执行 chroot /sysroot 之前，未将/sysroot 以读写形式重新挂载。

解决方法：先执行 exit 退回上一级，将/sysroot 以读写形式重新挂载，再执行 chroot /sysroot 后修改 root 密码，如图 17 – 38 所示。

```
sh-4.4# passwd
Changing password for user root.
New password:
BAD PASSWORD: The password is a palindrome
Retype new password:
passwd: Authentication token manipulation error
sh-4.4# _
```

图 17 – 37

```
sh-4.4# exit
exit
switch_root:/# mount -o remount,rw /sysroot
switch_root:/# chroot /sysroot/
sh-4.4# passwd
Changing password for user root.
New password:
BAD PASSWORD: The password is a palindrome
Retype new password:
passwd: all authentication tokens updated successfully.
sh-4.4# _
```

图 17 – 38

课后习题

1. 任意修改/etc/shadow 文件中 root 账户密码位的字符串并重启系统，在当前密码失效的情况下重置 root 账户密码。

2. 执行 dd 命令，将操作系统内核破坏，通过安装光盘进入救援模式修复系统（参考命令 dd if = /dev/zero of = /boot/vmlinuz – $(uname – r) bs = 1M count = 1）。

3. 将操作系统启动时，进入 GRUB 默认菜单的时间设置为 13 秒。

工作项目 18

总复习

学习知识技能点

复习课程各项目，巩固所学知识和技能

任务 18.1

在系统启动过程中修改 root 用户的密码为 redhat。

任务 18.2

使用表 18-1 中的设置，为你的两台虚拟机各自新建一个静态网络连接。

表 18-1

网络配置	第一台虚拟机	第二台虚拟机
主机名	server	desktop
IP 地址	10.0.2.11/24	10.0.2.10/24
网关	10.0.2.1	10.0.2.1
网络模式	NAT 网络	NAT 网络
是否配置两台主机相互名称解析	是	是
是否自动启动	是	是

任务 18.3

现有 10 台新的 Linux 系统需要创建新的文档文件。首先在 server 上进行统一创建，稍后再做共享，请以最少命令的方式进行创建，需要满足如下条件：

- 在 server 计算机上，以 student 用户身份在/home/student 目录中创建空文件，并将文件取名为 system_document_machineY_month_Z. txt。其中 Y 为 10 台计算机编号，Z 为月份 Jan、feb 和 mar。

- 创建/home/student/document 目录及子目录 jan、feb 和 mar。
- 根据月份，将所有新建的文件整理到对应的子目录中。
- 删除与 9 号和 10 号计算机相关的所有新建的文件，因为其硬件已被永久更换。

任务 18. 4

根据下列要求，在 server 主机更改配置并添加新用户和新组：
- 新建一个名为 admin 的组，GID 为 30000。
- 新建三个用户：zhangsan、lisi（uid = 1234）和 wanger（uid = 1235），密码为 admin。
- 将上述新用户添加到补充组 admin 中。主组应当保留为用户的专用组。
- 修改 wanger 和 lisi 用户的登录状态为不可登录 shell。

任务 18. 5

根据下列要求，在 server 主机上创建共享目录/home/instructors：
- 该目录由 root 用户和 admin 组所有。
- 设置/home/instructors 目录的权限，以便该目录设置有 SETGID 位，所有者和组具有完全的读取/写入/执行权限，用户 student 对该目录具有读/执行权限，而所有其他用户对该目录仅具有读取权限。

任务 18. 6

根据下列要求，在 server 主机上创建并扩展逻辑卷：
- 在新的 1 GB 卷组 vg_hello 中配置新的 512 MB 逻辑卷 lv_world。
- 新逻辑卷应使用 XFS 文件系统进行格式化，并永久挂载到/mnt/lvmnt。
- 扩展逻辑卷 lv_world 及其文件系统的大小至 2 GB。

任务 18. 7

为系统 server 配备新的 512 MB 交换分区，并在启动时自动激活。

任务 18. 8

在 server 系统上，为命令"echo" hello world"；ls – al" 设置别名，使得每次在命令行输入 wing 命令的时候均显示上述命令的执行结果。

任务 18.9

为两台虚拟主机 server 与 desktop 系统配置第三方软件仓库，并成功安装 httpd 包。

软件仓库目录位于你的镜像当中，请挂载镜像并找到软件仓库的准确目录地址进行配置。

任务 18.10

配置与使用 NFS 共享。

①在 server 配置 NFS 服务，要求如下：

- 以读写的方式共享目录/public，同时能被 10.0.2.0/24 域内所有系统访问。
- 以只读的方式共享目录/protected，同时只能被 10.0.2.10 主机系统访问。
- 目录/protected 应该包含名为 deep 的子目录，并且该目录的拥有者为 zhangsan。
- 域内用户 zhangsan 能以读写方式访问/protected/deep。

②在 desktop 配置 NFS 客户端，要求开机自动挂载。

```
public /mnt/nfsmount
protected /mnt/nfssecure
```

任务 18.11

通过 SMB 共享并使用多用户挂载获取共享。

①通过 SMB 共享目录：

- 在 server 上配置 SMB 服务。
- 你的 SMB 服务器必须是 WING 工作组的一个成员。
- 共享目录/smbshare，共享名为 hello。
- 10.0.2.0/24 域内主机均可访问 hello 共享。
- hello 必须仅可被 admin 组内用户浏览。
- 当前仅用户 lisi 被授权可以远程向共享目录上传文件，如果需要的话，验证的密码是 admin。

②采用多用户挂载，将 hello 共享永久挂载在 desktop 上的/mnt/multi 目录中，并使用用户 wanger 作为认证，任何用户都可以通过用户 lisi 来临时获取写的权限。

参考手册